Elemente der Mathematik

EdM

Klassenarbeitstrainer

Nordrhein-Westfalen 6

Herausgegeben von
Friedrich Suhr
Werner Ladenthin
Matthias Lösche

Schroedel
westermann

Elemente der Mathematik

EdM

Klassenarbeitstrainer

Nordrhein-Westfalen **6**

Herausgegeben von
Friedrich Suhr, Werner Ladenthin, Matthias Lösche

Bearbeitet von
Marco Bräuer, Martin Brüning, Dr. Holger Reeker
sowie Rachid El Araari, Günter Kämpfert, Dr. Gudrun Kopka, Verena Schäffer, Dirk Schulze

Bildquellen:
Umschlag: Mauritius Images, Mittenwald (Danita Delimont); 13.1: Getty Images, München (Dorling Kindersley); 30.1 (7, 10, As) : Studio Schmidt-Lohmann, Gießen; 30.1 (8): fotolia.com, New York (Bergfee); 62.1: Werner Otto Bildarchiv, Oberhausen; 62.2: Martin Brüning.

westermann GRUPPE

Druck A³ / Jahr 2017
Alle Drucke der Serie A sind im Unterricht parallel verwendbar.

Redaktion: Katja Bouché
Illustrationen: Hans-Jürgen Feldhaus, Münster; Dietmar Griese, Laatzen
Zeichnungen: Langner & Partner, Hemmingen
Umschlaggestaltung: LIO Design GmbH, Braunschweig und Sandra Grünberg, Braunschweig
Innenlayout: JANSSEN KAHLERT Design & Kommunikation GmbH, Hannover und Sandra Grünberg, Braunschweig
Satz: imprint, Zusmarshausen
Druck und Bindung: westermann druck GmbH, Braunschweig

ISBN 978-3-507-**23086**-6

Inhaltsverzeichnis

Liebe Schülerin, lieber Schüler,

vor dir liegt der passende Klassenarbeitstrainer zu deinem Mathematik-Schulbuch EdM.

Auf den ersten Seiten bekommst du **Tipps zur Vorbereitung einer Klassenarbeit:**
- Tipps zum Unterricht und zum Umgang mit Hausaufgaben
- Tipps zum Arbeiten mit einem Lernplan
- Tipps zu Lerntechniken
- mathematische Tipps

Außerdem findest du hier einen **Klassenarbeitsplaner**, in den du eintragen kannst, wann du die nächste Klassenarbeit schreibst und was du bis dahin noch üben willst.

Die erfolgreiche Vorbereitung auf eine Klassenarbeit besteht aus drei Schritten:
Verstehen – Üben – Können.
Entsprechend ist dieser Klassenarbeitstrainer aufgebaut: Zum Verstehen und Üben gibt es die blauen Seiten; danach kannst du dein Können testen, indem du die Übungsklassenarbeiten auf den weißen Seiten bearbeitest.

Verstehen und Üben (blaue Seiten)
In den **Informationskästen** werden alle wichtigen Regeln und Begriffe mit Beispielen noch einmal erklärt.
Direkt im Anschluss findest du abwechslungsreiche **Aufgaben zum Üben** des Lernstoffes.
Solltest du bei der Bearbeitung einer Aufgabe einmal nicht weiter kommen, helfen dir manchmal die Tipps auf den Notizzetteln. Oder schaue noch einmal in den Informationskästen nach.
Zusatzstoff erkennst du an dem blau gedruckten Wort Information und blauen Aufgabennummern.

Übungs-Klassenarbeiten (weiße Seiten)
Wenn du genug geübt hast und dich sicher fühlst, dann kannst du als Test eine **Übungs-Klassenarbeit** schreiben. Oben auf jeder Klassenarbeit sind die Themen angegeben, die in dieser Klassenarbeit behandelt werden. Außerdem ist dort eine Zeitangabe, in welcher Zeit die Klassenarbeit bearbeitet werden soll. Achte darauf, dass du diese Zeit einhältst, denn nur so kannst du dich wirklich testen.
Fast alle Übungs-Klassenarbeiten enthalten auch eine Aufgabe zur Wiederholung mit Stoff aus dem vorigen Kapitel. Bei jeder Aufgabe ist ihre Punktzahl angegeben. Anhand der Lösungen kannst du ermitteln, wie viele Punkte du erreicht hast und was du noch üben musst.
Die meisten Aufgaben kannst du direkt im Klassenarbeitstrainer lösen. Solltest du aber einmal nicht genug Platz finden, dann nimm einfach dein Heft zur Hand.

Lösungsteil
Hinten im Klassenarbeitstrainer findest du die **Lösungen** zu allen Übungsaufgaben und Übungsklassenarbeiten. Du kannst deine bearbeiteten Aufgaben und Klassenarbeiten eigenständig kontrollieren oder jemand anderen bitten es zu tun. Anhand der Smileys ☺ 😐 ☹ kannst du deinen Erfolg messen und erkennen, wie viel du noch üben musst.
Solltest du eine Klassenarbeit nicht vollständig lösen können, so findest du im Lösungsteil eine Tabelle *Zum Nacharbeiten*, in der angegeben ist, auf welchen Seiten im Schulbuch du die entsprechenden Inhalte noch einmal wiederholen kannst.

Wir wünschen dir viel Erfolg und Freude beim Üben für die nächste Klassenarbeit!

Lern-Hilfen zur Vorbereitung auf die Klassenarbeit

Lern-Tipps

1. Tipps zum Unterricht

- Gehe (nicht nur am Tag der Klassenarbeit) ausgeschlafen und mit einem guten Frühstück zur Schule. Dann kannst du dich im Unterricht besser konzentrieren.
- Bereite die notwendigen Materialien zu Hause vor: Bleistift spitzen, leere Füllerpatronen ersetzen, neues Heft einpacken.
- Verfolge den Unterricht aufmerksam und stelle Fragen. Notiere Fragen, die zu Hause auftauchen, in dein Heft.
- Führe dein Heft sauber und übersichtlich wie im Beispiel rechts zu sehen (Überschrift, Datum, Wichtiges hervorheben, Buchseite und Nummer der Aufgabe).
- Lerne Fachbegriffe und ihre Bedeutung auswendig. (Nicht nur im Englischunterricht muss man Vokabeln lernen.)
- Regelmäßige Kopfrechenübungen erhöhen das Rechentempo. Vielleicht kann dir jemand beim Üben helfen.

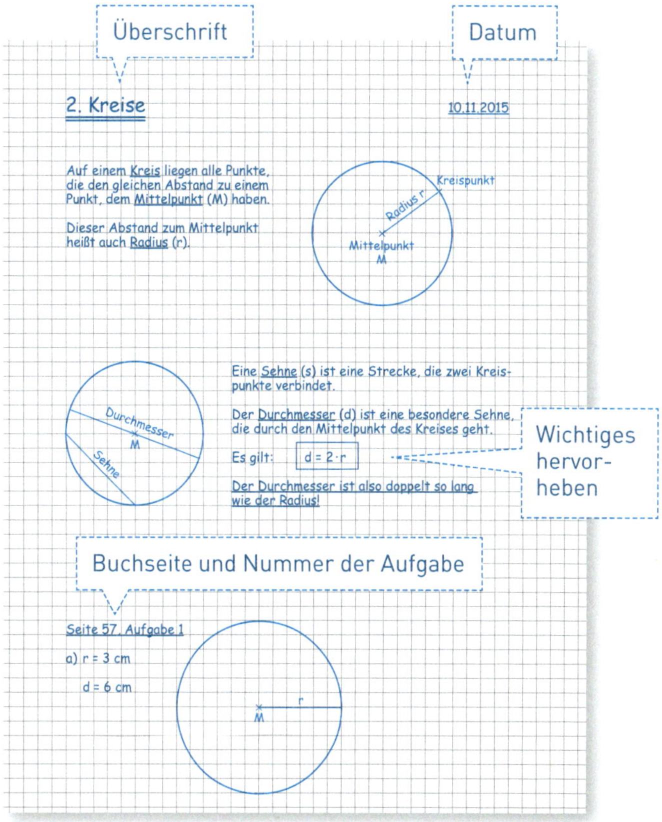

- Hole Inhalte, die du wegen Krankheit versäumt hast, möglichst bald und gründlich nach.

2. Tipps zum Umgang mit Hausaufgaben

- Notiere dir die gestellten Hausaufgaben in der Schule immer sofort in dein Hausaufgabenheft.
- Schiebe das Erledigen von Hausaufgaben nicht auf. Erstelle dir zu den Hausaufgaben aller Fächer einen Zeitplan.

- Lies dir vor der Bearbeitung der Hausaufgabe den Stoff der letzten Stunde im Heft nochmal durch. Auch die zugehörige Seite im Buch kann dir bei der Erledigung der Hausaufgabe helfen.
- Gib bei Schwierigkeiten nicht gleich auf. Auch Ansätze und Ideen helfen weiter und sollten unbedingt aufgeschrieben werden.
- Hab keine Angst vor Fehlern. Sie können dir sogar helfen, den Stoff letztendlich noch besser zu verstehen.

- Besprich Schwierigkeiten, die du hast, mit Mitschülern und Freunden. Wenn ihr die Schwierigkeiten nicht gemeinsam klären könnt, fragt euren Lehrer oder eure Lehrerin.
- Korrigiere fehlerhafte Hausaufgaben nach der Besprechung im Unterricht zu Hause. Korrigierte Hausaufgaben helfen dir beim Lernen für die nächste Klassenarbeit.

3. Tipps zur Vorbereitung auf die Klassenarbeit

Die Vorbereitung auf die nächste Klassenarbeit beginnt **in der ersten Stunde nach der letzten Klassenarbeit**. Hier werden nämlich wichtige Fehler besprochen, die du in Zukunft vermeiden kannst.
Der aktuell behandelte Mathematik-Stoff ist sicher ein Thema für die nächste Klassenarbeit. Wenn du gleich gut mitarbeitest, ist das eine gute Grundlage für die nächste Klassenarbeit.

Rechtzeitig **vor der Klassenarbeit** (d. h. etwa 1 bis 2 Wochen vorher) solltest du konkrete Vorbereitungen treffen und wichtige Lernstrategien beachten:

- **Ordentlicher Schreibtisch:**
  Du kannst z. B. den Schreibtisch zu Beginn ganz leer räumen und die Dinge dann an ihren aufgeräumten Platz legen. Brauchst du wirklich alles auf dem Schreibtisch? Sortiere überflüssige Dinge aus. Suche dir die zum Lernen notwendigen Unterlagen zusammen: Heft, Buch, KA-Trainer, kariertes Papier, Stifte, Geodreieck.
- **Zeitplan:**
  Am besten baust du feste Zeiten fürs Lernen in deinen Stundenplan ein. Möchtest du lieber allein arbeiten oder einen Freund oder eine Freundin dabei haben? Brauchst du vielleicht Hilfe?
  Sorge dafür, dass du ungestört lernen kannst. Am besten schaltest du dein Handy und deinen Computer in dieser Zeit aus.

- **Entspannung:**
  Bewegung fördert das Lernen. Du könntest dir Lerninhalte z. B. bei einem Spaziergang aufsagen oder einfach zwischendurch eine Runde Sport treiben. Plane Entspannungsphasen ganz bewusst ein. Denke dir für die Zeit nach einer intensiven Lernphase eine kleine Belohnung aus. Dann lernst du in Vorfreude auf die Belohnung mit einem positiven Gefühl - das hilft!
- **Einteilen des Lernstoffs:**
  Beginne mit den Grundlagen, mit dem Leichteren. Diesen Stoff findest du meist am Anfang des Themas auf den blauen Seiten im Heft und auf den ersten Seiten des Themas im Schulbuch.
  Gehe die Aufzeichnungen in deinem Heft durch. Markiere Wichtiges (Textmarker) oder schreibe es heraus. Lies dir im Buch oder im Klassenarbeitstrainer die Informationskästen und die Beispiele mit den Lösungen aufmerksam durch.
  Stelle den Lernstoff in einer übersichtlichen Form zusammen. Wo kannst du an bekanntes Wissen anknüpfen?
- **Lerntechniken:**
  Erprobe verschiedene Methoden: Spickzettel schreiben (für die Zeit vor der Klassenarbeit!), Lernplakate, Karteikarten mit dem Grundwissen oder mit Regeln. Finde die zu dir passende Methode.
  Häufig ist es hilfreich, die Lerninhalte in einer anderen Form darzustellen: Kannst du zu einem Inhalt eine Zeichnung anfertigen? Hilft dir eine Tabelle oder eine Stichwortliste? Vielleicht kannst du dir den Inhalt mit einem Diagramm besser merken.
- **Hausaufgaben:**
  Bearbeite noch einmal die alten Hausaufgaben. Löse die Aufgabe erst allein und vergleiche dann die Ergebnisse.

- **Übungsaufgaben:**
  Bearbeite die passenden **Übungsaufgaben** in deinem Klassenarbeitstrainer (auf den blauen Seiten). Hierzu findest du sämtliche Lösungen hinten im Heft. Löse die komplexen Aufgaben erst, wenn du die Grundlagen beherrschst.
  Nutze außerdem die Seite „Bist du fit?“ in deinem Schulbuch. Dazu gibt es hinten im Buch auch die Lösungen. Auf den Seiten „Das Wichtigste auf einen Blick“ im Schulbuch sind die Inhalte des Kapitels noch einmal kurz zusammengefasst.
  Aufgaben in Prüfungsform (also die **Übungs-Klassenarbeiten** aus deinem Klassenarbeitstrainer) gehören in die **letzte Phase der Vorbereitung**. Hierbei solltest du mit einer Uhr die Zeit kontrollieren. Achte darauf, dass du die gesamte Klassenarbeit in einem Stück bearbeitest - nur so kannst du dich in einer prüfungsähnlichen Situation testen.
  Auf den Seiten 9/10 findest du einen Klassenarbeitsplaner, der dir bei der Vorbereitung dieser Übungsphase helfen kann.

Am Tag vor der Klassenarbeit:
Heute solltest du nichts Neues mehr lernen. Wiederhole nur Bekanntes und sorge dafür, dass du rechtzeitig ins Bett gehst. Nur wenn du ausgeschlafen bist, bist du zu 100 % leistungsfähig.

4. Tipps zum Arbeiten mit einem Lernplan

Du kannst dir die Vorbereitung der Klassenarbeit in mehrere Zeitabschnitte einteilen. Erstelle dir einen Lernplan.
Ein vernünftiger Lernplan reduziert die Prüfungsangst und den Stress in der Vorbereitungszeit.

Hier ist ein möglicher Vorschlag, wie ein Lernplan aussehen könnte. Erstelle aber lieber deine eigene Version, die noch besser zu dir passt.

Tag/Datum	Zeit	Was lerne ich?/Was bereite ich vor?	erledigt
Mi, 23.10.	15:00	Schreibtisch aufräumen und Plan für die Wiederholungen aufstellen	
Do, 24.10.	16:00	Heft durchgehen, Wichtiges markieren, Thema im Buch durchlesen, Fragen notieren	
Fr, 25.10.	15:00	Alte Hausaufgaben zum Thema bearbeiten	
Sa, 26.10.	13:00	Hausaufgaben mit Fehlern erneut bearbeiten, Aufgaben aus dem Abschnitt „Verstehen und Üben“ (Klassenarbeitstrainer) bearbeiten	
...	...	...	
Mo, 28.10.	15:00	Übungs-Klassenarbeit (Klassenarbeitstrainer)	

5. Mathematische Tipps

Die folgenden Tipps sollen dir dabei helfen Rechenfehler zu vermeiden und Strategien aufzeigen, mit denen du Sachaufgaben erfolgreich bearbeiten kannst.

- **Rechenaufgaben:**

Tipp 1: Benutze Überschläge.

Tipp 2: Notiere Zwischenschritte.

Tipp 3: Kürze, wenn möglich.

Tipp 4: Vergleiche dein Ergebnis mit dem Überschlag.

Beispiel: $\frac{36}{5} : \frac{16}{15}$

Überschlag: $7 : 1 = 7$

Rechnung: $\frac{36}{5} : \frac{16}{15} = \frac{36}{5} \cdot \frac{15}{16}$

$= \frac{(\overset{9}{\cancel{36}} \cdot \overset{3}{\cancel{15}})}{(\underset{1}{\cancel{5}} \cdot \underset{4}{\cancel{16}})}$

$= \frac{27}{4} = 6\frac{3}{4}$

- **Sachaufgaben:**

Tipp 5:
Lies die Aufgabe sehr genau durch.
Lies sie noch einmal, wenn du nicht weiter kommst.

Tipp 6: Skizziere den Sachverhalt.

Tipp 7:
Stelle Terme zur Berechnung auf.
Bestimme die gesuchten Größen.

Tipp 8:
Prüfe deine Lösung am Sachverhalt.
Formuliere einen Antwortsatz.

Beispiel: Saftmischung

Sarah mischt für ihre Geburtstagsparty einen Fruchtsaftcocktail aus 1,5 ℓ Orangen-, 0,75 ℓ Kirsch-, $\frac{1}{2}$ ℓ Bananen- und $1\frac{1}{4}$ ℓ Ananassaft und verteilt ihn gerecht an sich und ihre Gäste.
Jedes Kind erhält einen halben Liter des Cocktails.
Bestimme, wie viele Kinder zur Party gekommen sind.

Wir addieren die Saftvolumina, da sie gemischt werden:
$1{,}5\,\ell + 0{,}75\,\ell + \frac{1}{2}\,\ell + 1\frac{1}{4}\,\ell$
$= 1{,}5\,\ell + 0{,}75\,\ell + 0{,}5\,\ell + 1{,}25\,\ell$
$= 1{,}5\,\ell + 0{,}5\,\ell + 0{,}75\,\ell + 1{,}25\,\ell = 4\,\ell$
Dividieren des Saftvolumens durch die Anzahl der Kinder ergibt das Volumen in jedem Glas (gerechtes Verteilen):
$4\,\ell : \square = 0{,}5\,\ell$ also $\square = 4\,\ell : 0{,}5\,\ell = 40 : 5 = 8$
Sarah hat den Cocktail auf acht Gläser verteilt. Da sie selbst auch ein Glas trinkt, sind 7 Kinder zur Party gekommen.

Klassenarbeitsplaner

Klassenarbeit am ______________________

Übungs-Klassen-arbeit	Bearbeiten bis	Erledigt am	Ergebnis			Folgende Seiten im Schulbuch wiederholen	Bearbeiten bis	Erledigt am
			☺	😐	☹			
1.1								
1.2								
1.3								

Klassenarbeit am ______________________

Übungs-Klassen-arbeit	Bearbeiten bis	Erledigt am	Ergebnis			Folgende Seiten im Schulbuch wiederholen	Bearbeiten bis	Erledigt am
			☺	😐	☹			
2.1								
2.2								
2.3								
2.4								

Klassenarbeit am ______________________

Übungs-Klassen-arbeit	Bearbeiten bis	Erledigt am	Ergebnis			Folgende Seiten im Schulbuch wiederholen	Bearbeiten bis	Erledigt am
			☺	😐	☹			
3.1								
3.2								
3.3								

Klassenarbeit am ____________								
Übungs-Klassen-arbeit	Bearbeiten bis	Erledigt am	Ergebnis			Folgende Seiten im Schulbuch wiederholen	Bearbeiten bis	Erledigt am
			☺	😐	☹			
4.1								
4.2								
4.3								

Klassenarbeit am ____________								
Übungs-Klassen-arbeit	Bearbeiten bis	Erledigt am	Ergebnis			Folgende Seiten im Schulbuch wiederholen	Bearbeiten bis	Erledigt am
			☺	😐	☹			
5.1								
5.2								
5.3								

Klassenarbeit am ____________								
Übungs-Klassen-arbeit	Bearbeiten bis	Erledigt am	Ergebnis			Folgende Seiten im Schulbuch wiederholen	Bearbeiten bis	Erledigt am
			☺	😐	☹			
6.1								
6.2								
6.3								

Klassenarbeit am ____________								
Übungs-Klassen-arbeit	Bearbeiten bis	Erledigt am	Ergebnis			Folgende Seiten im Schulbuch wiederholen	Bearbeiten bis	Erledigt am
			☺	😐	☹			
7.1								
7.2								
7.3								

1. Gebrochene Zahlen

Zum Aufwärmen: Verstehen und üben

Mischungs- und Teilverhältnisse

Information

a zu b

Einen Quotienten a:b kann man zum Vergleichen zweier gleichartiger Größen bilden. Man drückt damit aus: Wie viel mal so groß wie b ist a?
Man nennt diesen Quotienten das **Verhältnis** der Größen.

Das Verhältnis a:b kann man auch als Bruch $\frac{a}{b}$ angeben.

Beispiel:
5 Teile Wasser werden mit 2 Teilen Sirup gemischt. Das Verhältnis ist 5:2.

Der Wasser-Anteil an der Gesamtmenge beträgt $\frac{5}{7}$, der Sirup-Anteil beträgt $\frac{2}{7}$.

1. Paul isst gern Milchreis mit Zimt und Zucker. Ein kleines Vorratsglas soll mit insgesamt 60 g des Zimt-Zucker-Gemischs im Verhältnis 1:2 gefüllt werden. Wie viel Zimt und wie viel Zucker muss Paul nehmen?

2. Ein reicher Scheich besitzt 300 Kamele. In seinem Testament schreibt er:
„Ich möchte, dass meine Kamele zwischen meinen beiden Söhnen im Verhältnis 7:3 aufgeteilt werden."
Wie viele Kamele bekommen die beiden Söhne?

3. Nina möchte für ihre Geburtstagsfeier ein Fruchtgetränk aus Himbeersirup herstellen, das aus Sirup und Wasser im Verhältnis 1:7 gemischt wird. Wie viel Sirup und Wasser benötigt sie für

a) 1 Liter Fruchtgetränk; **b)** 5 Liter Fruchtgetränk; **c)** 10 Liter Fruchtgetränk?

Ordnen von gebrochenen Zahlen – Gebrochene Zahlen auf dem Zahlenstrahl

Information

Kleiner und größer bei gebrochenen Zahlen
Gebrochene Zahlen lassen sich vergleichen und der Größe nach ordnen. Sind die gebrochenen Zahlen als Brüche mit gleichem Nenner geschrieben, so braucht man nur die Zähler zu vergleichen.
Beispiele: $\frac{3}{5} < \frac{4}{5}$; $\frac{7}{4} < \frac{9}{4}$

Wenn die Nenner verschieden sind, kann man die Brüche auf einen gemeinsamen Nenner erweitern und dann vergleichen.
Beispiel: $\frac{3}{5} < \frac{2}{3}$, denn $\frac{3}{5} = \frac{9}{15} < \frac{10}{15} = \frac{2}{3}$

Man erweitert (kürzt) einen Bruch, indem man Zähler und Nenner mit der gleichen Zahl multipliziert (durch die gleiche Zahl teilt).
Beispiele: $\frac{2}{3} = \frac{4}{6}$; $\frac{5}{10} = \frac{1}{2}$

Information

Man kann Brüche auch auf dem **Zahlenstrahl** eintragen. Die echten Brüche liegen dann zwischen 0 und 1; die unechten Brüche liegen rechts von 1. Man kann an der Lage auf dem Zahlenstrahl leicht erkennen, welcher von zwei Brüchen größer ist:
Je weiter rechts der Bruch auf dem Zahlenstrahl liegt, desto größer ist sein Wert.

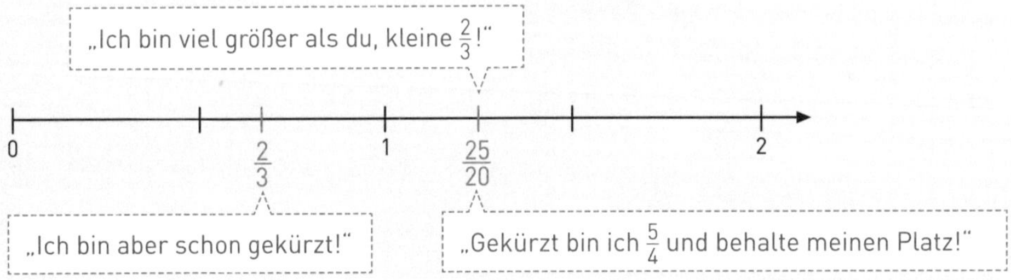

4. Die folgenden Brüche sollen verglichen werden: $\frac{3}{4}, \frac{4}{8}, \frac{2}{3}, \frac{3}{12}, \frac{5}{6}, \frac{5}{4}$

a) Trage die Brüche auf dem Zahlenstrahl ein.

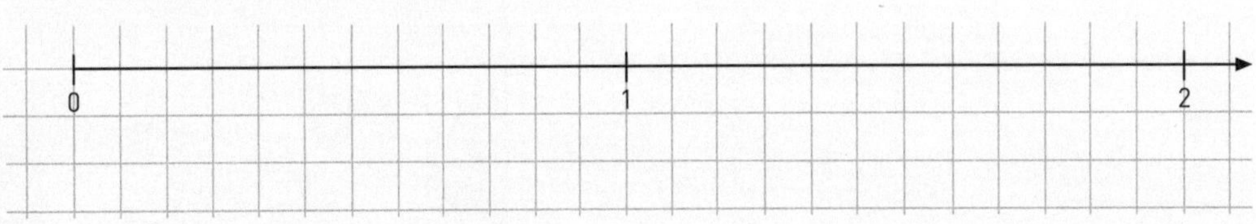

b) Sortiere die Brüche ihrer Größe nach:

.... < .... < .... < .... < .... < ....

5. Vergleiche die beiden Brüche miteinander. Setze das entsprechende Zeichen <, > bzw. = ein.

a) $\frac{2}{5}$ $\frac{4}{5}$ $\frac{2}{7}$ $\frac{3}{14}$ $\frac{9}{30}$ $\frac{3}{10}$

b) $\frac{2}{3}$ $\frac{2}{5}$ $\frac{3}{7}$ $\frac{3}{9}$ $\frac{11}{9}$ $\frac{11}{8}$

Was fällt dir auf?
Tipp: Du kannst auch erweitern.

....

....

....

6. Lukas und Chiara spielen in unterschiedlichen Fußballmannschaften. Sie streiten sich, wer von ihnen die bessere Quote beim Elfmeterschießen hat.

(1) Vergleiche, welcher Wert höher ist: $\frac{5}{9}$ oder $\frac{7}{16}$?

(2) Auch andere Schüler diskutieren über ihre Quoten.
Sind 4 Tore bei 5 Elfmetern besser als 6 Tore bei 7 Elfmetern?
Begründe anschaulich (ohne zu erweitern).
Tipp: Vergleiche z. B. mit $\frac{1}{2}$ oder mit dem fehlenden Rest zu 1.

....

....

....

....

....

7. Bei einer Geburtstagsfeier gibt es abends Pizza. Keiner der Gäste hat es geschafft, seine Pizza ganz aufzuessen. Jule hat $\frac{5}{12}$ ihrer Pizza übriggelassen, Bob hat $\frac{1}{4}$ seiner Pizza nicht geschafft, Chris hat $\frac{2}{12}$ übriggelassen und Dana hat noch $\frac{1}{3}$ ihrer Pizza. Wer hat am meisten übrig?

a) Zeichne einen Zahlenstrahl und trage die Brüche ein.

b) Erweitere die Brüche auf einen Hauptnenner und sortiere sie der Größe nach.

8. a) Amelie hat folgende Zahlenreihe notiert. Stimmen die Vergleiche?

$\frac{1}{2} < \frac{2}{3} < \frac{3}{4} < \frac{4}{2} < \frac{3}{3} < \frac{2}{4} < \frac{1}{1}$

....

b) Edgar mag die Zahl 7 – er schreibt folgende Zahlenreihe auf.
Ist das korrekt?

$\frac{1}{7} < \frac{17}{77} < \frac{17}{7} < \frac{27}{77} < \frac{27}{7}$

....

Addieren und Subtrahieren von gebrochenen Zahlen

Information

Zwei **Brüche** kann man leicht **addieren** oder **subtrahieren**, wenn man für beide Anteile eine **gemeinsame Unterteilung** findet. Dann haben die Brüche den **gleichen Nenner** und daher sind die Stücke, die durch die Nenner beschrieben werden, gleich groß. Das Ergebnis erhält man, wenn man die **Zähler addiert** oder **subtrahiert**.

Zum Addieren (Subtrahieren) zweier Brüche gehe wie folgt vor:

- mache die beiden Brüche gleichnamig,
- addiere (subtrahiere) die Zähler und
- behalte den gemeinsamen Nenner bei.

Beispiel:

$\frac{1}{4} + \frac{1}{6}$

$= \frac{3}{12} + \frac{2}{12}$

$= \frac{5}{12}$

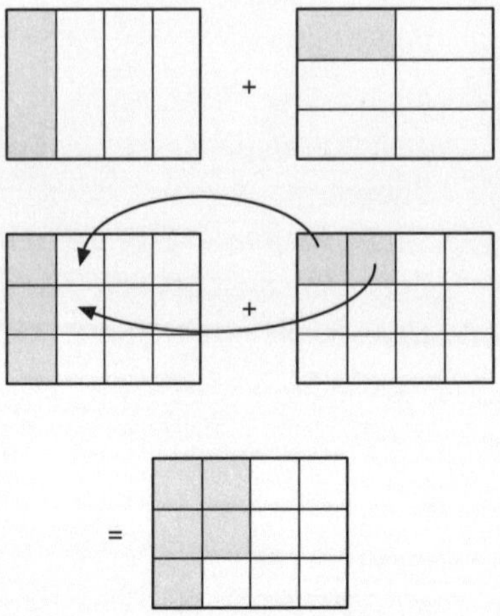

9. Stelle die folgenden Rechnungen wie im Beispiel des Informationskastens dar. Gib dann das Ergebnis an.

a) $\frac{1}{2} + \frac{1}{3}$ **b)** $\frac{2}{3} + \frac{1}{4}$ **c)** $\frac{1}{2} - \frac{2}{5}$

$\frac{1}{2} + \frac{1}{3} =$ ……………… $\frac{2}{3} + \frac{1}{4} =$ ……………… $\frac{1}{2} - \frac{2}{5} =$ ………………

10. Im Rezept für eine Suppe liest Tom, dass die Suppe mit $\frac{3}{8}$ l Sahne angerührt werden soll. Die fertige Suppe möchte er noch mit Häubchen aus geschlagener Sahne verzieren. Dafür benötigt er zusätzlich $\frac{1}{6}$ l Sahne. Reicht es, wenn Tom für die Suppe einen halben Liter Sahne kauft?

Antwort: ………………

11. Bei ihrer Geburtstagsparty schaffen Anne und ihre Freundinnen zusammen nur $\frac{3}{4}$ der großen Familienpizza, da sie am Nachmittag schon so viel Kuchen gegessen haben. Vom Rest isst Anne am nächsten Tag noch $\frac{2}{3}$. Rechne auf einem extra Blatt.

a) Welchen Anteil der ganzen Pizza hat Anne am Tag nach der Party gegessen?

b) Welcher Anteil der gesamten Pizza ist noch übrig?

Kommutativ- und Assoziativgesetz der Addition

Es gelten dieselben Rechengesetze wie bei den natürlichen Zahlen.

Information

Kommutativgesetz (Vertauschungsgesetz) für die Addition
In einer Summe darf man auch bei gebrochenen Zahlen die Summanden vertauschen. Dabei ändert sich der Wert der Summe nicht.
Beispiel: $\frac{1}{3} + \frac{3}{4} = \frac{3}{4} + \frac{1}{3}$

Information

Assoziativgesetz (Verbindungsgesetz) für die Addition
In einer Summe aus mehr als zwei Summanden kann man Klammern beliebig setzen. Der Wert der Summe ist von der Stellung der Klammern unabhängig. Man darf die Klammern deshalb auch weglassen.
Beispiel: $\left(\frac{1}{3} + \frac{3}{8}\right) + \frac{4}{7} = \frac{1}{3} + \left(\frac{3}{8} + \frac{4}{7}\right) = \frac{1}{3} + \frac{3}{8} + \frac{4}{7}$

12. Rechne vorteilhaft.

a) $\frac{1}{3} + \frac{2}{5} + \frac{2}{3}$

b) $\frac{1}{4} + \frac{3}{7} + \frac{3}{4}$

c) $\frac{2}{5} + \frac{2}{3} + \frac{3}{5}$

d) $\frac{1}{4} + \frac{3}{8} + \frac{5}{8}$

e) $\frac{2}{9} + \frac{3}{7} + \frac{4}{7}$

f) $\frac{8}{15} + \frac{2}{5} + \frac{7}{15}$

g) $\frac{3}{7} + \frac{2}{9} + \frac{4}{7} + \frac{7}{9}$

h) $\frac{1}{3} + \frac{2}{5} + \frac{3}{5} + \frac{2}{3}$

i) $\frac{1}{7} + \frac{5}{6} + \frac{1}{6} + \frac{3}{7}$

j) $\frac{1}{4} + \frac{1}{3} + \frac{3}{4} + \frac{2}{3}$

k) $\frac{1}{2} + \frac{2}{3} + \frac{1}{6} + \frac{1}{6}$

l) $\frac{1}{8} + \frac{1}{2} + \frac{1}{4} + \frac{1}{8}$

Kommutativgesetz

$\frac{1}{3} + \frac{1}{4} + \frac{2}{3} = \frac{1}{3} + \frac{2}{3} + \frac{1}{4}$
$= 1 + \frac{1}{4} = 1\frac{1}{4}$

Assoziativgesetz

$\left(\frac{2}{5} + \frac{2}{3}\right) + \frac{1}{3} = \frac{2}{5} + \left(\frac{2}{3} + \frac{1}{3}\right)$
$= \frac{2}{5} + 1 = 1\frac{2}{5}$

Vervielfachen und Teilen von Brüchen

Information

Wie bei den natürlichen Zahlen kann man das **Vervielfachen eines Bruchs** als **mehrfache Addition** verstehen.

Bei den natürlichen Zahlen:
$3 \cdot 4 = 4 + 4 + 4 = 12$
Addition von 3 Vieren

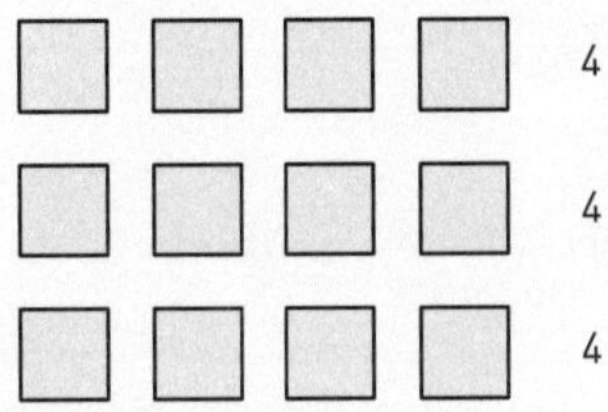

Bei den Brüchen:
$3 \cdot \frac{1}{4} = \frac{1}{4} + \frac{1}{4} + \frac{1}{4} = \frac{3}{4}$
Addition von 3 Vierteln

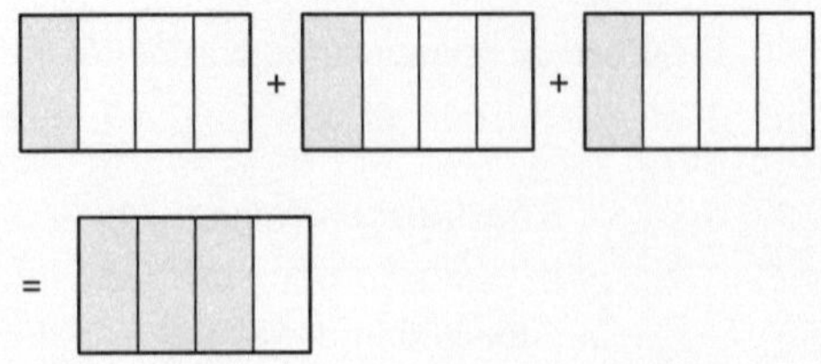

Man multipliziert (vervielfacht) einen Bruch mit einer natürlichen Zahl, indem man den Zähler des Bruchs mit der Zahl multipliziert. Der Nenner bleibt unverändert.

Beispiel: $3 \cdot \frac{3}{4} = \frac{3 \cdot 3}{4} = \frac{9}{4}$

Information

Beim **Teilen eines Bruchs** durch eine natürliche Zahl kann man **jedes Stück** in so viele Teile **teilen**, wie die natürliche Zahl angibt.

$\frac{1}{4}:3$ bedeutet, dass man das Viertel in drei gleich große Stücke teilt.

Man erhält dann kleinere Stücke.

Der Nenner wird größer, weil man ein Ganzes jetzt in mehr Stücke aufteilt.

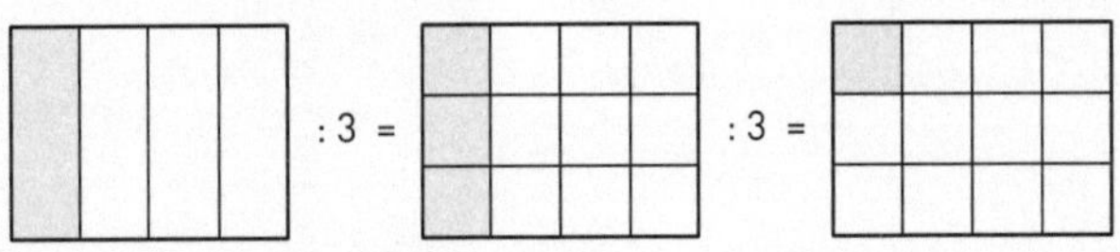

$\frac{1}{4}:3 = \frac{1}{12}$

Man teilt einen Bruch durch eine natürliche Zahl (außer 0), indem man den Nenner des Bruchs mit der Zahl multipliziert.

Beispiel: $\frac{2}{5}:3 = \frac{2}{5 \cdot 3} = \frac{2}{15}$

Wenn der Zähler schon durch die natürliche Zahl teilbar ist, vereinfacht sich die Rechnung: Man kann dann den Bruch durch die Zahl teilen, indem man einfach den Zähler durch die Zahl teilt.

Beispiel: $\frac{6}{5}:2 = \frac{3}{5}$

13. Berechne. Du kannst zur Hilfe eine Zeichnung auf einem extra Blatt anfertigen.

a) $3 \cdot \frac{2}{9} =$ ....

b) $4 \cdot \frac{3}{16} =$ ....

c) $\frac{1}{5}:3 =$ ....

d) $\frac{6}{5}:4 =$ ....

14. Kontrolliere, ob Friederike richtig gerechnet hat.

a) $3 \cdot \frac{4}{5} = \frac{3 \cdot 4}{3 \cdot 5} = \frac{12}{15}$

b) $\frac{12}{7}:3 = \frac{12}{7 \cdot 3} = \frac{12}{21} = \frac{4}{7}$

c) $6 \cdot \frac{5}{8} = \frac{6 \cdot 5}{8} = \frac{30}{8} = \frac{24}{8} + \frac{6}{8} = 3 + \frac{3}{4} = 3\frac{3}{4}$

d) $\frac{9}{15}:3 = \frac{9:3}{15:3} = \frac{3}{5}$

Beginn: .... Ende: ....

Klassenarbeit 1.1

Themen: Kürzen und Erweitern, Addieren, Subtrahieren, Vervielfachen und Teilen von Brüchen, Ordnen von gebrochenen Zahlen, Flächen und Rauminhalte (Wdh.)

1. Berechne. Kürze und gib das Ergebnis als gemischte Zahl an.

a) $\frac{5}{3} - \frac{3}{5} =$ ....

b) $4\frac{6}{7} - 1\frac{5}{6} =$ ....

c) $3\frac{1}{2} + 1\frac{1}{4} + 2\frac{1}{6} + \frac{1}{12} =$ ....

d) $\frac{1}{6} - \frac{1}{42} - \frac{1}{56} =$ ....

...... 4

2. Stelle die Brüche $\frac{1}{4}, \frac{3}{8}, \frac{3}{10}, \frac{2}{5}, \frac{6}{5}$ und $\frac{6}{8}$ auf einem Zahlenstrahl dar.

...... 3

3. Bei einer Geburtstagfeier sind folgende Reste von 3 Pizzen übrig geblieben:

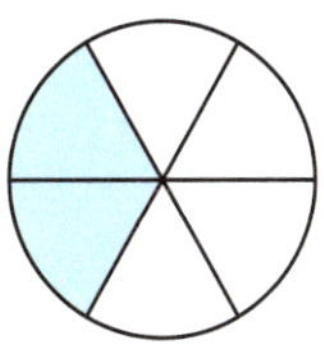
Pizza Hawai

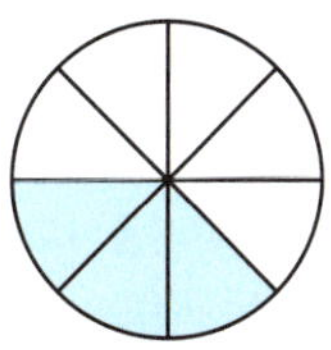
Pizza Salami

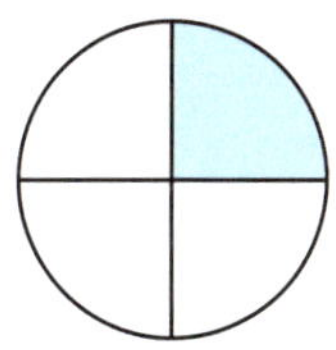
Pizza Schinken

a) Berechne, wie viel insgesamt übrig geblieben ist.
Passen die Reste ohne Überlappungen in einen Pizza-Karton?

b) Stelle dein Ergebnis aus a) grafisch als Pizza-Anteil dar.

...... 6

4. Berechne. Kürze, falls möglich.

a) $3 \cdot \frac{7}{15} =$ ....

b) $\frac{27}{12} : 3 =$ ....

c) $\frac{2}{3} + \frac{1}{5} =$ ....

...... 3

5. **a)** Der Anteil der Rosen in einem Blumenstrauß beträgt $\frac{2}{9}$.
Gib an, wie viele Rosen im Strauß stecken, wenn er aus insgesamt 20 bis 30 Blumen besteht.
Tipp: Überlege zunächst, aus wie vielen Blumen der Strauß bestehen muss.

....

....

....

b) Ein anderer Blumenstrauß besteht aus 18 Blumen. Der Anteil der Rosen erhöht sich bei diesem Strauß auf $\frac{3}{5}$, wenn man noch zwei Rosen hinzufügt.
Wie groß ist der Anteil der Rosen im Moment? Notiere deinen Lösungsweg ausführlich.

.... 6

6. Ein Postpaket ist 50 cm lang, 50 cm breit und 20 cm hoch.

a) Berechne das Volumen des Pakets.

b) Berechne die Oberfläche des Pakets.

c) Die zwei quadratischen Flächen werden rot und die übrigen Flächen gelb gefärbt.
Bestimme den Anteil der roten Flächen an der gesamten Oberfläche.

.... 6

.... 28 **Gesamtpunktzahl**

28 – 21,5 Punkte	21 – 14 Punkte	13,5 – 0 Punkte
☺	😐	☹

Beginn: .... Ende: ....

Klassenarbeit 1.2

Themen: Ordnen von gebrochenen Zahlen, Zahlenstrahl, Addieren und Teilen von gebrochenen Zahlen, Mischungs- und Teilverhältnisse, Prozente (Wdh.)

1. Zeichne einen Zahlenstrahl und trage die folgenden Brüche ein:
$\frac{1}{3}$; $\frac{1}{6}$; $\frac{1}{4}$; $\frac{1}{12}$; $\frac{1}{2}$; $\frac{5}{12}$; $\frac{2}{3}$; $\frac{3}{4}$.
Ordne die Brüche anschließend der Größe nach.

.... 4

2. Herr Meier hat seine Bekannten zum Spargel-Essen eingeladen und kauft dafür auf dem Wochenmarkt $2\frac{1}{2}$ kg Kartoffeln, $3\frac{1}{2}$ kg Spargel, $\frac{3}{4}$ kg Butter und $\frac{3}{4}$ kg Schinken. Beim Schälen der Kartoffeln und des Spargels erhält er insgesamt $1\frac{1}{10}$ kg als Abfall.

a) Berechne, wie schwer seine Einkäufe insgesamt sind und welche Menge nach dem Schälen zum Verzehr übrig bleibt.

b) Insgesamt waren 7 Gäste bei Herrn Meier. Wie viel hat jede Person (im Durchschnitt) gegessen, wenn alles verzehrt wurde?

.... 4

3. In der folgenden Abbildung wird eine Rechnung mit Brüchen veranschaulicht. Notiere die dazugehörige Rechnung in der Bruchschreibweise mit allen dargestellten Zwischenschritten.

a)

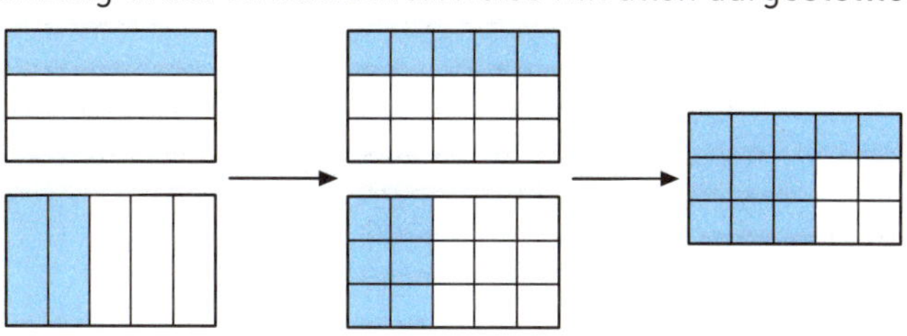

....

b)

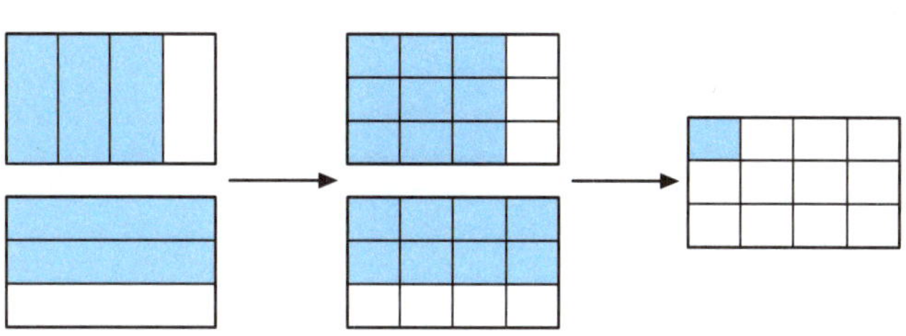

....

.... 6

4. Bei einem Mathe-Wettbewerb haben 30 Schülerinnen und Schüler des 6. Jahrgangs einen Preis erhalten. Es gibt 1. Preise, 2. Preise, 3. Preise sowie Anerkennungspreise. Die Anzahlen dieser Preise stehen im Verhältnis 1 : 2 : 3 : 4.
Wie viele Preise von jeder Sorte haben die Schülerinnen und Schüler erhalten?

.... 4

5. Zwei Brüche haben den gleichen Zähler.
Wie kannst du ohne Rechnung entscheiden, welcher Bruch größer ist? Erkläre an einem Beispiel.

....

....

....

....

.... 5

6. a) Ein Schokoriegel besteht zu 45 % aus Zucker, zu 30 % aus Kakao, zu 15 % aus Fett und zu 10 % aus anderen Zutaten. Stelle die angegebenen Anteile dar, indem du in dem gegebenen Streifen passende Flächen einfärbst.

b) Schreibe als Bruch und stelle jeweils anhand eines Streifens mit gefärbtem Anteil dar.

(1) 75 % = ...

(2) 37,5 % = ...

.... 6

.... 28 **Gesamtpunktzahl**

28 – 21,5 Punkte	20 – 14 Punkte	13,5 – 0 Punkte
☺	😐	☹

Beginn: .... Ende: ....

Klassenarbeit 1.3

Themen: Gebrochene Zahlen auf dem Zahlenstrahl, Addieren, Subtrahieren, Vervielfachen und Teilen von gebrochenen Zahlen, Rechengesetze nutzen, Würfelnetz (Wdh.)

1. Gib zu den mit A, B, C und D bezeichneten Stellen auf dem Zahlenstrahl die zugehörigen Brüche an.

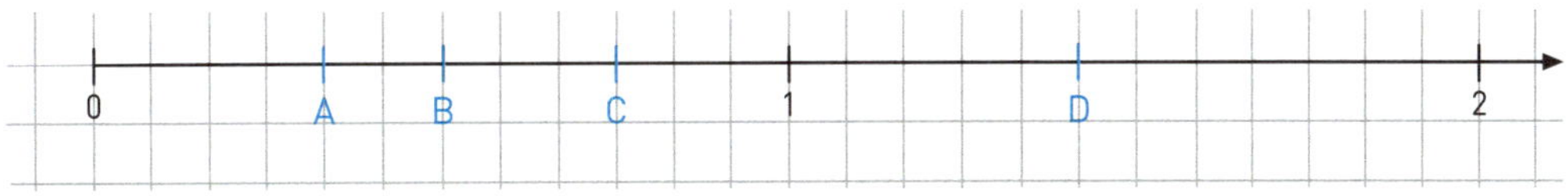

A = ... B = ... C = ... D = ...

...... 4

2. a) Gib zwei Brüche mit dem Nenner 12 an, die man nicht kürzen kann.

....

b) Finde zwei verschiedene Brüche, deren Summe $\frac{1}{6}$ ergibt.
Begründe deine Antwort mit einer Rechnung.

....

...... 5

3. Berechne. Kürze, falls möglich.

a) $3 \cdot \frac{4}{13} =$ ....

b) $\frac{36}{16} : 4 =$ ....

c) $\frac{15}{7} - \frac{5}{3} =$ ....

d) $\frac{5}{9} + \frac{3}{4} + \frac{1}{36} =$ ....

...... 6

4. Marta hat angefangen, die Aufgabe $\frac{3}{4} + \frac{2}{3}$ zeichnerisch zu lösen.
Ergänze ihre Zeichnung und notiere die zugehörige Rechnung. Gib die Lösung in der gemischten Schreibweise an.

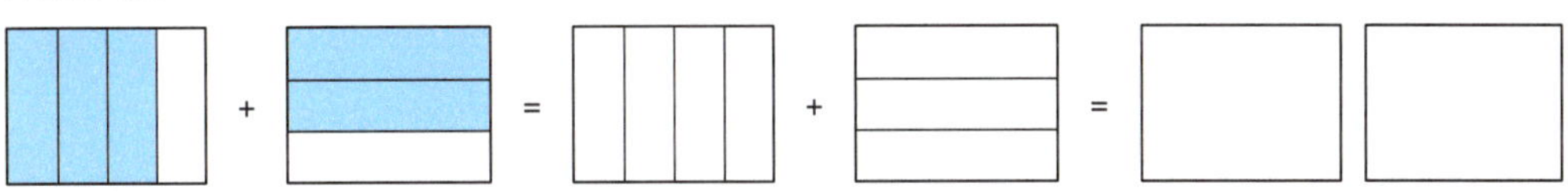

$\frac{3}{4} + \frac{2}{3} =$ ....

...... 4

5. Auf der Geburtstagsfeier von Mats hat seine Schwester Juliana angefangen, die Torte zu schneiden.

a) In wie viele Stücke müssen die einzelnen Stücke mindestens geschnitten werden, damit gleich große Tortenstücke entstehen?
Berechne, welchen Anteil der Torte die Stücke darstellen.

b) Gib eine weitere Möglichkeit der Aufteilung in gleich große Stücke an.

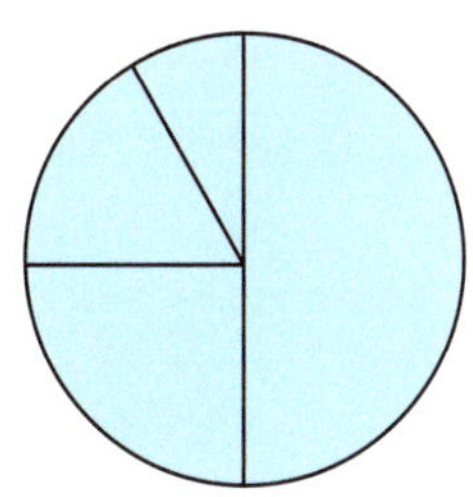

...... 6

6. Berechne und schreibe das Ergebnis als Bruch mit dem Nenner 12.

a) $\left(\frac{8}{9} \cdot 3\right) : 4 =$ ……………………

b) $\left(\frac{1}{2} - \frac{1}{3}\right) \cdot \frac{1}{2} =$ ……………………

c) $\left(\frac{1}{3} - \frac{1}{4}\right) + \left(\frac{1}{6} - \frac{1}{12}\right) =$ ……………………

…… 6

7. Ein Erfrischungsgetränk soll nach folgendem Rezept hergestellt werden: Berechne geschickt, welches Gesamtvolumen man beim Mischen der Säfte erhält.

Summer Dream
$\frac{1}{2}\,\ell$ Organgensaft
$\frac{1}{4}\,\ell$ Pfirsichsaft
$\frac{1}{6}\,\ell$ Ananassaft
$\frac{1}{12}\,\ell$ Zitronensaft

…… 4

8. Zeichne ein zum Würfel passendes Netz.
Beachte dabei die Muster auf den drei sichtbaren Seiten.

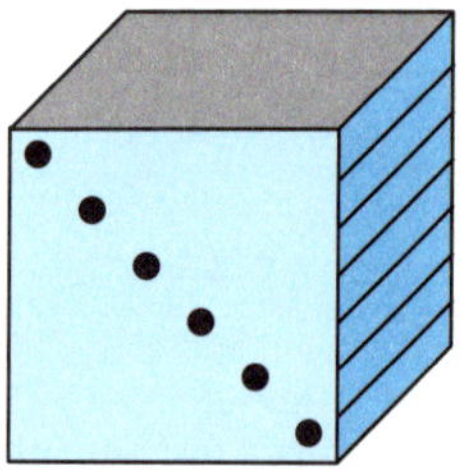

…… 3

…… 35

Gesamtpunktzahl

35 – 27 Punkte	26,5 – 17,5 Punkte	17 – 0 Punkte
☺	😐	☹

2. Kreis – Winkel – Symmetrie

Zum Aufwärmen: Verstehen und Üben

Kreise und Winkel

Information

Beachte:
Die Begriffe Radius und Durchmesser können sowohl die Strecke als auch die Streckenlänge bezeichnen.

Alle Punkte, die von einem Mittelpunkt M den gleichen Abstand haben, liegen auf einem **Kreis**.
Diesen Abstand nennt man **Radius** r.

Im Kreis gibt es spezielle Strecken:
Radius r: verläuft vom **Mittelpunkt** M des Kreises zu einem Kreispunkt.
Sehne s: verbindet zwei beliebige Punkte eines Kreises miteinander.
Durchmesser d: Sehne, die durch den Mittelpunkt M verläuft.
Es gilt: $d = 2 \cdot r$

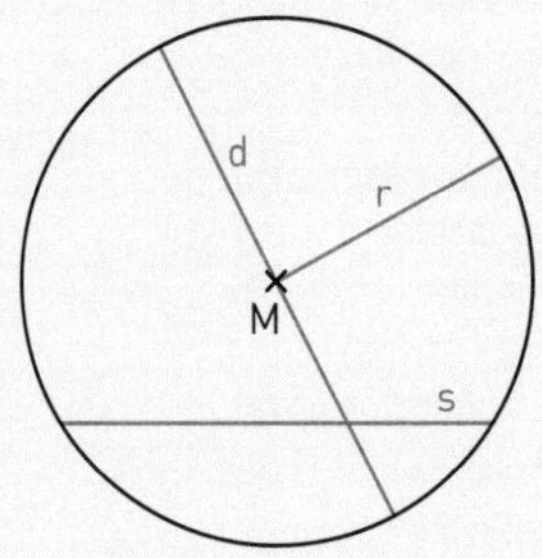

1. Um welche Strecken im Kreis handelt es sich?

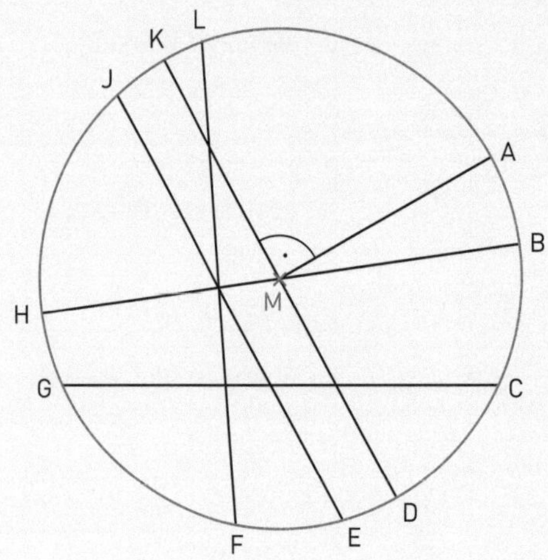

$\overline{MA}$: ....

$\overline{BH}$: ....

$\overline{CG}$: ....

$\overline{DK}$: ....

$\overline{EJ}$: ....

$\overline{FL}$: ....

Welche beiden Strecken sind parallel zueinander?

Anwort: ....

Welche sind orthogonal zueinander? Antwort: ....

2. Zeichne einen Kreis mit dem (1) Radius $r = 2\,cm$; (2) Durchmesser $d = 6\,cm$.
Zeichne dann in den ersten Kreis eine Sehne ein.
Wie groß ist der Durchmesser des ersten Kreises, wie groß der Radius des zweiten?

Information

Ein **Winkel** ist eine Fläche, die entsteht, wenn man eine Halbgerade um ihren Anfangspunkt dreht. Die überstrichene Fläche nennt man Winkel, den Anfangspunkt nennt man **Scheitelpunkt S** des Winkels (oder kurz Scheitel), die beiden Halbgeraden heißen **Schenkel**.
In der Mathematik ist es üblich, die Drehrichtung entgegen dem Uhrzeigersinn (also linksherum) zu wählen.

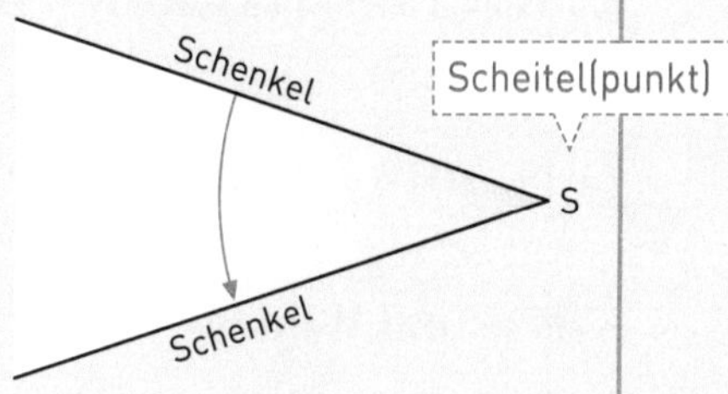

Winkel bezeichnet man meist mit griechischen Buchstaben:
α - alpha
β - beta
γ - gamma
δ - delta
ε - epsilon
φ - phi

Winkelarten	Größe des Winkels	Beispiel
spitzer Winkel	$0 < \alpha < 90°$	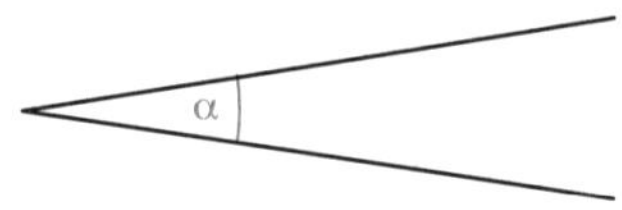
rechter Winkel (Schenkel sind orthogonal zueinander)	$\alpha = 90°$	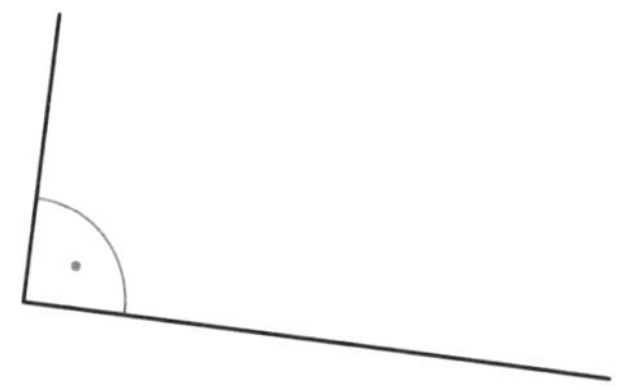
stumpfer Winkel	$90° < \alpha < 180°$	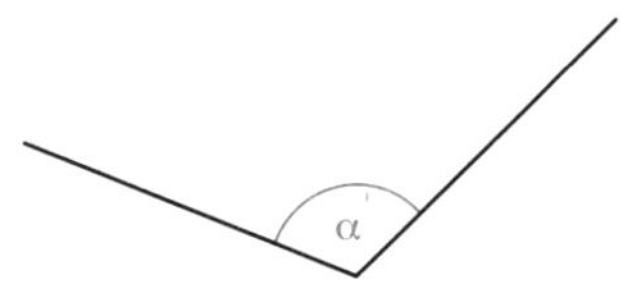
gestreckter Winkel	$\alpha = 180°$	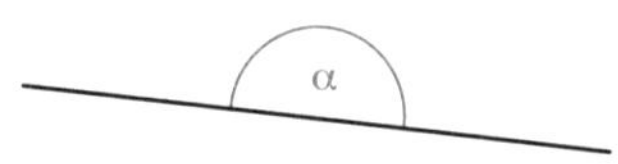
überstumpfer Winkel	$180° < \alpha < 360°$	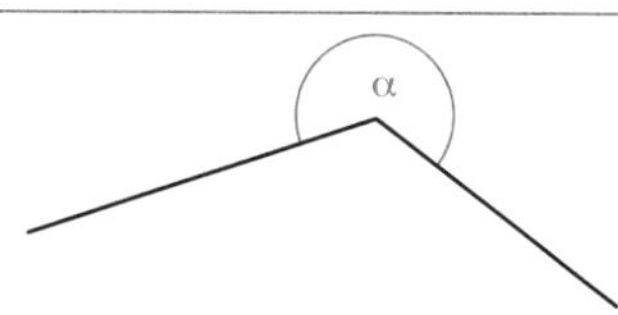
Vollwinkel	$\alpha = 360°$	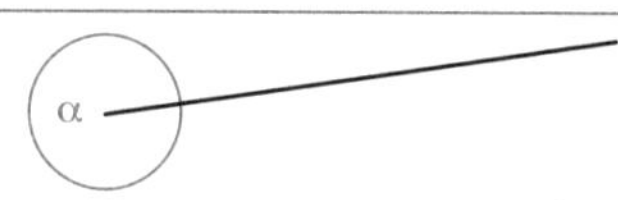

Wie man die Größe von Winkeln misst, kannst du im Schulbuch auf Seite 52 bis 53 nachlesen.
Wie man Winkel zeichnet, kannst du im Schulbuch auf Seite 56 nachlesen.

3. Miss die Winkel. α = ... β = ...

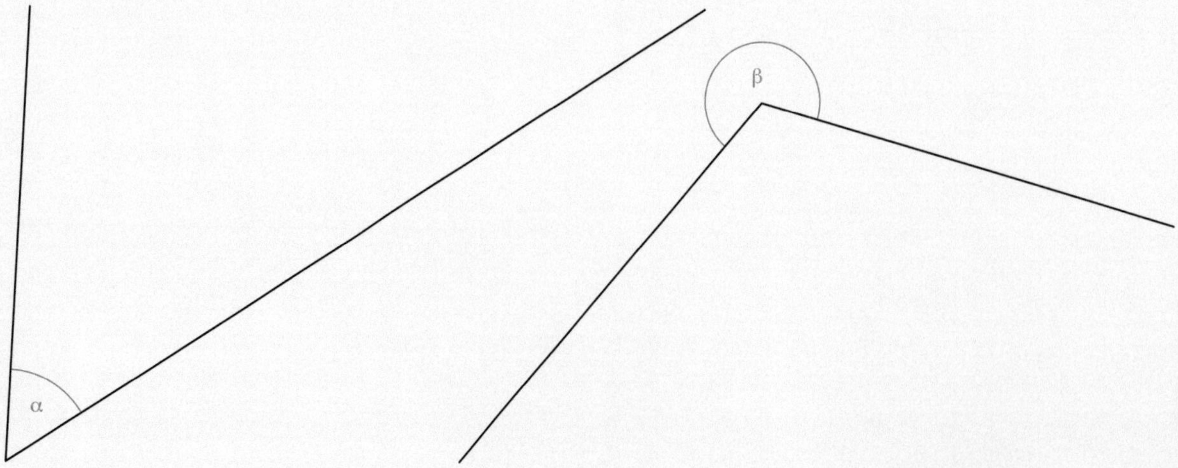

4. Zeichne folgende Winkel: (1) $\alpha = 75°$ (2) $\beta = 255°$

5. Zeichne in das Koordinatensystem die Punkte A(1|1), B(4|1), C(6|3), D(5|6) und E(2|6) ein und verbinde sie zu einem Fünfeck.
Miss dann alle Innenwinkel.
(*Hinweis:* Zum genauen Messen ist es sinnvoll, geeignete Seiten mit einer dünnen Hilfslinie zu verlängern.)

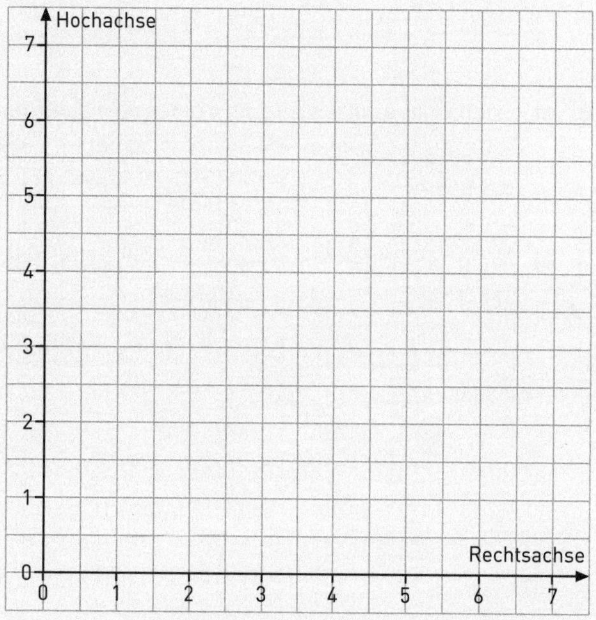

....

....

....

....

....

....

6. Leonie hat folgende Winkel gemessen:

$\alpha = 36°$, $\beta = 47°$, $\gamma = 120°$, $\delta = 345°$

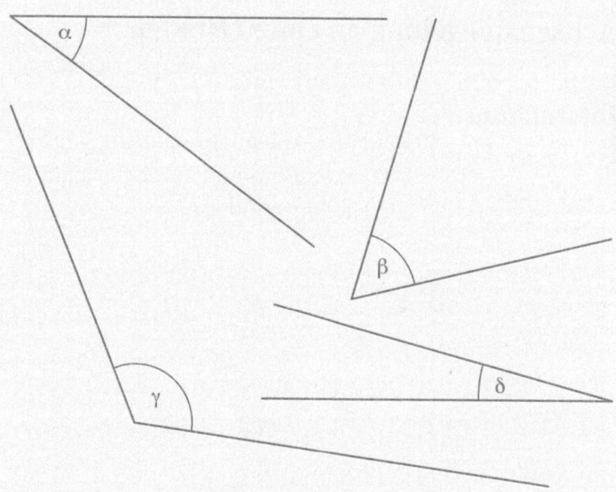

Überprüfe ihre Ergebnisse und korrigiere ihre Fehler.

7. Um welche Winkelart handelt es sich?

$\alpha = 90°$: ....

$\beta = 45°$: ....

$\gamma = 180°$: ....

$\delta = 307°$: ....

$\varepsilon = 150°$: ....

Kreisausschnitt – Mittelpunktswinkel

Information

(1) Zeichnet man mehrere Radien in einen Kreis ein, so wird der Kreis in entsprechend viele Teile zerlegt. Jeder dieser Teile heißt **Sektor** oder **Kreisausschnitt**.
(2) Winkel, deren Scheitelpunkt im Mittelpunkt des Kreises liegen, heißen **Mittelpunktswinkel**.

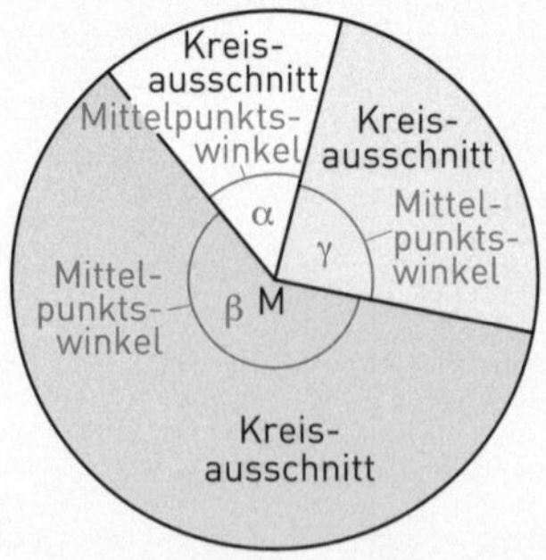

8. a) Zeichne in den Kreis rechts einen Kreissektor mit dem Mittelpunktswinkel $\alpha = 60°$ und daneben einen weiteren Kreissektor mit dem Mittelpunktswinkel $\beta = 135°$ ein.

b) Wie groß ist der Mittelpunktswinkel γ des dritten Sektors?

γ = ...

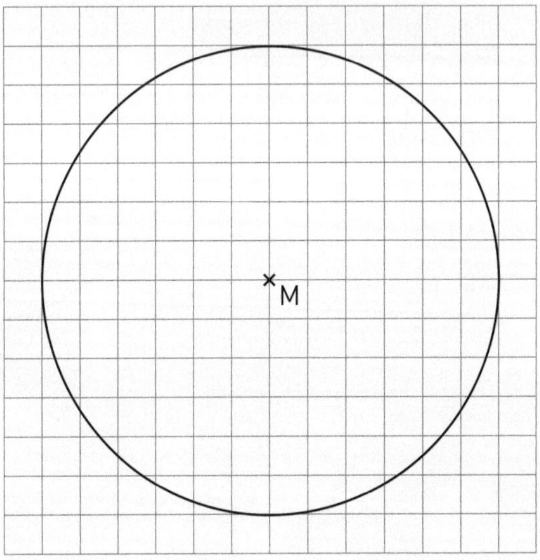

Achsenspiegelung an einer Geraden

Information

Bei einer **Achsenspiegelung** werden Punkte an einer Geraden **(Spiegelachse)** gespiegelt. Um einen Punkt an einer Geraden (hier Spiegelachse a) zu spiegeln, musst du die folgenden Schritte durchführen.

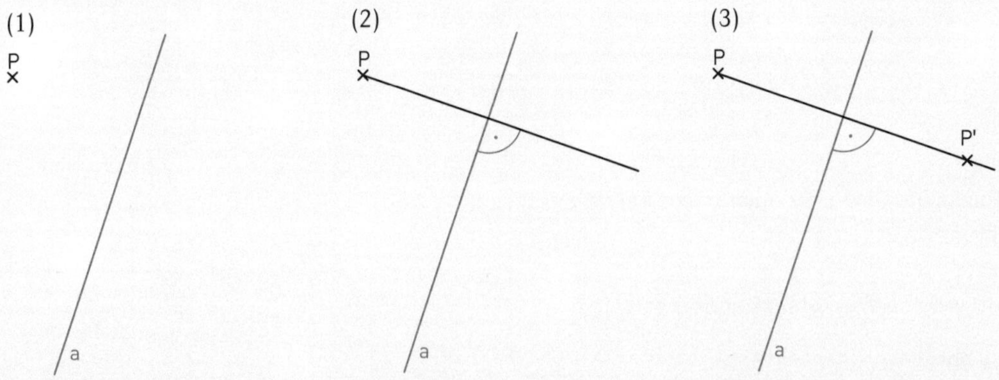

(1) Punkt P soll an der Geraden a gespiegelt werden.

(2) Zuerst zeichnest du eine Senkrechte zur Geraden a durch den Punkt P.

(3) Markiere auf der Senkrechten den Bildpunkt P′ so, dass er den gleichen Abstand von der Spiegelachse wie P hat.

Hinweis: Liegt der Punkt P auf der Spiegelachse, so gilt $P = P'$.

9. Spiegele die Punkte A, B und C an der Spiegelachse a.
Gehe dabei so vor, wie in der Information beschrieben.
Zeichne das Bilddreieck A′B′C′ farbig.

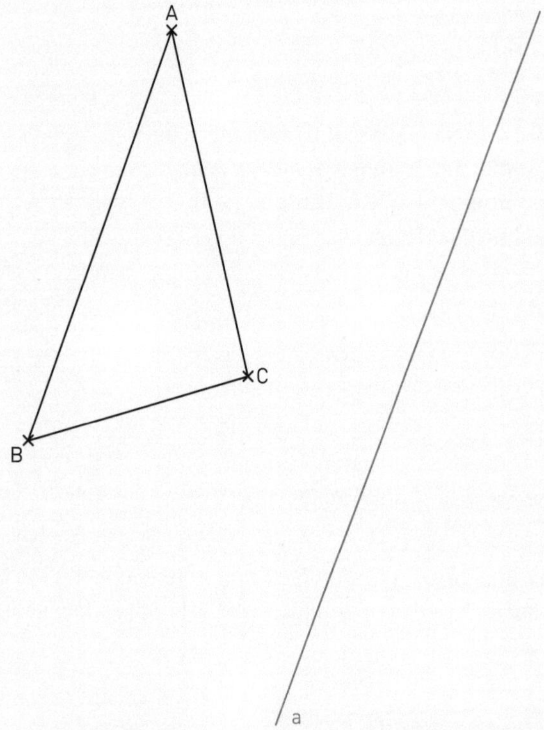

10. (1) Zeichne die Punkte A(10 | 2), B(2 | 14), C(16 | 10), D(2 | 6) und E(10 | 16) in das Koordinatensystem ein.

(2) Verbinde A mit B, B mit C, usw. und am Ende E mit A.

(3) Die Spiegelachse a verläuft durch die Punkte A und E. Zeichne die Spiegelachse a blau ein.

(4) Spiegele alle Punkte an der Spiegelachse a.
Beschrifte die Bildpunkte und gib ihre Koordinaten an.

A′(|), B′(|), C′(|), D′(|), E′(|)

(5) Verbinde die Bildpunkte in der Reihenfolge ihrer Ausgangspunkte mit einem farbigen Stift.

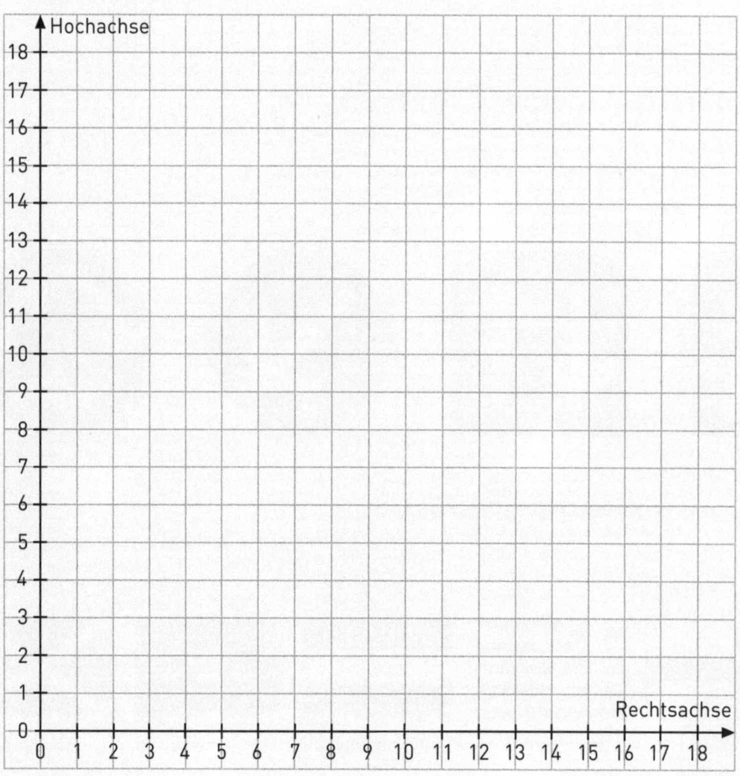

(1) Liegt eine Strecke parallel bzw. orthogonal zur Spiegelachse, so liegt ihre Bildstrecke ebenso parallel bzw. orthogonal zur Spiegelachse.
(2) Die Figur und ihre Bildfigur passen genau aufeinander.

Achsensymmetrie

Information

(1) Eine Figur, die man so falten kann, dass die beiden Teile genau aufeinander passen, nennt man **achsensymmetrisch**. Die Faltlinie heißt **Symmetrieachse** der Figur.

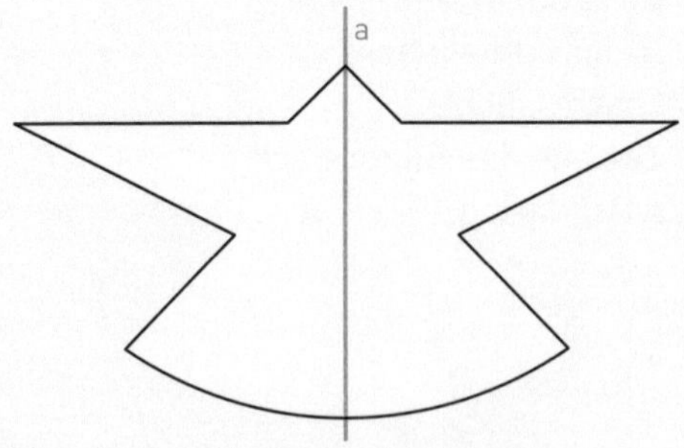

Mit den Kenntnissen über *Achsenspiegelung* können wir das auch wie folgt ausdrücken:

Information

(2) Eine Figur heißt **achsensymmetrisch zur Achse a**, wenn sie bei der Achsenspiegelung an der Achse a auf sich selbst abgebildet wird. Die Spiegelachse heißt dann **Symmetrieachse**.

11. a) Welche der Wörter sind achsensymmetrisch?
Kreuze an und zeichne die Symmetrieachsen ein.

AHA **HEIDE** **MAIS** **TAT**

b) Finde selbst Buchstaben und Wörter, die in Druckschrift eine oder mehrere Symmetrieachsen haben.

....

....

12. a) Untersuche, ob die abgebildeten Verkehrszeichen achsensymmetrisch sind.
Zeichne alle Symmetrieachsen ein.

(1)

(2)

(3)

(4)

(5)

b) Untersuche, ob die abgebildeten Flaggen achsensymmetrisch sind.
Zeichne alle Symmetrieachsen ein.

Botswana

Estland

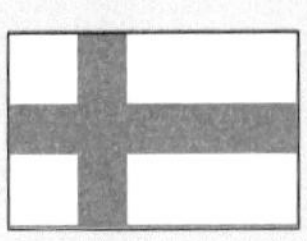
Finnland

Griechenland

Honduras

Somalia

Schottland

Spiegeln an einem Punkt

Information

Bei einer **Punktspiegelung** werden Punkte an einem Punkt **(Spiegelzentrum)** gespiegelt. Um einen Punkt A an einem Spiegelzentrum Z zu spiegeln, musst du die folgenden Schritte durchführen:

(1)

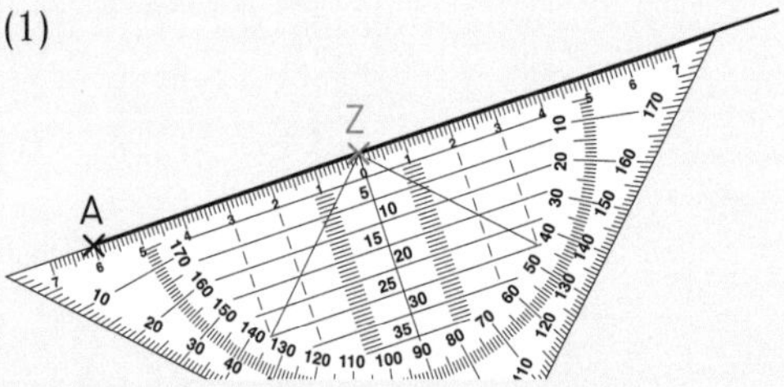

Zeichne die Gerade AZ durch den Punkt A und das Spiegelzentrum Z.

(2)

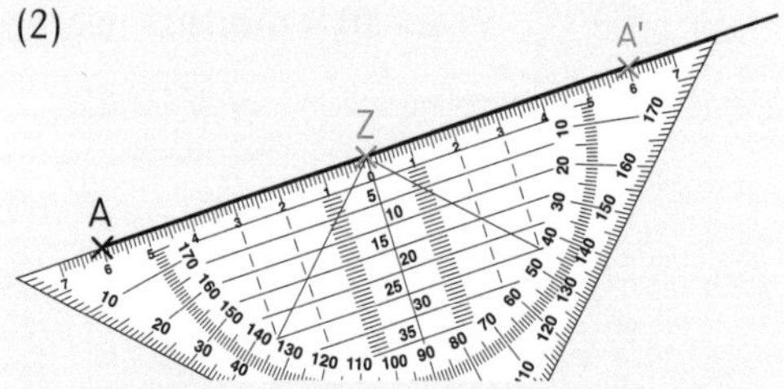

Markiere den Bildpunkt A′ auf der Geraden so, dass er zu Z den gleichen Abstand hat wie der Punkt A.

Beachte: Das Spiegelzentrum Z ist sein eigener Bildpunkt.

13. Spiegele die Punkte A, B und C am Spiegelzentrum Z. Gehe dabei so vor, wie in der Information beschrieben. Zeiche das Bilddreieck A′B′C′ farbig.

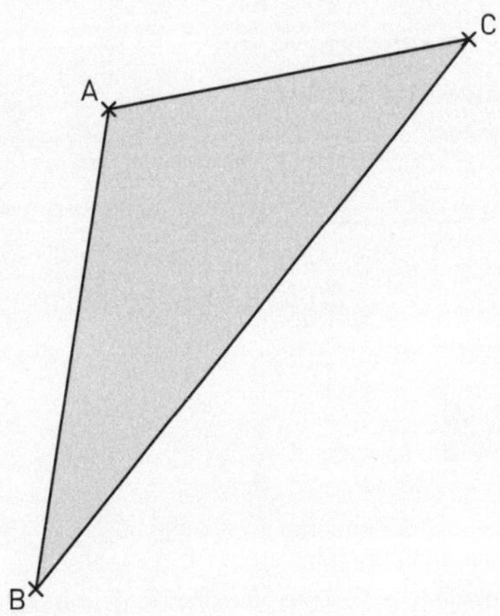

14. Spiegele jede der Figuren am zugehörigen Spiegelzentrum Z. Was fällt dir bei der dritten Figur auf?

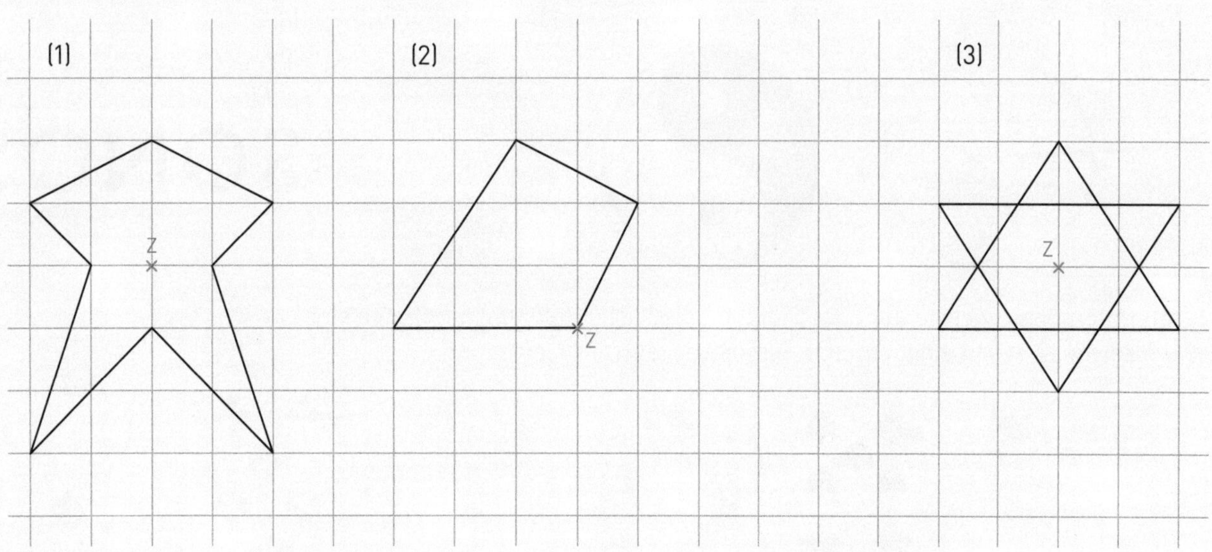

Antwort: ....

Punktsymmetrie

Information

(1) Eine Figur, die nach einer Halbdrehung um einen Punkt Z mit sich selbst zur Deckung kommt, nennt man **punktsymmetrisch**. Der Punkt Z heißt **Symmetriezentrum** der Figur.

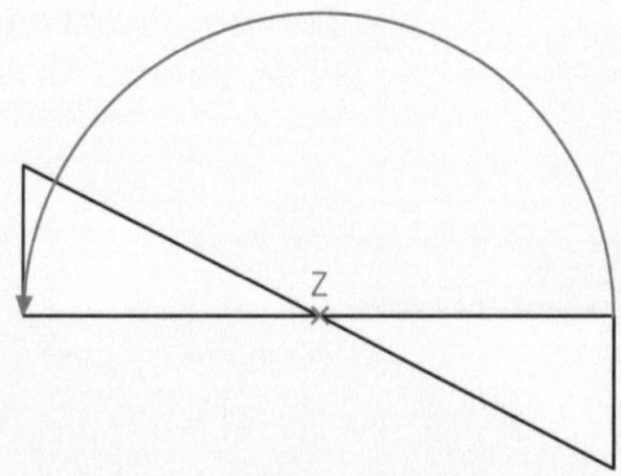

Mit den Kenntnissen über das *Spiegeln an einem Punkt* können wir das auch wie folgt ausdrücken:

Information

(2) Eine Figur heißt **punktsymmetrisch zum Punkt Z**, wenn sie bei der Punktspiegelung an Z auf sich selbst abgebildet wird.
Das Spiegelzentrum Z heißt dann auch **Symmetriezentrum**. Die Punkte A und F nennt man auch **Symmetriepartner**.

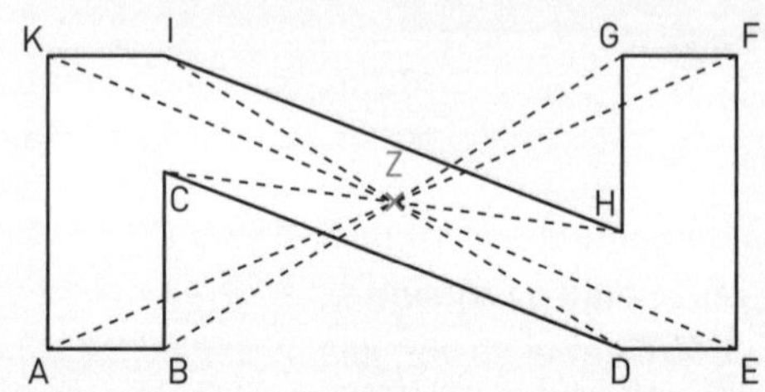

15. a) Welche der folgenden Buchstaben sind punktsymmetrisch? Kreuze an.
Zeichne auch das Symmetriezentrum ein.

S Z M N G O X

b) Finde selbst Buchstaben und Wörter, die in Druckschrift punktsymmetrisch sind.

....

16. a) Untersuche, ob die abgebildeten Logos punktsymmetrisch sind.
Zeichne – wenn möglich - das Symmetriezentrum Z ein.

(1) (2) (3) (4)

SONOS

b) Untersuche, welche der abgebildeten Spielkarten punktsymmetrisch sind.
Zeichne – wenn möglich - das Symmetriezentrum Z ein.

Besondere Dreiecke

Information

Ein Dreieck heißt **rechtwinkliges Dreieck**, wenn einer seiner Winkel 90° groß ist.

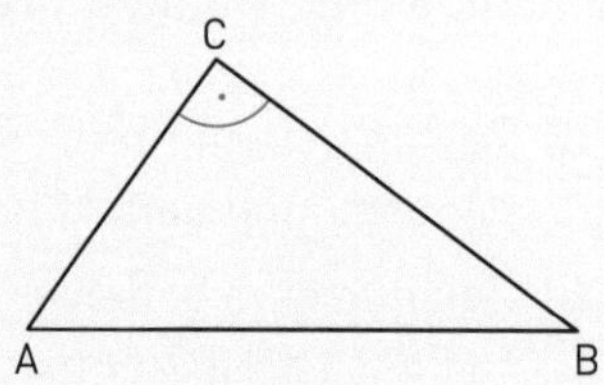

Ein Dreieck mit (mindestens) zwei gleich langen Seiten (Schenkel) heißt **gleichschenkliges Dreieck**.
Für das Beispiel rechts gilt:
a = b

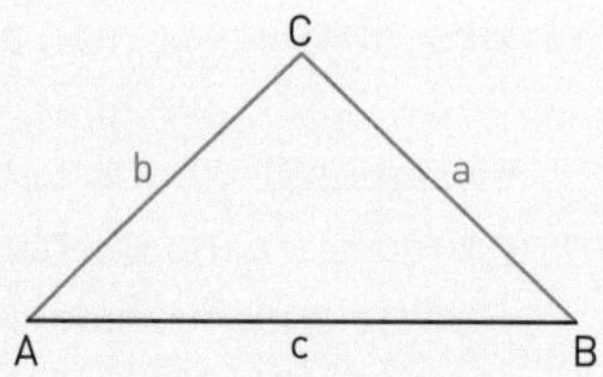

Ein Dreieck heißt **gleichseitiges Dreieck**, wenn alle drei Seiten gleich lang sind, d. h. a = b = c.

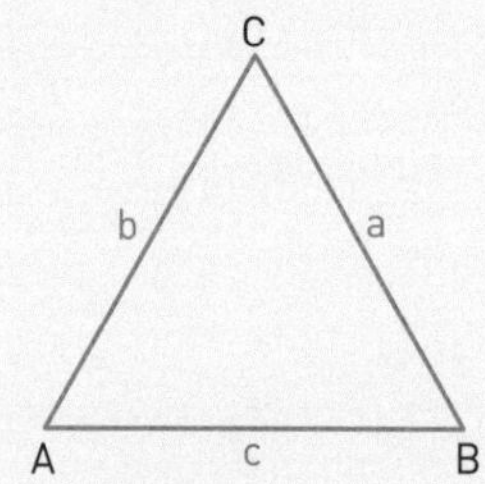

17. Überprüfe die folgenden Dreiecke auf Besonderheiten:
Welche sind **a)** gleichschenklig, **b)** rechtwinklig oder **c)** gleichseitig?

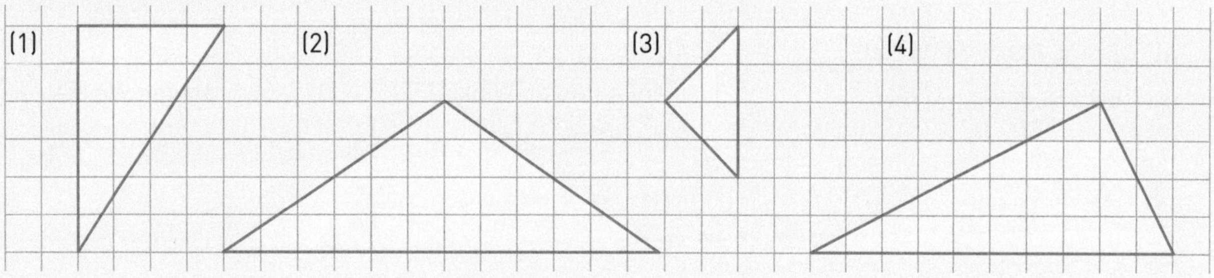

a) Gleichschenklig sind: ....

c) Gleichseitig: ....

b) Rechtwinklig sind: ....

18. Zeichne das Dreieck ABC in ein Koordinatensystem und überprüfe es auf besondere Eigenschaften.
Löse **b)** – **d)** auf einem extra Blatt.

a) A(1|1), B(4|1), C(4|6)

b) A(1|0), B(5|0), C(3|5)

c) A(1|2), B(6|2), C(2|4)

d) A(0|3), B(3|0), C(3|6)

Das Dreieck ist ....

....

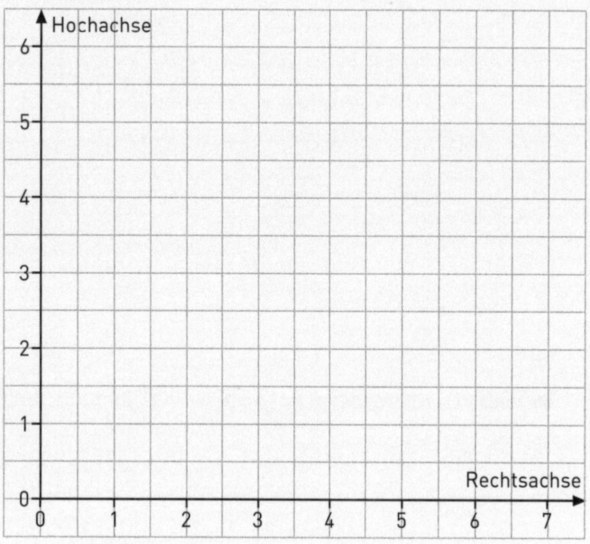

45 min

Beginn: .... Ende: ....

Klassenarbeit 2.1

Themen: Kreis, Winkel, Bruchrechnung (Wdh.)

1. a) Zeichne einen Kreis mit dem Radius $r = 3\,cm$ und dem Mittelpunkt M.

b) Zeichne eine beliebige Kreissehne mit der Länge 4 cm.

c) Beschreibe, wie man alle Punkte finden kann, die einen Abstand zwischen 3 cm und 4 cm von M haben. Zeichne die Menge der Punkte anschließend ein.

M

....

....

....

....

....

....

....

...... 7

2. a) Zeichne folgende Winkel:

(1) einen spitzen Winkel (2) einen stumpfen Winkel (3) einen rechten Winkel

b) Gib an, um welche Art von Winkel es sich jeweils handelt.

$\alpha = 135°$: .... $\gamma = 270°$: ....

$\beta = 76°$: .... $\delta = 180°$: ....

...... 7

3. a) Bestimme die eingezeichneten Winkel in der Figur.

α = ...

β = ...

γ = ...

δ = ...

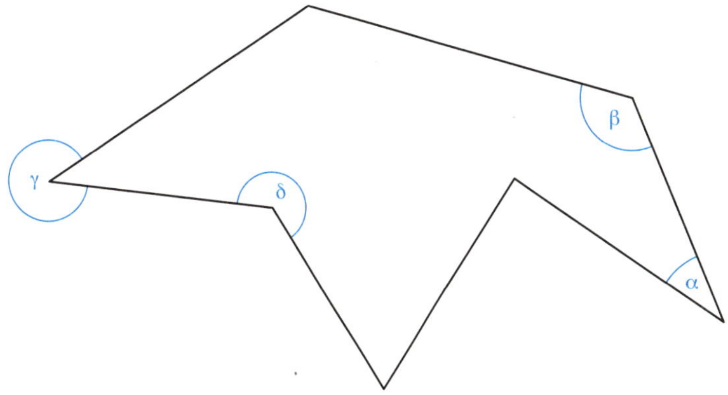

b) Es gilt in der Abbildung rechts: $\varepsilon = 46°$, $\delta = 43°$ und $\varphi = 66°$. Berechne die Größe der Winkel α, β und γ.

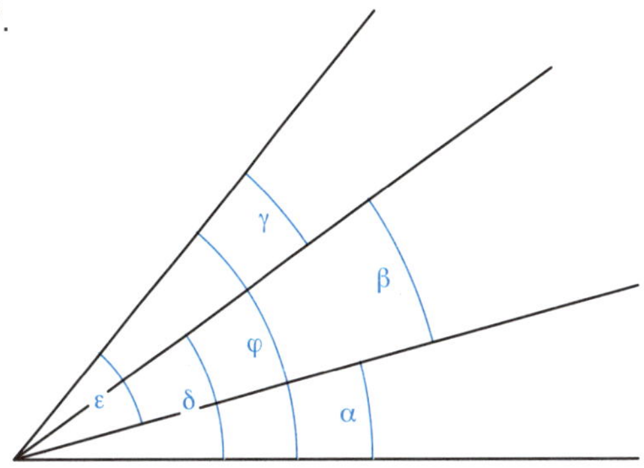

.... 7

4. a) Zeichne in den Kreis rechts nebeneinander drei Kreissektoren mit den Mittelpunktswinkeln $\alpha = 30°$, $\beta = 75°$ und $\gamma = 122°$ ein.

b) Wie groß ist der noch fehlende Mittelpunktswinkel δ?

δ = ...

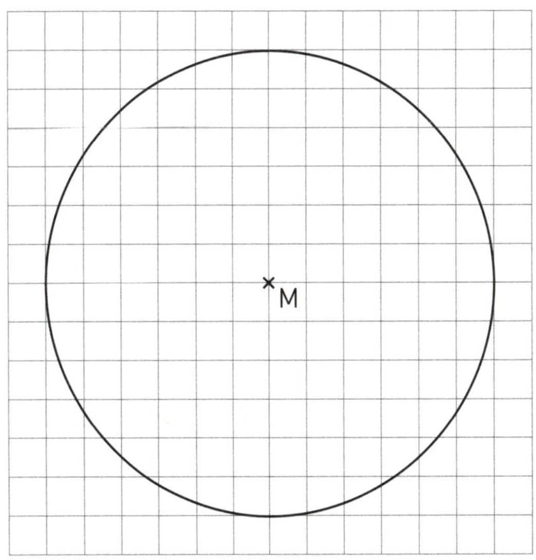

.... 4

5. a) Trage die Brüche auf dem Zahlenstrahl ein: $\frac{1}{2}, \frac{1}{5}, \frac{5}{2}, \frac{13}{10}, \frac{6}{3}, \frac{35}{20}$

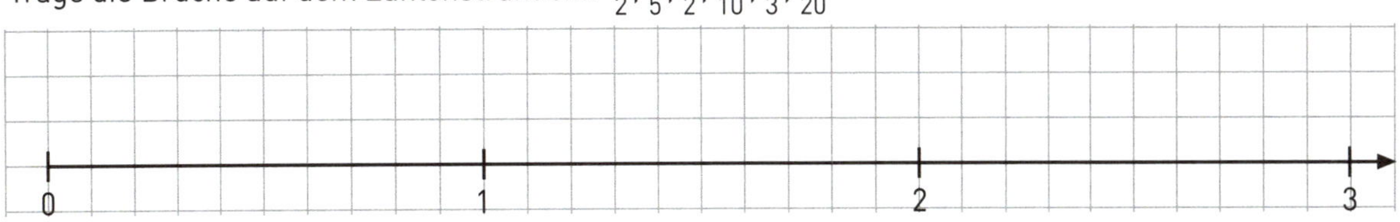

b) Setze < oder > ein: $\frac{5}{7}$ ☐ $\frac{4}{7}$; $\frac{9}{11}$ ☐ $\frac{9}{13}$; $\frac{5}{8}$ ☐ $\frac{4}{6}$

.... 6

31–24 Punkte	23,5–15,5 Punkte	15–0 Punkte
☺	😐	☹

Gesamtpunktzahl 31

45 min

Beginn: .... Ende: ....

Klassenarbeit 2.2

Themen: Kreise und Winkel, Vierecke, gebrochene Zahlen auf dem Zahlenstrahl (Wdh.)

1. Zeichne einen Kreis mit dem
a) Durchmesser 4 cm;
b) Radius 3 cm.

...... 3

2. Um welche speziellen Strecken beim Kreis handelt es sich?

$\overline{AB}$: ....

$\overline{CD}$: ....

$\overline{CM}$: ....

$\overline{DM}$: ....

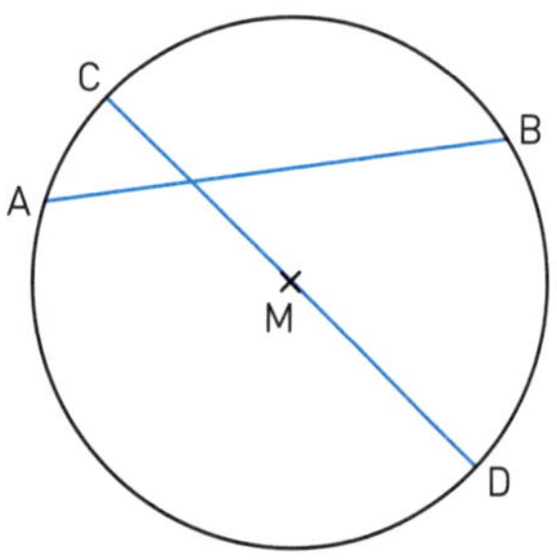

...... 2

3. Zeichne ein Viereck mit **a)** genau einem rechten Winkel. **b)** drei stumpfen und einem spitzen Winkel.

...... 4

4. Zeichne folgende Winkel:

a) $\alpha = 38°$ **b)** $\beta = 112°$ **c)** $\gamma = 220°$

Um welche Winkelart handelt es sich jeweils?

α: .... β: .... γ: ....

...... 6

5. Miss die Größen der Winkel α, β, γ und δ.

α = ...

β = ...

γ = ...

δ = ...

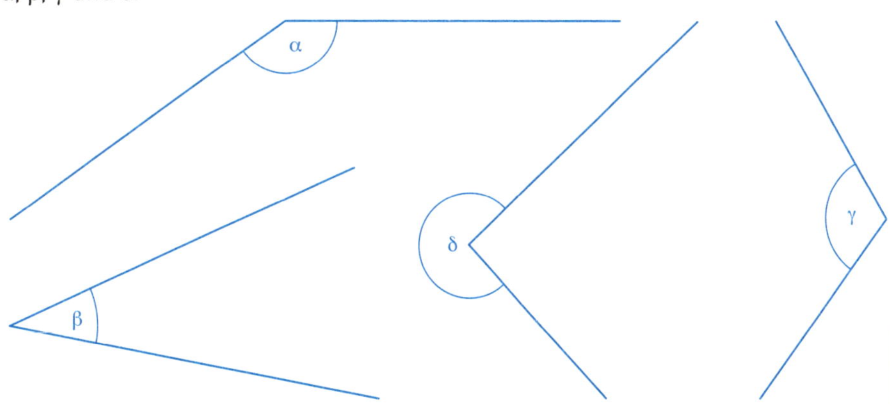

...... 4

6. Vervollständige die folgende Tabelle:

Winkelart	Beispiel für eine Winkelgröße
spitzer Winkel	
	90°
	160°
gestreckter Winkel	
	275°

...... 5

7. Lies die gebrochenen Zahlen von dem Zahlenstrahl ab.

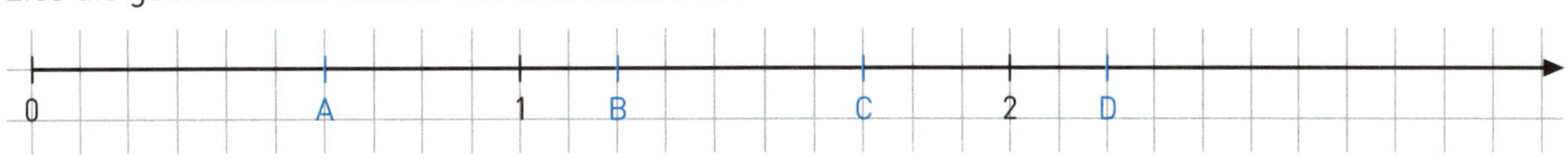

A = ...; B = ...; C = ...; D = ...

...... 4

28 – 21,5 Punkte	21 – 14 Punkte	13,5 – 0 Punkte
☺	😐	☹

Gesamtpunktzahl 28

45 min

Beginn: .... Ende: ....

Klassenarbeit 2.3

Themen: Achsen- und Punktsymmetrie, Achsenspiegelung, besondere Dreiecke, Vierecke, Bruchrechnung (Wdh.)

1. a) Untersuche folgende Wörter auf Achsensymmetrie und zeichne alle Symmetrieachsen ein.

TUT **HECKE** **OHO**

b) Untersuche folgende Figuren auf Achsensymmetrie und zeichne gegebenenfalls alle Symmetrieachsen ein. Gib zu jedem Eckpunkt – wenn möglich – seinen Symmetriepartner an.

(1)

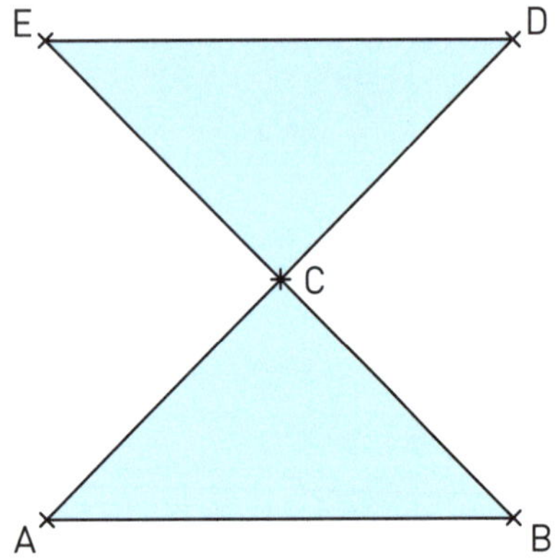

(2)

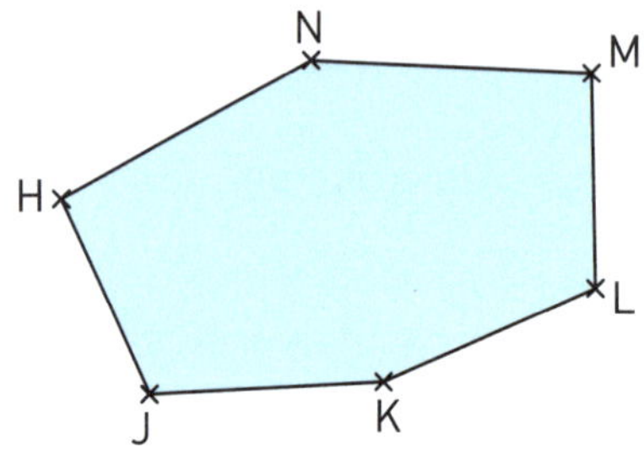

Symmetriepartner sind: ....

.... 7

2. Ergänze zu einer punktsymmetrischen Figur mit dem Symmetriezentrum Z.

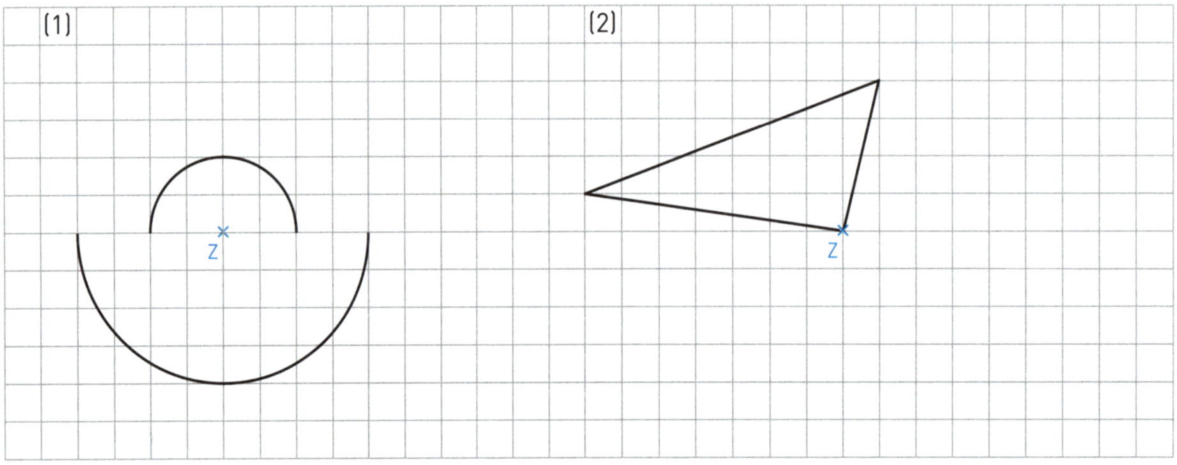

.... 5

3. Erkläre die besonderen Eigenschaften folgender Dreiecke:

a) ein gleichschenkliges Dreieck

....

b) ein rechtwinkliges Dreieck

....

c) ein gleichseitiges Dreieck

....

.... 3

4. a) Zeichne das Dreieck ABC mit A(4 | 7), B(1 | 3), und C(4 | 1) in das Koordinatensystem ein.

b) Die Spiegelachse a verläuft durch die Punkte A und C. Spiegele alle Punkte an der Spiegelachse und gib die Koordinaten der Bildpunkte an.

A′(|), B′(|), C′(|)

c) Welches Viereck ABCB′ ist durch die Achsenspiegelung entstanden?

....

....

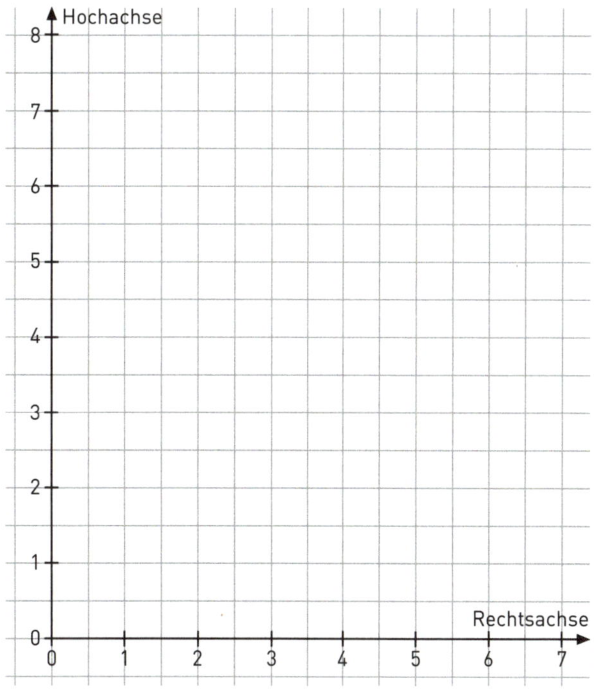

.... 8

5. Gib die besondere(n) Eigenschaft(en) eines Dreiecks ABC mit den angegebenen Maßen an. Begründe. (*Hinweis:* Du kannst das Dreieck dazu auch zeichnen.)

a) a = 4 cm, b = 4 cm, $\gamma = 70°$

....

b) c = 7 cm, $\alpha = 30°$, $\beta = 60°$

....

c) a = 5 cm, $\beta = 60°$, $\gamma = 60°$

....

.... 6

6. a) Kürze so weit wie möglich.

$\frac{4}{8}$ = ...; $\frac{8}{24}$ = ...; $\frac{40}{96}$ = ...; $\frac{125}{1000}$ = ...

b) Ergänze mit passenden Zahlen.

$\frac{3}{4} = \frac{9}{\square}$; $\frac{6}{9} = \frac{\square}{90}$; $\frac{13}{5} = \frac{195}{\square}$; $\frac{2}{\square} = \frac{\square}{9}$

.... 4

33–25,5 Punkte	25–16,5 Punkte	16–0 Punkte
☺	😐	☹

Gesamtpunktzahl 33

45 min

Beginn: .... Ende: ....

Klassenarbeit 2.4

Themen: Symmetrie, besondere Dreiecke, Winkel, Bruchrechnung (Wdh.)

1. a) Zeichne das Dreieck ABC mit A(0|4), B(2|4) und C(2|6) in das Koordinatensystem ein.

b) Gib die besonderen Eigenschaften des Dreiecks ABC an.

....

....

....

c) Zeichne den Punkt Z(3|4) ins Koordinatensystem und spiegele das Dreieck ABC an Z. Gib die Koordinaten des Bilddreiecks an.

A′(|), B′(|), C′(|)

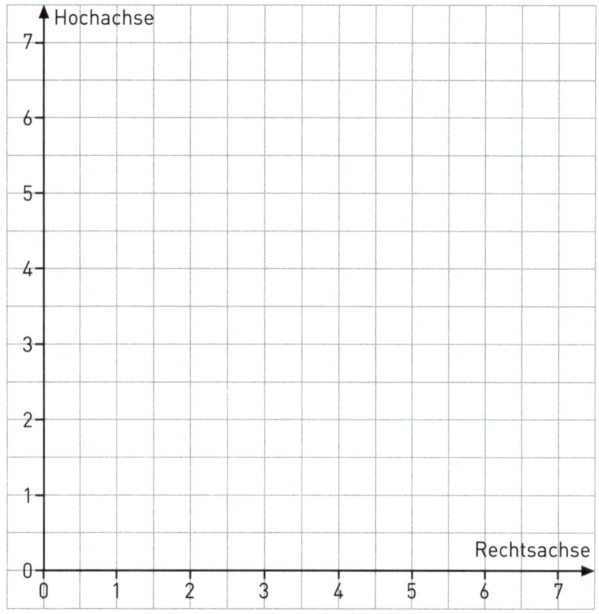

.... 11

2. a) Bestimme alle Winkel in der Figur.

α = ...

β = ...

γ = ...

δ = ...

ε = ...

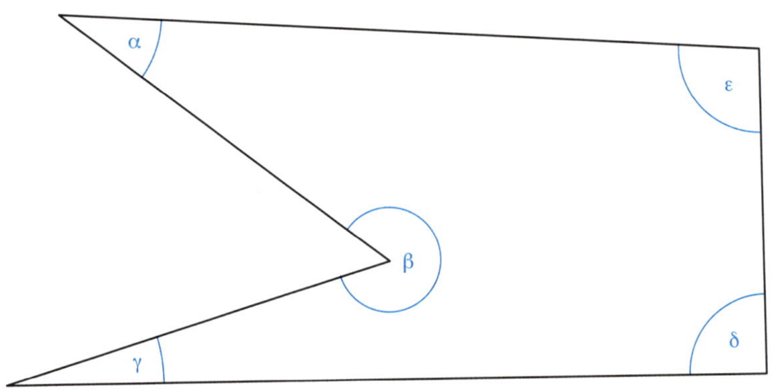

b) Zeichne ein Dreieck mit den Winkeln $\alpha = 35°$ und $\beta = 95°$.

.... 8

3. Welche Schilder sind achsensymmetrisch, punktsymmetrisch, beides oder gar nicht symmetrisch? Kreuze an.

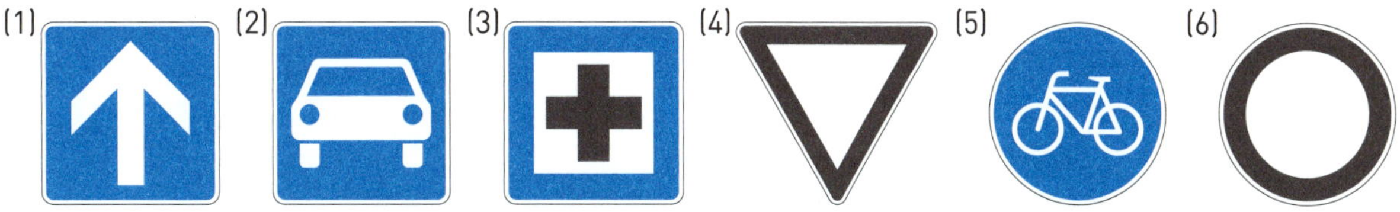

	(1)	(2)	(3)	(4)	(5)	(6)
Achsensymmetrisch						
Punktsymmetrisch						

.... 6

4. Ergänze zu einer achsensymmetrischen Figur mit der Symmetrieachse a.

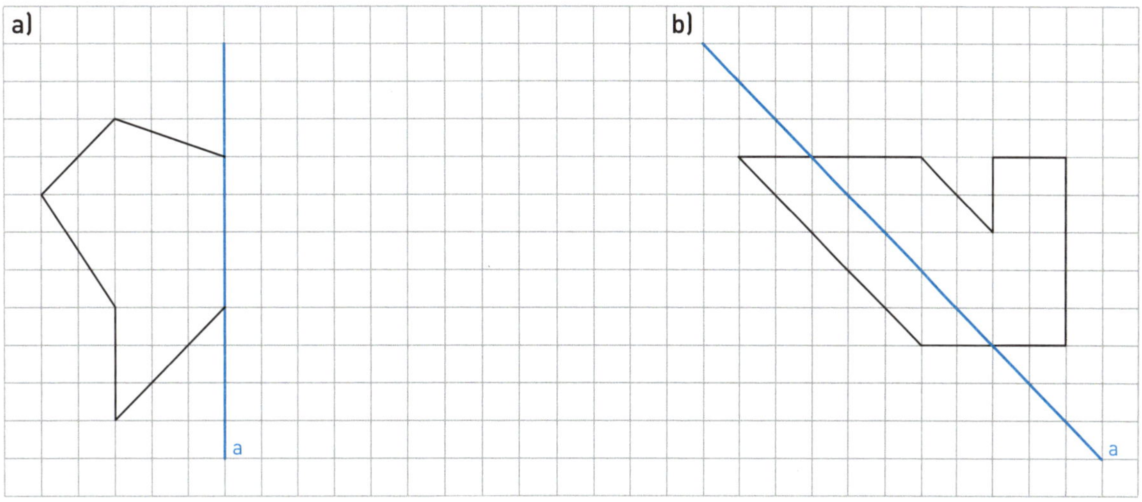

.... 5

5. **a)** Gib zwei Brüche an, die kleiner als $\frac{1}{6}$ sind.

....

b) Gib zwei Brüche an, die zwischen 3 und 4 liegen.

....

c) Gib zwei Brüche an, die größer als $\frac{1}{2}$, jedoch kleiner als $\frac{2}{3}$ sind.

....

d) Gib zwei Paare von Brüchen an, deren Summe jeweils genau $\frac{3}{4}$ ergibt.

....

.... 5

35 – 27 Punkte	26,5 – 17,5 Punkte	17 – 0 Punkte
☺	😐	☹

Gesamtpunktzahl 35

3. Dezimalbrüche

Zum Aufwärmen: Verstehen und Üben

Dezimale Schreibweise für gebrochene Zahlen

Information

Anteile von einem Ganzen kann man nicht nur mit Brüchen wie z. B. $\frac{3}{4}$ beschreiben. Häufig verwendet man **Dezimalbrüche**. Der Dezimalbruch 0,75 ist eine andere Darstellung für den Bruch $\frac{3}{4}$.

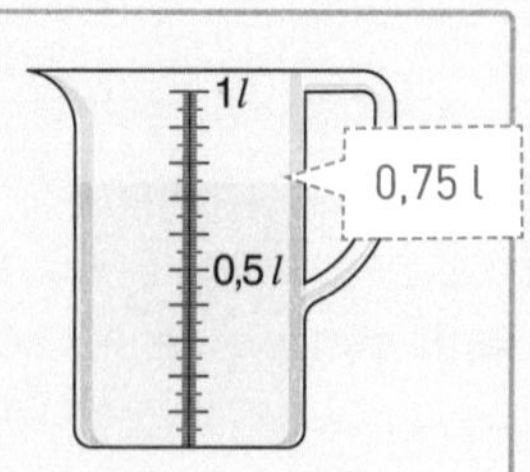

Die bisher bekannte *Stellenwerttafel* wird nach rechts um die Stellenwerte Zehntel, Hundertstel, Tausendstel, usw. ergänzt. Die neu hinzugekommenen Stellenwerte werden im Dezimalbruch durch ein Komma abgetrennt. Wie bei der bisherigen Stellenwerttafel beträgt jeder weiter rechts folgende Stellenwert immer $\frac{1}{10}$ des links benachbarten Stellenwerts.

Einer (E)	,	Zehntel (z)	Hundertstel (h)	Tausendstel (t)
0	,	7	5	0
1	,	2	3	5

Für die Stellenwerte Zehntel, Hundertstel, usw. verwendet man Kleinbuchstaben.

1,235 bedeutet, dass zu einem Ganzen (1 Einer) noch 2 Zehntel, 3 Hundertstel und 5 Tausendstel hinzukommen:

$1{,}235 = 1 + \frac{2}{10} + \frac{3}{100} + \frac{5}{1\,000}$

Für den *Zahlenstrahl* bedeutet ein kleinerer Stellenwert, dass man eine feinere Unterteilung der Skala benötigt. Mit jedem weiteren Stellenwert muss die Skalierung des Zahlenstrahls zehnmal so fein sein.

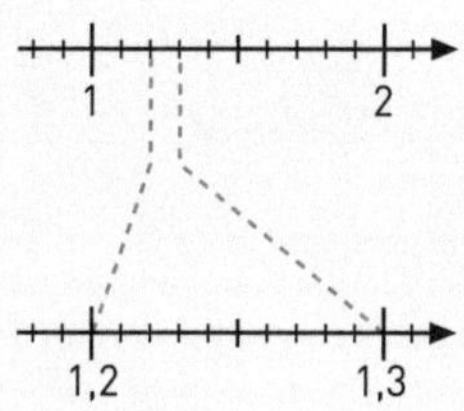

Beispiele:

(1) $34{,}857 = 3 \cdot 10 + 4 \cdot 1 + 8 \cdot \frac{1}{10} + 5 \cdot \frac{1}{100} + 7 \cdot \frac{1}{1\,000}$

3 Zehner, 4 Einer, 8 Zehntel, 5 Hundertstel und 7 Tausendstel ergeben zusammen 34,857.

(2) Im Bild rechts wird ein Einer durch 1 000 kleine Würfel, die zu einem großen Würfel zusammengesetzt werden, dargestellt. Eine Hunderterplatte stellt ein Zehntel vom großen Würfel dar. Ein Zehnerstab stellt ein Hundertstel vom großen Würfel dar.

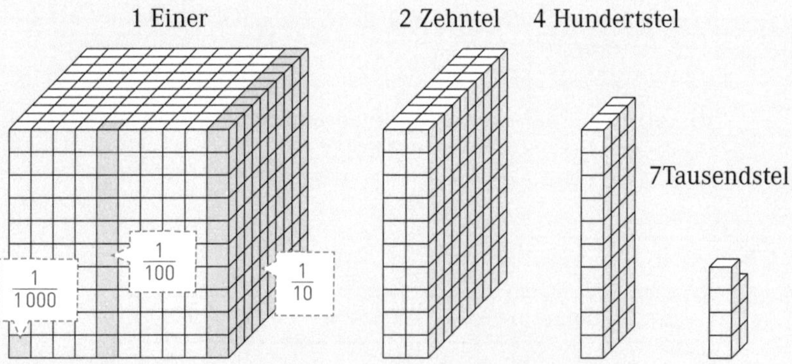

Das gesamte Bild verdeutlicht die Zahl 1,247, denn es sind rechts neben den 1 000 kleinen Würfeln noch 2 Zehntel, 4 Hundertstel und 7 Tausendstel des großen Würfels zu sehen.

(3) Man kann die Zahl 0,498 als $\frac{498}{1\,000}$ schreiben, denn die dritte Nachkommastelle ist in der Stellenwerttafel die Tausendstelstelle.

Schreibt man diesen Bruch als Summe von Brüchen mit den Nennern 10, 100 und 1 000, so erhält man

$\frac{498}{1\,000} = \frac{400}{1\,000} + \frac{90}{1\,000} + \frac{8}{1\,000} = \frac{4}{10} + \frac{9}{100} + \frac{8}{1\,000} = 0{,}498.$

1. Schreibe den Bruch als Dezimalbruch. Schreibe dann den mit 10 erweiterten Bruch als Dezimalbruch. Worin unterscheiden sich die beiden Dezimalbrüche?

a) $\frac{27}{100}$ = mit 10 erweiterter Bruch: ―――― =

b) $\frac{3}{20} = \frac{\quad}{100}$ = mit 10 erweiterter Bruch: ―――― =

c) $\frac{3}{5} = \frac{\quad}{10}$ = mit 10 erweiterter Bruch: ―――― =

Die beiden Dezimalbrüche unterscheiden sich darin, dass ....

....

....

....

2. Schreibe als Bruch mit dem Nenner, der den kleinsten Stellenwert angibt. *Beispiel:* $4{,}87 = \frac{487}{100}$

a) 2,34 = ―――― **b)** 18,349 = ―――― **c)** 0,1050 = ――――

3. Verwandle in die nächstkleinere Einheit.

a) 4,5 km = ... **b)** 23,6 m^2 = ... **c)** 8,5439 t = ...

4. Cedric wandelt Brüche in Dezimalbrüche um. Kontrolliere seine Hausaufgaben.

a) $\frac{23}{4} = \frac{20}{4} + \frac{3}{4} = 5 + \frac{3}{4} = 5{,}34$

b) $1\frac{2}{5} = 1 + \frac{2}{5} = 1 + \frac{4}{10} = 1{,}4$

c) $\frac{7}{20} = \frac{35}{100} = 3{,}5$

Größenvergleich und Ordnen von Dezimalbrüchen

Information

Beim **Größenvergleich von Dezimalbrüchen** vergleicht man zuerst die Ganzen. Sind diese gleich, vergleicht man die Zehntel. Sind auch diese gleich, wird das Verfahren mit den Hundertsteln fortgesetzt; usw.

Beispiele:
5,4 > 4,8, denn 5 > 4
34,278 < 34,356, denn 2 < 3

Auch am *Zahlenstrahl* lassen sich Dezimalbrüche gut vergleichen: Je weiter links ein Dezimalbruch auf dem Zahlenstrahl liegt, desto kleiner ist sein Wert.

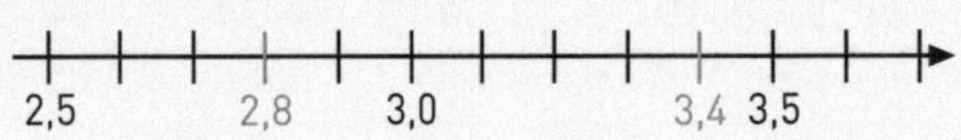

2,8 < 3,4

5. Ordne die folgenden Dezimalbrüche ihrer Größe nach in aufsteigender Reihenfolge:
0,75; 0,57; 0,507; 0,705; 0,77; 0,55; 0,057 und 0,707.

.... < .... < .... < .... < .... < .... < .... < ....

6. Trage die Dezimalbrüche 0,25; 0,31; 0,16; 0,40 und 0,04 auf dem Zahlenstrahl ein.
Gib die Dezimalbrüche dann ihrer Größe nach in aufsteigender Reihenfolge an.

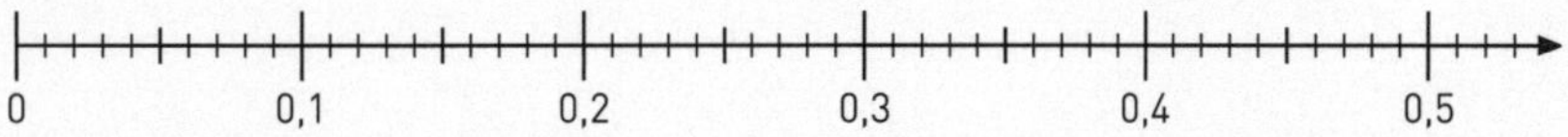

.... < .... < .... < .... < ....

7. Monika vergleicht Dezimalbrüche bezüglich ihrer Größe. Dabei hat sie nicht alles richtig gemacht.
Finde ihre Fehler und korrigiere sie.

a) 5,78 < 5,87	c) 0,78 > 0,708
b) 4,29 < 4,136	d) 78,36 < 78,360

Runden von Dezimalbrüchen

Information

Beim **Runden von Dezimalbrüchen** muss zunächst klar sein, auf welchen Stellenwert man runden möchte.
Die Ziffer rechts von der Rundungsstelle entscheidet, ob man auf- oder abrundet:

- bei 0, 1, 2, 3, 4 wird abgerundet
- bei 5, 6, 7, 8, 9 wird aufgerundet

Beispiele:

3,457 ≈ 3,46 (Runden auf Hundertstel)
3,457 ≈ 3,5 (Runden auf Zehntel)
3,457 ≈ 3 (Runden auf Einer)

3,899 ≈ 3,9
3,899 ≈ 3,90
Die Null bei 3,90 deutet an, dass auf Hundertstel gerundet wurde.

8. Runde auf die in Klammern angegebene Stelle.

a) 56,259 ≈ .... (h)

b) 2,9789 ≈ .... (t)

c) 0,98 ≈ .... (z)

d) 1,92356 ≈ .... (h)

9. Julian hat Dezimalbrüche auf Hundertstel gerundet.
Kontrolliere seine Lösungen und korrigiere seine Fehler.

a) 3,8973 ≈ 3,80	c) 0,4563 ≈ 0,456
b) 56,975 ≈ 56,98	d) 23,899 ≈ 23,9

Addieren und Subtrahieren von Dezimalbrüchen

Information

Beim schriftlichen **Addieren und Subtrahieren von Dezimalbrüchen** schreibt man die Zahlen zunächst stellengerecht untereinander (Komma unter Komma). Man addiert oder subtrahiert dann wie bei natürlichen Zahlen stellenweise.

Beispiele:

	2	3,	4	6	9	2
+		4,	1	3	7	9
			1	1	1	
	2	7,	6	0	7	1

	4	7	2,	2	3	6	1
−	1	1	0,	5	7	2	8
−		9	9,	3	4	3	4
	1	1	1	1	1	2	
	2	6	2,	3	1	9	9

10. Berechne.

a) 958,876 + 464,432

b) 65,98 – 34,3

c) 46,93 – 3,781

d) 368,842 – 38,21 – 6,973

11. Von ihren 25 € Taschengeld kauft sich Miriam ein Buch für 8,95 €. Für ihre Hilfe bei der Gartenarbeit erhält sie von ihrer Nachbarin 4,50 €.
In einem Geschäft sieht sie ein T-Shirt für 28 €. Dies möchte Sie gern kaufen.
Wie viel Geld fehlt ihr dazu?

Multiplizieren von Dezimalbrüchen

Information

Beim schriftlichen **Multiplizieren von Dezimalbrüchen** multipliziert man zunächst so, als wäre kein Komma vorhanden. Im Ergebnis setzt man anschließend das Komma so, dass das Ergebnis genauso viele Nachkommastellen hat wie die beiden Faktoren zusammen.
Eine Überschlagsrechnung kann ebenfalls helfen, das Komma richtig zu setzen.

Beispiel:

2,	3	5	·	4,	5	6
		9	4	0		
		1	1	7	5	
			1	4	1	0
		1		1		
	1	0,	7	1	6	0

Überschlag:

2	·	5	=	1	0

Da jeder Faktor zwei Nachkommastellen hat, hat das Ergebnis 10,7160 vier Nachkommastellen.

12. Berechne. Führe zunächst eine Überschlagsrechnung im Kopf durch.

a) 121,7 · 0,05 **b)** 0,3 · 60,2 **c)** 27,913 · 5,4

Verschiebt man das Komma bei beiden Faktoren um die gleiche Anzahl von Stellen in entgegengesetzter Richtung, so ändert sich das Ergebnis nicht.
Beispiele:
0,30 · 110 = 3 · 11 = 33
123,9 · 8,215 = 1,239 · 821,5

13. Björn mäht den Rasen. Da er in der Schule gerade den Umgang mit Dezimalbrüchen lernt, schlägt ihm sein Vater vor, dass er für jeden Quadratmeter 12 Cent bekommt. Das rechteckige Rasenstück ist 12,35 m lang und 8,50 m breit. Wie viel verdient Björn beim Rasenmähen?

Dividieren von Dezimalbrüchen

Information

Beim schriftlichen **Dividieren von Dezimalbrüchen** verschiebt man zunächst das Komma bei beiden Zahlen solange um gleich viele Stellen nach rechts, bis der Divisor kein Komma mehr hat. Anschließend geht man genauso vor wie beim Dividieren durch natürliche Zahlen. Überschreitet man dabei das Komma beim Dividenden, so muss man im Ergebnis auch ein Komma setzen.

Dividend : Divisor = Quotient

Beispiel:

5	1,	7	7	:	3,	1	=			
5	1	7,	7	:	3	1	=	1	6,	7
3	1									
2	0	7								
1	8	6								
	2	1	7							
	2	1	7							
			0							

An dieser Stelle wird in der Rechnung das Komma überschritten und deshalb im Ergebnis auch ein Komma gesetzt.

Überschlag:

5	1	:	3	=	1	7

Die Überschlagsrechnung bestätigt die richtige Größenordnung des Ergebnisses.

14. Berechne schriftlich.

a) $9{,}472 : 3{,}7$ **b)** $84{,}36 : 14{,}8$ **c)** $14{,}868 : 6{,}3$

15. Der Flächeninhalt eines rechteckigen Blumenbeetes beträgt $27{,}9\,m^2$.
Wie breit ist das Blumenbeet, wenn es eine Länge von $6{,}2\,m$ hat?

Abbrechende und periodische Dezimalbrüche

Information

Brüche lassen sich in Dezimalbrüche umwandeln, indem man den Bruch als Divisionsaufgabe schreibt und ausrechnet.
Bei der Umwandlung kann ein **abbrechender Dezimalbruch**, ein **reinperiodischer Dezimalbruch** oder ein **gemischtperiodischer Dezimalbruch** entstehen.

Häufig auftretende periodische Dezimalbrüche sind:
$\frac{1}{3} = 0{,}\overline{3}$ $\frac{2}{3} = 0{,}\overline{6}$
$\frac{1}{6} = 0{,}1\overline{6}$ $\frac{1}{9} = 0{,}\overline{1}$

Beispiele:

$\frac{1}{8} = 1 : 8 = 0{,}125$ (abbrechender Dezimalbruch)

$\frac{7}{6} = 7 : 6 = 1{,}16666... = 1{,}1\overline{6}$ (gemischtperiodischer Dezimalbruch)

$\frac{5}{11} = 5 : 11 = 0{,}454545... = 0{,}\overline{45}$ (reinperiodischer Dezimalbruch)

Die Periode wird im Dezimalbruch durch einen Strich über den sich wiederholenden Ziffern verdeutlicht.

16. Wandle die Brüche in Dezimalbrüche um.

a) $\frac{5}{8}$ **b)** $\frac{1}{6}$ **c)** $\frac{5}{9}$ **d)** $\frac{5}{12}$ **e)** $\frac{4}{25}$ **f)** $\frac{9}{40}$

45 min

Beginn: .... Ende: ....

Klassenarbeit 3.1

Themen: Umformen von Brüchen in Dezimalbrüche und umgekehrt, Dezimalbrüche auf dem Zahlenstrahl, Rechnen mit Dezimalbrüchen, Runden von Dezimalbrüchen, Koordinatensystem und Winkel (Wdh.)

1. Schreibe die folgenden Brüche als Dezimalbrüche.

.... 3 **a)** $\frac{2}{5}$ = ... **b)** $\frac{3}{8}$ = ... **c)** $\frac{8}{3}$ = ...

2. Schreibe die folgenden Dezimalbrüche als vollständig gekürzte Brüche.

.... 2 **a)** 0,235 = $\frac{\quad}{\quad}$ = $\frac{\quad}{\quad}$ **b)** 2,78 = $\frac{\quad}{\quad}$ = $\frac{\quad}{\quad}$

3. Notiere zu den angegebenen Stellen des Zahlenstrahls die zugehörigen Dezimalbrüche.

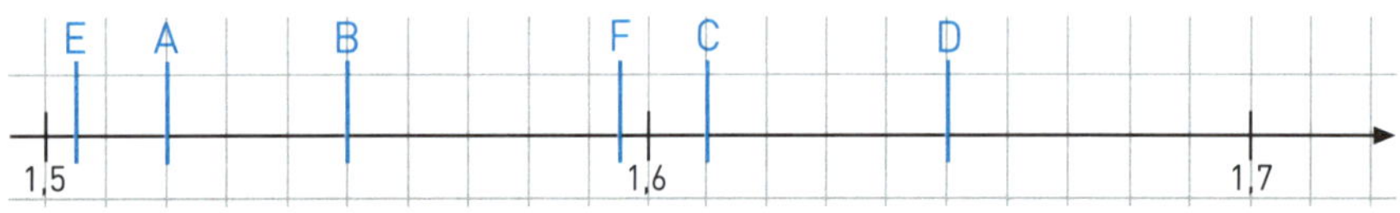

A = ... B = ... C = ...

.... 6 D = ... E = ... F = ...

4. a) Erkläre, wie man beim Runden eines Dezimalbruchs auf Hundertstel vorgeht.

....

....

....

....

b) Runde die folgenden Dezimalbrüche jeweils auf Hundertstel.

.... 6 2,5483 ≈ .... 1,2545 ≈ .... 123,898 ≈ ....

5. Eine Kiste mit 24 Orangen wiegt 6,8 kg. Die leere Kiste wiegt 1,52 kg.
Berechne, wie viel eine Orange durchschnittlich wiegt.

.... 3 Antwort: ....

6. Paul behauptet:
„Wenn ich bei der Summe von zwei Dezimalzahlen bei jedem Summanden das Komma um eine Stelle nach rechts verschiebe, dann muss das Ergebnis um den Wert 20 größer sein, denn die Kommaverschiebung verzehnfacht ja den Wert einer Zahl und 10 + 10 = 20."
Nimm zu Pauls Behauptung Stellung.

....

....

....

....

....

....

.... 3

7. Die Klasse 6a veranstaltet eine Klassenparty. Tom hat dafür Getränke für insgesamt 28,47 € besorgt, Laura hat Kuchen und Kekse für 42,85 € gekauft. Esra hat für Servietten, Becher und Pappteller 7,26 € ausgegeben.

a) Was kostet die Party der Klasse 6a insgesamt?

b) In der Klassenkasse sind nur noch 22,58 €. Wie viel muss jeder der 28 Schüler noch bezahlen?

.... 4

8. **a)** Zeichne das Viereck ABCD mit den Eckpunkten A(0,5 | 1), B(3,5 | 0), C(6,5 | 3,5) und D(2,5 | 4) in das Koordinatensystem ein.

b) Gib die Seitenlängen des Vierecks ABCD an.

c) Bestimme den Innenwinkel α bei Punkt A.

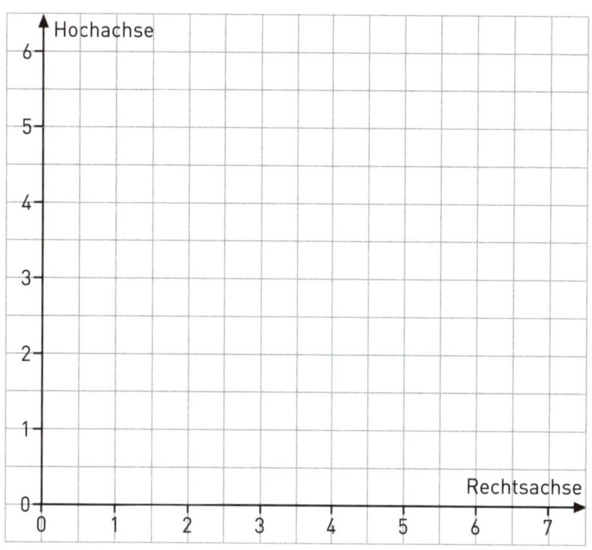

....

....

....

....

....

....

.... 5

32–24,5 Punkte	24–16 Punkte	15,5–0 Punkte
☺	😐	☹

Gesamtpunktzahl 32

45 min

Beginn: .... Ende: ....

Klassenarbeit 3.2

Themen: Stellenwerte und Dezimalbrüche, Dezimalbrüche auf dem Zahlenstrahl, Ordnen von Dezimalbrüchen, Rechnen mit Dezimalbrüchen, Ordnen von Brüchen (Wdh.)

1. Schreibe die folgenden Zahlen als Dezimalbrüche.

a) Zwei Zehntel .... **c)** 231 Zehntel ....

b) Vier Einer, fünf Zehntel und zwei Hundertstel ....

.... 3

2. Trage die folgenden Dezimalbrüche auf dem Zahlenstrahl ein: A = 2,35; B = 2,4; C = 2,17; D = 2,05.

.... 4

3. Ordne die Dezimalbrüche 1,25; 1,185; 1,42; 1,3; 1,419 ihrer Größe nach.

.... 4

.... < .... < .... < .... < ....

4. Berechne.

a) 12,8 · 0,4 **b)** 23,23 · 1,7 **c)** 26,52 : 5,2 **d)** 25,74 : 1,1

.... 8

5. Die Klasse 6c plant einen Theaterbesuch. Für alle 27 Schülerinnen und Schüler kostet der Eintritt insgesamt 128,25 €.

a) Wie viel muss jede Schülerin und jeder Schüler für den Eintritt zahlen? Rechne schriftlich.

b) Nach dem Theaterbesuch geht die Klasse noch Eis essen. Mit dem Besitzer der Eisdiele wurde ausgehandelt, dass sich jeder für einen Betrag von 1,80 € drei Kugeln Eis aussuchen darf.
Welchen Betrag nimmt die Eisdiele dabei insgesamt ein? Rechne schriftlich.

.... 6

6. Überprüfe, ob die folgende Aussage wahr ist. Erkläre an einem Beispiel.
„Wenn man bei einem Dezimalbruch das Komma um eine Stelle nach links verschiebt, wird die Zahl zehnmal so groß."

.... 3

7. Lisa behauptet:
„Der Quotient zweier Dezimalzahlen, die kleiner als 1 sind, ist größer als 1."
Überprüfe, ob dies immer stimmt.

.... 3

8. Nach den Herbstferien unterhalten sich Lara, Nina und Steven über ihre Urlaubsreise und das beste Wetter. Lara berichtet von ihrer 4-tägigen Städtereise, bei es nur an einem Tag geregnet hat. Nina war eine Woche lang an der Nordsee und hatte fünf Tage sonniges Wetter. Steven erzählt ganz stolz, dass er sieben Tage tolles Wetter hatte, allerdings war er auch zehn Tage lang mit seinen Eltern verreist.

a) Berechne den Anteil an Schön-Wetter-Tagen für die Urlaubsreisen von Lara, Nina und Steven.

b) Vergleiche die Brüche und ordne sie der Größe nach.

.... 7

38 – 29 Punkte	28,5 – 19 Punkte	18,5 – 0 Punkte
☺	😐	☹

Gesamtpunktzahl 38

45 min

Beginn: .... Ende: ....

Klassenarbeit 3.3

Themen: Prozentschreibweise für Dezimalbrüche, Dezimalbrüche und Stellenwerte, Rechnen mit Dezimalbrüchen, Umwandlung von Brüchen in Dezimalbrüche, Dezimalbrüche und Einheiten, Flächeninhalt eines Rechtecks (Wdh.)

.... 4

1. Gib die Dezimalbrüche in der Prozentschreibweise an.

a) 0,23 = ... % **b)** 0,3 = ... % **c)** 0,07 = ... % **d)** 0,85 = ... %

.... 4

2. Setze das Komma jeweils so, dass die Ziffer 2 den angegebenen Stellenwert hat. Ergänze notwendige Nullen.

a) 4 3 2 1 (Zehntel) **b)** 3 4 5 2 8 (Hundertstel) **c)** 7 6 5 2 5 3 (Einer) **d)** 3 2 4 5 (Hundertstel)

.... 6

3. Berechne.

a) 23,457 − 16,426 = ... **b)** 48,9 − 29,05 = ... **c)** 7,5489 − 6,33 = ...

.... 6

4. Forme die Brüche in Dezimalbrüche um.

a) $\frac{8}{25}$ = ... **b)** $\frac{3}{8}$ = ... **c)** $\frac{5}{6}$ = ...

.... 4

5. Berechne.

a) (10,01 + 8,22) · 0,56 **b)** 86,3 · (1,67 − 0,8)

6. Wandle in die angegebene Einheit um.

a) 0,347 m = ... cm **c)** $1234{,}5\,dm^2$ = ... m^2

b) 45 934 m = ... km **d)** $341{,}6\,dm^2$ = ... cm^2

.... 4

7. Untersuche, wie sich das Ergebnis einer Multiplikation von zwei Dezimalzahlen verändert, wenn du beim ersten Faktor das Komma um eine Stelle nach links und beim zweiten Faktor um zwei Stellen nach rechts verschiebst.

Antwort: ....

....

.... 3

8. Familie Schneider geht mit ihren drei Kindern in den Zoo. Erwachsene müssen 17,50 € zahlen, Kinder zahlen die Hälfte. Wie viel muss Familie Schneider für zwei Erwachsene und drei Kinder zahlen?

.... 3

9. Das rechteckige Wohnzimmer von Familie Lehmann ist $27{,}3\,m^2$ groß. Wie lang ist das Zimmer, wenn es 4,2 m breit ist? Rechne schriftlich.

.... 4

35 – 27 Punkte	26,5 – 17,5 Punkte	17 – 0 Punkte
☺	😐	☹

Gesamtpunktzahl 35

4. Berechnungen an Vielecken

Zum Aufwärmen: Verstehen und Üben

Flächeninhalt eines Dreiecks

Information

Die Abstände der Eckpunkte eines Dreiecks von den gegenüberliegenden Seiten nennt man **Höhen**. Es sind die kürzesten Streckenverbindungen zwischen den Punkten und Seiten; daher stehen die Höhen immer im rechten Winkel auf den gegenüberliegenden Seiten.

In *stumpfwinkligen Dreiecken* liegen zwei Höhen außerhalb des Dreiecks, daher muss man die Seiten verlängern.
In *rechtwinkligen Dreiecken* fallen zwei Höhen mit den Seiten des Dreiecks zusammen.

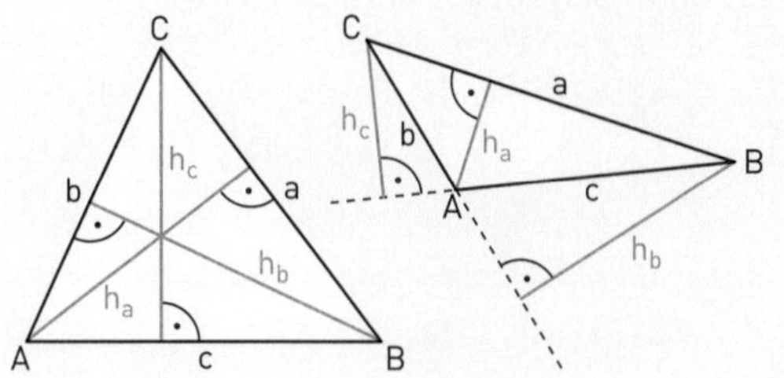

Beispiel:
h_c ist der Abstand des Eckpunktes C von der Seite c oder deren Verlängerung (also der Geraden AB).

1. Zeichne in den folgenden Dreiecken alle Höhen ein und bezeichne sie korrekt.

(1)

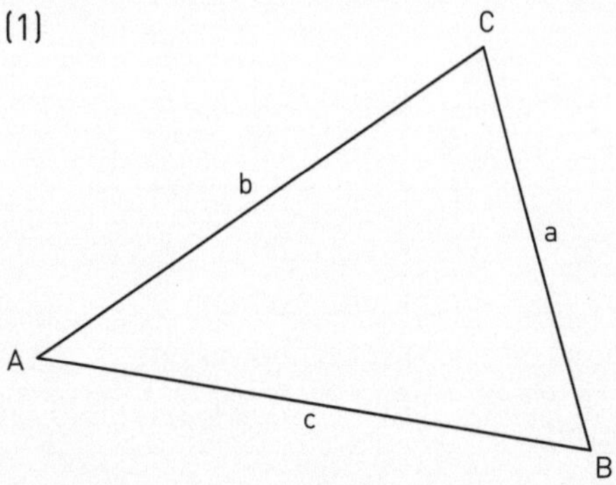

(2)

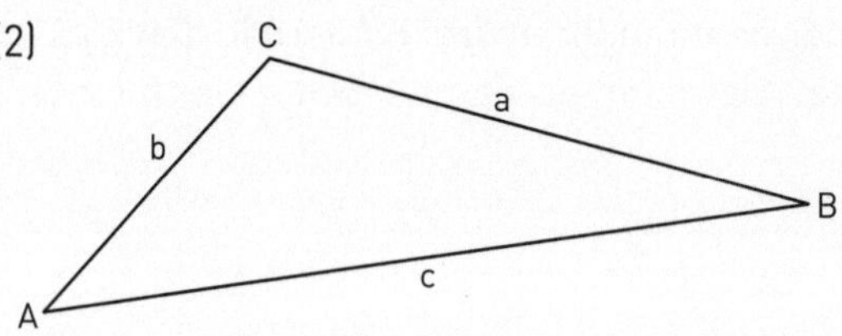

(3)

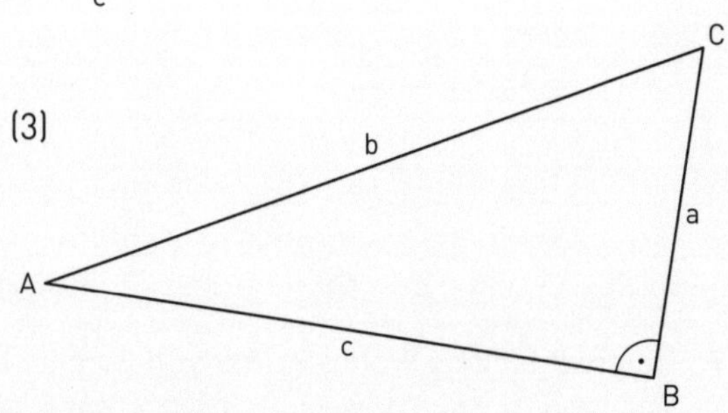

Information

Man erhält den **Flächeninhalt A eines Dreiecks**, indem man die Länge einer Seite des Dreiecks (Grundseite g) mit der zugehörigen Höhe h multipliziert und das Ergebnis halbiert.

$$\mathbf{A = \frac{g \cdot h}{2}}$$

Beispiel: g = 4 cm, h = 2 cm

$$A = \frac{4\,\text{cm} \cdot 2\,\text{cm}}{2} = 4\,\text{cm}^2$$

Länge einer Grundseite mal zugehöriger Höhe durch 2

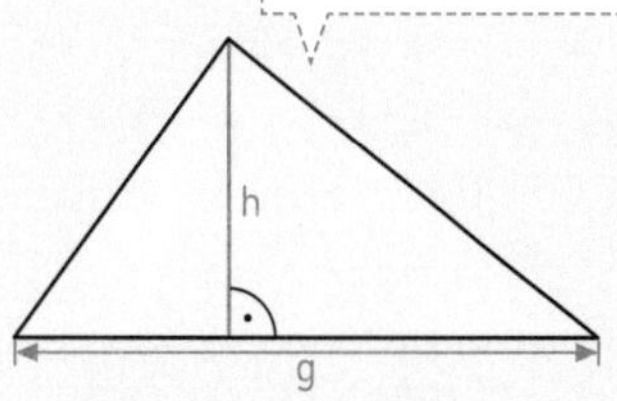

In *rechtwinkligen Dreiecken* kann man die Längen der beiden Seiten, die am rechten Winkel anliegen, miteinander multiplizieren und das Ergebnis halbieren.

Beispiel: a = 3 cm, b = 1,5 cm

$$A = \frac{a \cdot b}{2} = \frac{9}{4}\,\text{cm}^2 = 2{,}25\,\text{cm}^2$$

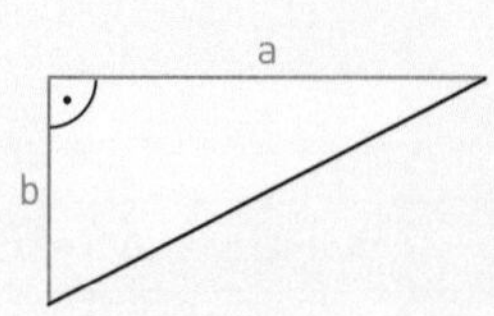

2. Berechne den Flächeninhalt der folgenden Dreiecke.

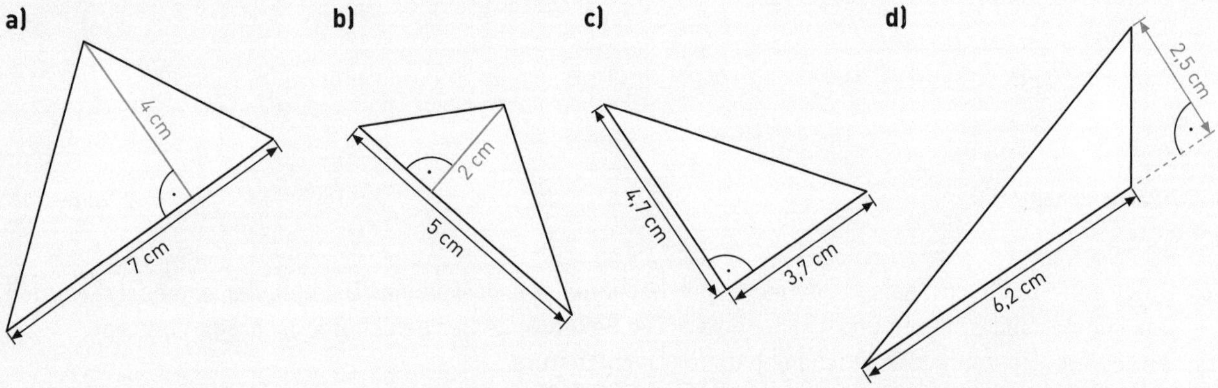

3. Berechne den Flächeninhalt der Dreiecke, ohne zu messen. Was fällt dir dabei auf?
(1 Kästchenlänge beträgt 0,7 cm.)

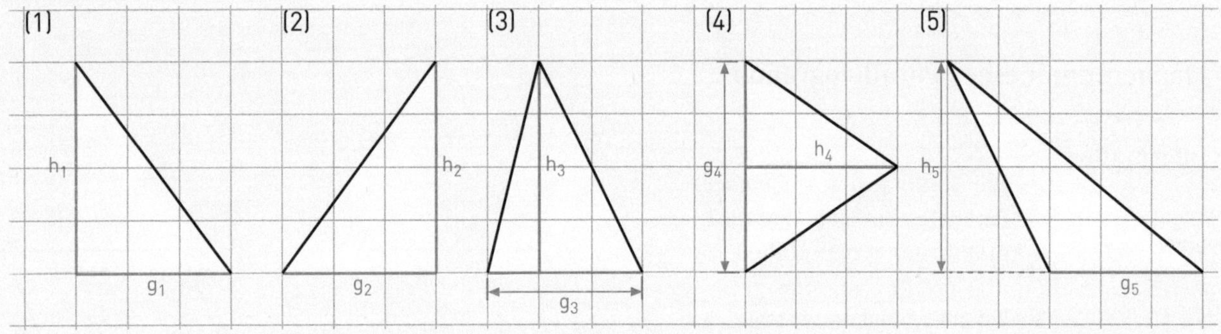

4. Zeichne das Dreieck ABC mit A(1|1), B(6|2) und C(3|5) in das Koordinatensystem ein.
Zeichne alle Höhen ein.
Fülle anschließend die Tabelle aus und bestimme den Flächeninhalt des Dreiecks ABC auf drei verschiedene Weisen.
Kommentiere dein Ergebnis.

Seite	Länge der Seite	zugehörige Höhe	Flächeninhalt
$\overline{AB}$			
$\overline{AC}$			
$\overline{BC}$			

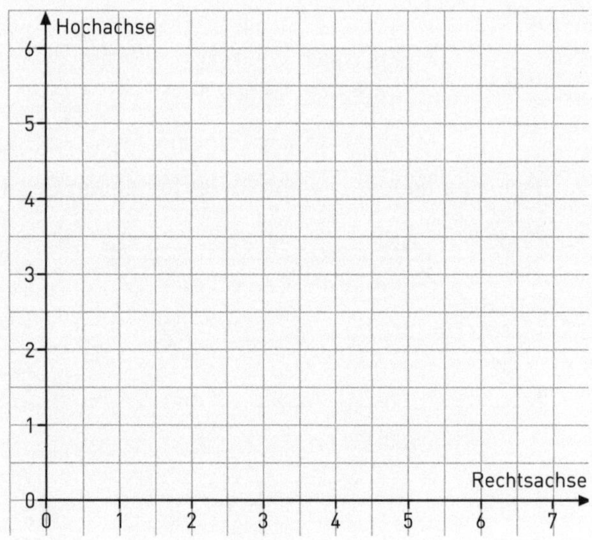

5. Berechne die fehlende Größe des Dreiecks.

	a)	b)	c)	d)
Länge der Seite g	9 m	4,7 cm	30 m	
Höhe h	5,5 m	38 mm		0,8 km
Flächeninhalt A			2250 m^2	2,16 km^2

6. Unter einer Dachschräge soll ein neues gleichschenkliges, dreieckiges Dachfenster eingesetzt werden. Das Fenster soll 6 m breit und 4 m hoch sein. Die Seitenlänge der beiden Dachschrägen beträgt jeweils 5 m. Berechne den Flächeninhalt des Dachfensters.

Flächeninhalt eines Parallelogramms

Information

Die Abstände der zueinander parallelen Seiten im Parallelogramm nennt man **Höhen**.

Beispiel: h_a ist der Abstand der beiden parallelen Seiten a und c, h_b ist der Abstand von b und d.

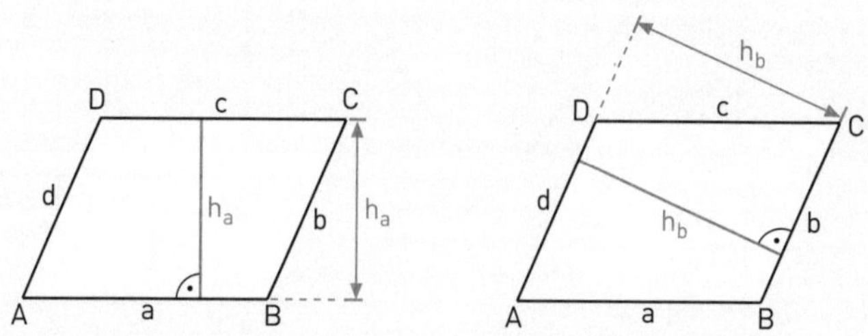

Information

Man erhält den **Flächeninhalt A eines Parallelogramms**, indem man die Länge einer Seite (Grundseite g) mit der zugehörigen Höhe h multipliziert:

$$A = g \cdot h$$

Beispiel: g = 4 cm, h = 2 cm
A = 4 cm · 2 cm = 8 cm^2

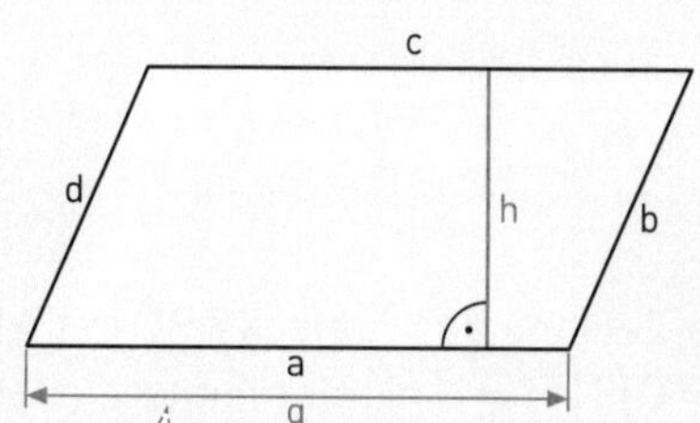

Länge einer Grundseite mal zugehöriger Höhe

7. Berechne den Flächeninhalt der folgenden Parallelogramme.

a)

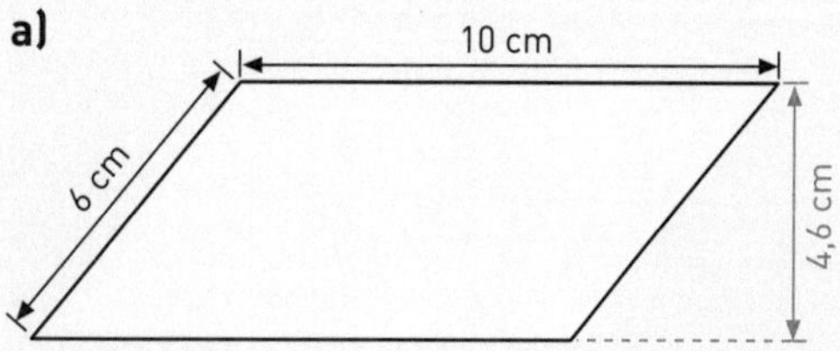

b)

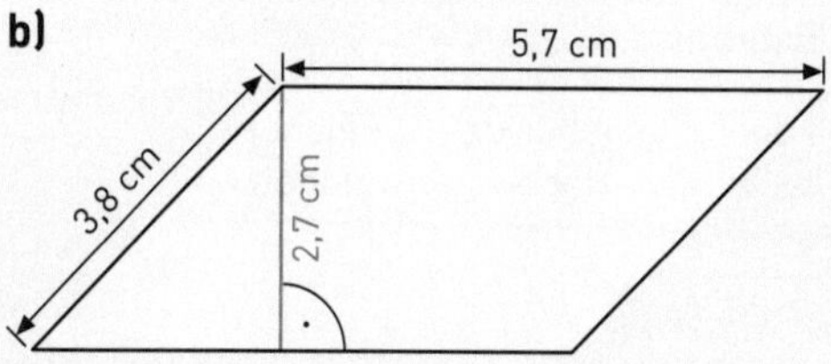

c)

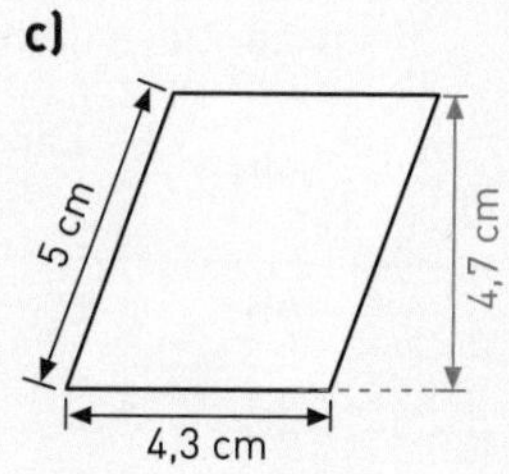

8. Berechne den Flächeninhalt der Parallelogramme, ohne zu messen. Was fällt dir dabei auf? (1 Kästchenlänge beträgt 0,5 cm.)

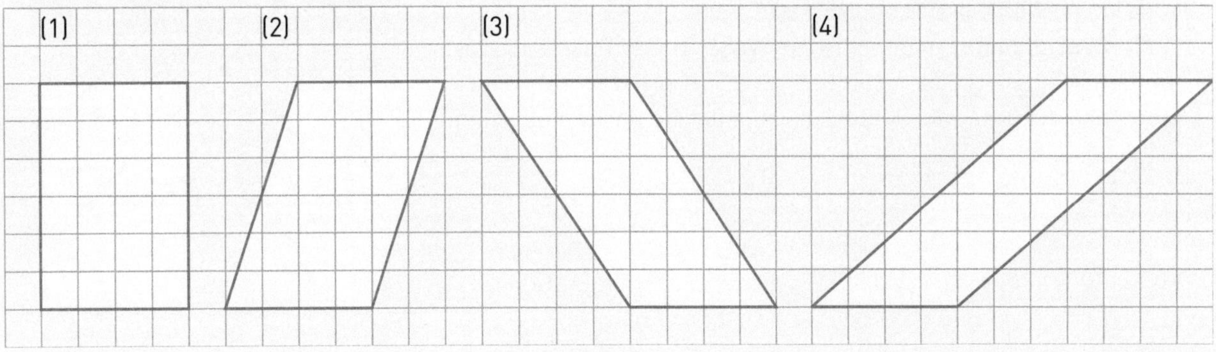

9. Zeichne das Parallelogramm ABCD mit A(1 | 1), B(6 | 1), C(5 | 5) und D(0 | 5) in das Koordinatensystem ein. Zeichne die Höhen ein.
Miss jeweils die Länge einer Seite und die zugehörige Höhe und berechne dann den Flächeninhalt.
Was erwartest du? Was stellst du fest? Begründe.

Seite	Länge der Seite	zugehörige Höhe	Flächeninhalt
$\overline{AB}$			
$\overline{BC}$			
$\overline{CD}$			
$\overline{DA}$			

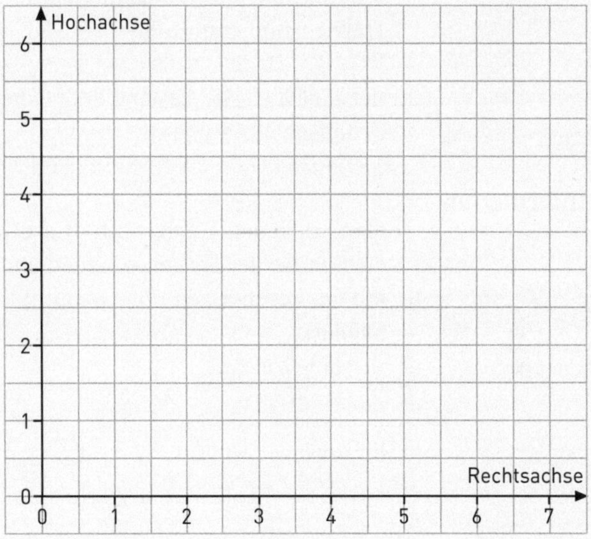

10. Berechne die fehlende Größe des Parallelogramms.

	a)	b)	c)	d)
Länge der Seite g	6,9 km	7,1 dm	37 mm	
zugehörige Höhe h	8,5 km	24 cm		0,75 m
Flächeninhalt A			1591 mm^2	4,65 m^2

11. In einem städtischen Park soll eine rechteckige Fläche neu gestaltet werden. Es soll ein Spazierweg mit Kies angelegt werden. Der Kies kostet 7,50 € pro Quadratmeter.
Außerdem soll links und rechts des Weges neuer Rasen ausgesät werden. Hier kostet das Saatgut etwa 0,50 € pro Quadratmeter.
Berechne die gesamten Materialkosten für die Parkerneuerung.

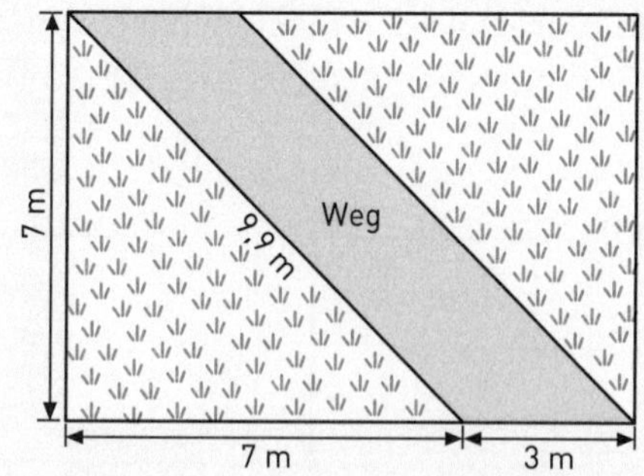

Flächeninhalt eines Trapezes

Information

Die Abstände der zueinander parallelen Grundseiten im Trapez nennt man **Höhe**.

Beispiel: h ist der Abstand der beiden parallelen Grundseiten $\overline{AB}$ und $\overline{DC}$.

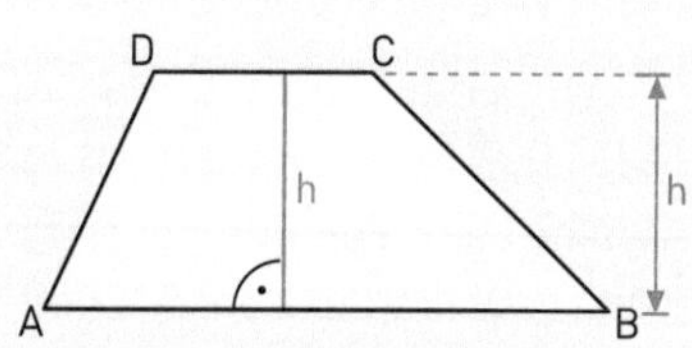

Information

Man erhält den **Flächeninhalt A eines Trapezes**, indem man die Summe der Längen der zueinander parallelen Seiten mit der zugehörigen Höhe h multipliziert und das Ergebnis halbiert.

$$\mathbf{A = \frac{(a + c) \cdot h}{2}}$$

Beispiel: a = 4 cm, c = 1,5 cm, h = 2 cm

$$A = \frac{(4\,\text{cm} + 1{,}5\,\text{cm}) \cdot 2\,\text{cm}}{2} = 5{,}5\,\text{cm}^2$$

Die Hälfte des doppelt so großen Parallelogramms

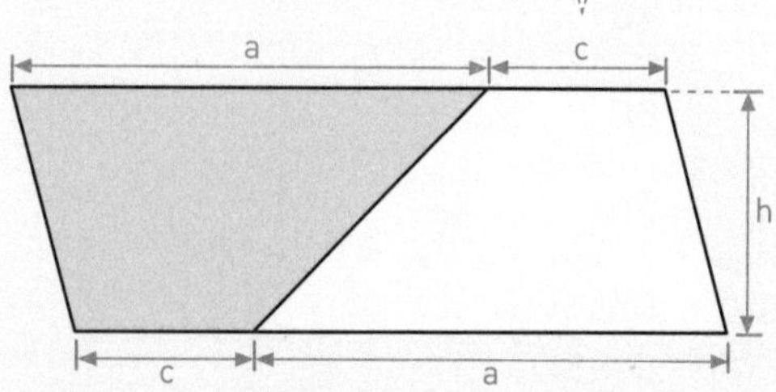

12. Berechne den Flächeninhalt der folgenden Trapeze.

a)

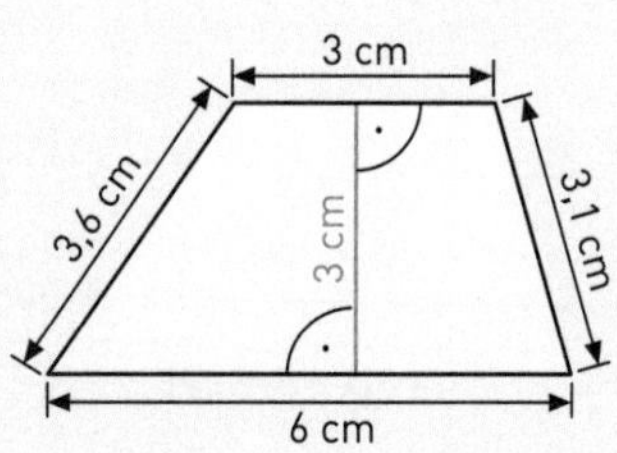

b)

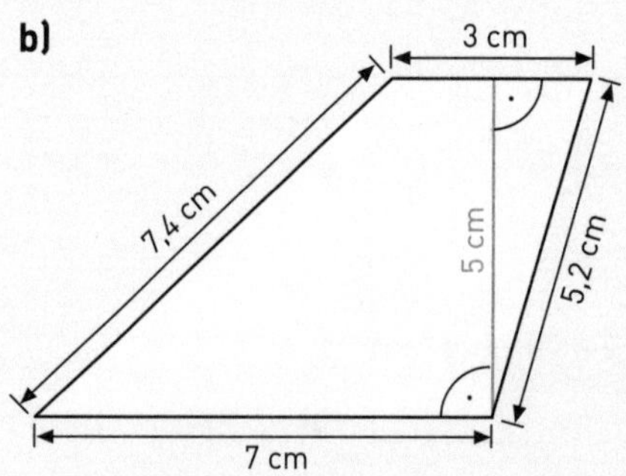

c)

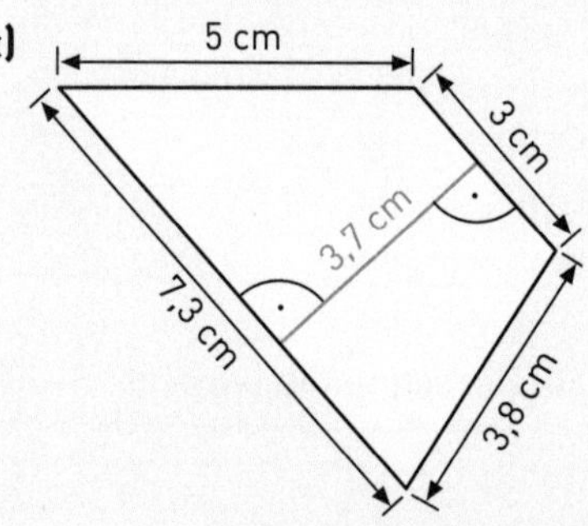

13. Zeichne das Trapez ABCD mit A(3 | 1), B(5 | 1), C(6 | 5) und D(1 | 5) in das Koordinatensystem ein. Welche Seiten sind parallel zueinander? Bestimme den Flächeninhalt des Trapezes und erkläre, wie du dabei vorgegangen bist.

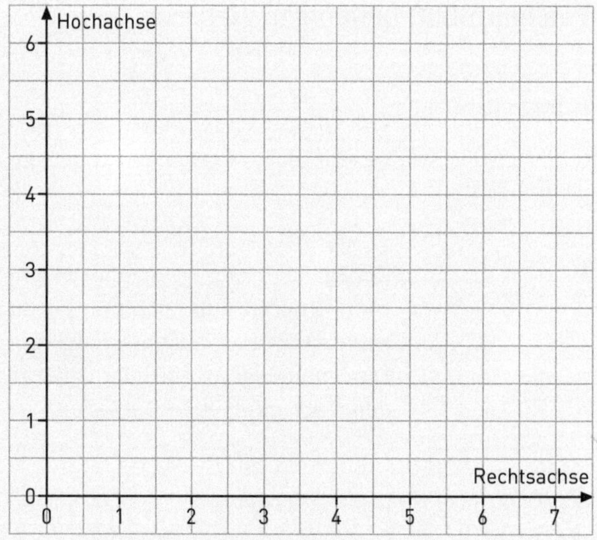

14. Berechne die fehlende Größe des Trapezes.

	a)	b)	c)	d)
Länge einer Seite a	6 cm	3,5 m	2,7 cm	11,9 km
Länge der parallelen Seite c	8 cm	9,5 m	38 mm	
zugehörige Höhe h	4 cm		0,9 cm	3,6 km
Flächeninhalt A		65 m^2		72 km^2

15. Ein Hausbesitzer möchte die südliche Seite seines Hausdachs zu einem Solardach ausbauen.
Der Dachfirst ist 8 m lang, die Regenrinne an der Unterkante ist 11 m lang. Die Dachschräge ist 5 m lang.

a) Bestimme die Fläche des Dachs.

b) Die Solarmodule sind 1 m breit und 1,60 m hoch. Überschlage, wie viele Solarmodule maximal auf die Dachseite passen könnten.

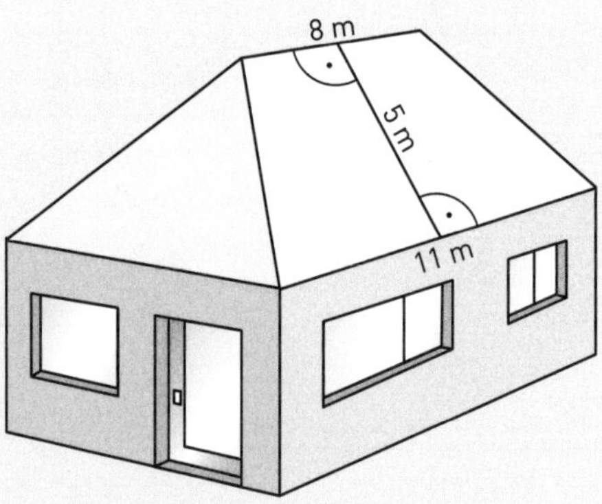

Flächeninhalt beliebiger Vielecke

Information

Mithilfe weniger Grundformen (Dreiecke, Vierecke) lassen sich die Flächeninhalte beliebiger Vielecke berechnen. Dazu gibt es häufig mehrere Wege. Zwei geeignete Strategien sind:

1. Möglichkeit: Zerlegen
Zerlege die Figur so lange in geeignete Teilflächen (Dreiecke und Vierecke) bis du alle einzelnen Flächen berechnen kannst.
Die Summe dieser Flächeninhalte ergibt dann den Flächeninhalt des Vielecks.

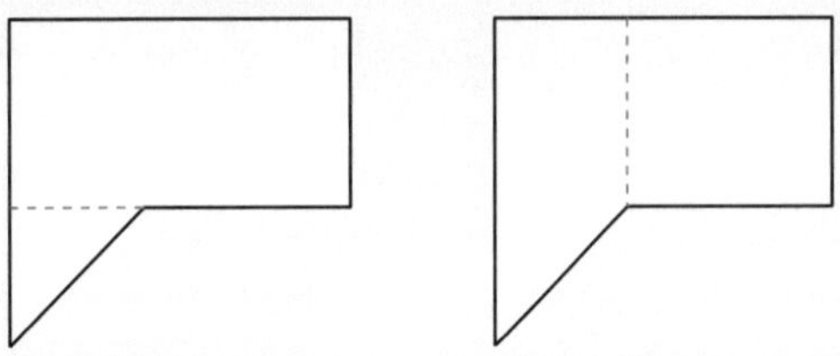

Zerlegungen der Figur in einfache Teilfiguren

2. Möglichkeit: Ergänzen
Manchmal lässt sich die Figur durch das Hinzufügen eines Teils zu einem neuen (einfachen) Vieleck zusammenfügen.
Berechne den Flächeninhalt des neuen Vielecks und subtrahiere davon den Flächeninhalt des hinzugefügten Teils. So erhältst du den Flächeninhalt des gesuchten Vielecks.

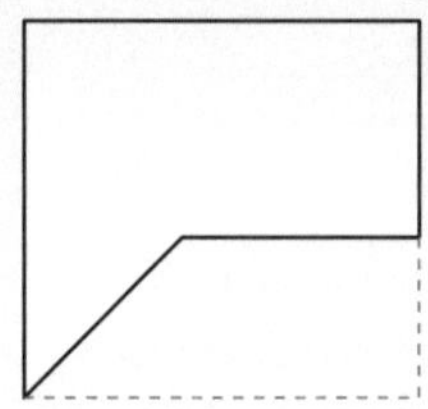

Ergänzung zum Rechteck

16. Zeichne die Punkte A(1|6), B(1|1) C(4|3), D(6|1) und E(6|6) in das Koordinatensystem und verbinde sie zur Figur ABCDE.
Bestimme den Flächeninhalt des Fünfecks auf zwei verschiedene Arten und erkläre jeweils, wie du dabei vorgegangen bist.

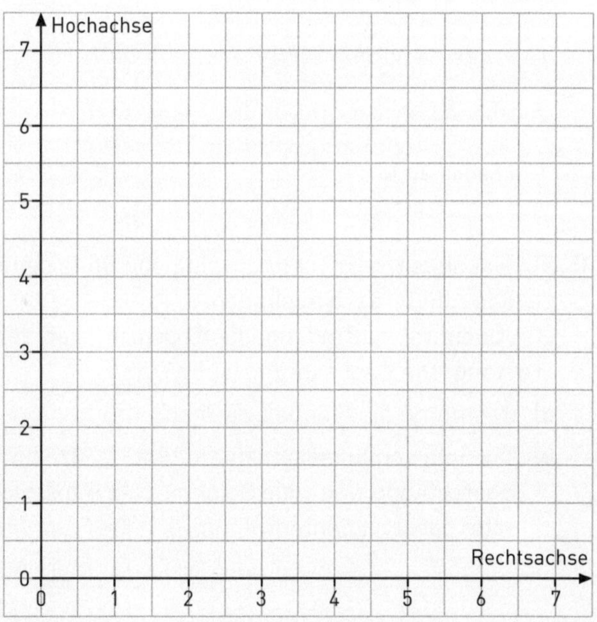

17. Gib drei verschiedene Möglichkeiten an, wie du das abgebildete Trapez zerlegen kannst, um seinen Flächeninhalt zu bestimmen. (Du musst ihn nicht berechnen.)

1.

2.

3.

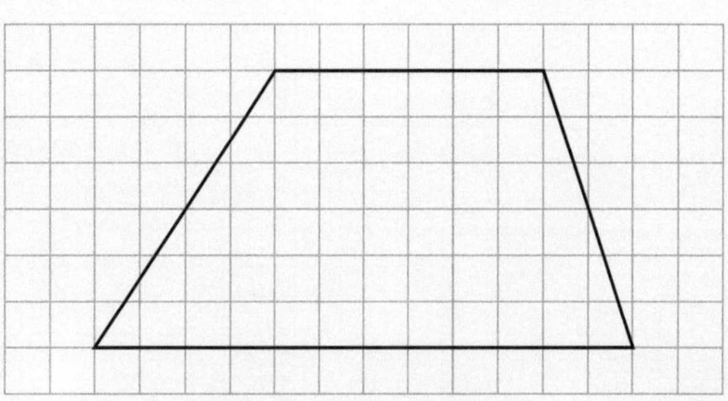

Beginn: .... Ende: ....

Klassenarbeit 4.1

Themen: Flächeninhalte von Dreiecken, Vierecken und Vielecken, Längen- und Flächeneinheiten (Wdh.)

1. a) Zeichne das Dreieck ABC mit A(3 | 3), B(6 | 3) und C(3 | 5) in das Koordinatensystem ein.

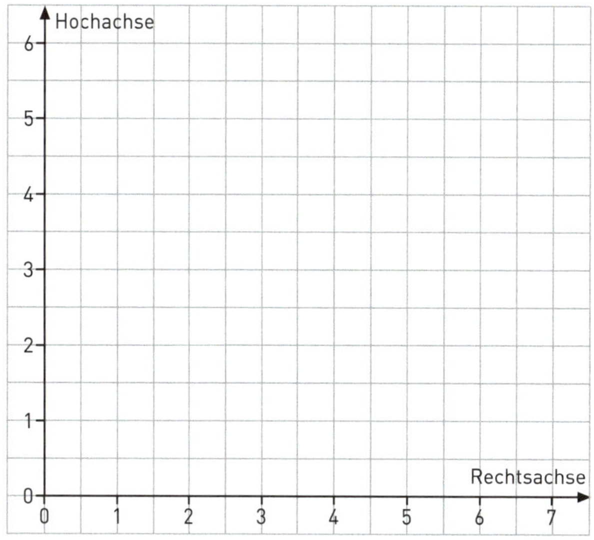

b) Berechne den Flächeninhalt des Dreiecks ABC.

c) ABC kann auf zwei Weisen durch jeweils einen vierten Punkt zu einem Parallelogramm ergänzt werden: durch Punkt E zum Paralellogramm AEBC und durch Punkt F zum Parallelogramm ABCF.
Zeichne diese beiden Punkte E und F in das Koordinatensystem ein und gib die Koordinaten von E und F an:

E(|); F(|)

.... 7

2. a) Nenne die Flächeninhaltsformel für ein Parallelogramm: ....
Leite diese Formel *knapp* her, indem du die Ideen dazu beschreibst.

....

....

....

....

b) Bestimme den Flächeninhalt der sechseckigen Figur.
(1 Kästchenlänge entspricht 0,5 cm.)

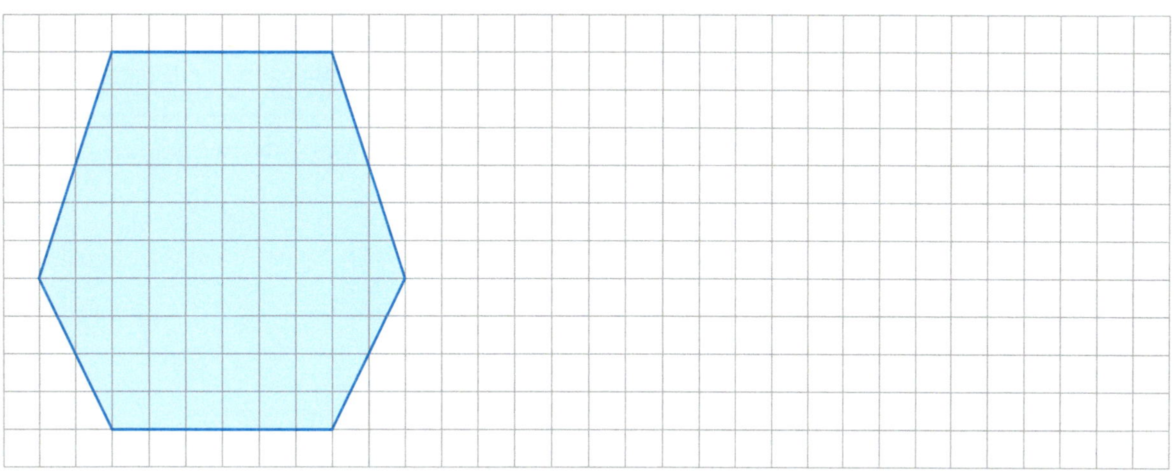

.... 9

3. Familie Schmidt möchte ihren Vorgarten neu gestalten. Dazu soll die Garageneinfahrt neu gepflastert und daneben zwei Rasenflächen angelegt werden.

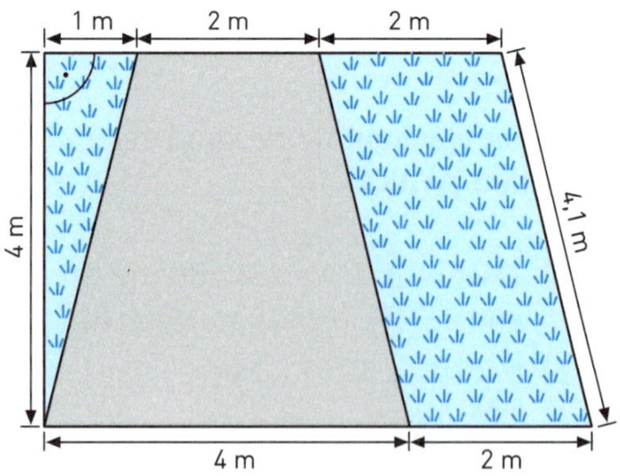

a) Ein Quadratmeter Pflastersteine kostet 8 €, ein Quadratmeter Rasen 6 €. Wie viel Geld muss Familie Schmidt für die Neugestaltung investieren?

b) Zum Schutz vor streunenden Tieren sollen die beiden Rasenflächen mit einem kleinen Zaun eingezäunt werden. Wie viele Meter Zaun werden dazu benötigt?

Erläutere alle Überlegungen mit Rechnungen und Skizzen.

.... 14

4. a) Schreibe ohne Komma:

$2{,}4\,m^2$ = ... $17{,}3\,cm^2$ = ...

$0{,}6$ ha = ... $1{,}234\,km^2$ = ...

b) Wandle in die angegebene Einheit um:

$32\,m^2$ = ... cm^2 $2\,100\,mm^2$ = ... cm^2

3 a = ... dm^2 $123\,km^2$ = ... m^2

c) Ordne von groß nach klein: $0{,}22\,km^2$; 220 ha; 2 000 a; 20,2 ha.

....

.... 7

.... 37

Gesamtpunktzahl

37 – 28,5 Punkte	28 – 18,5 Punkte	18 – 0 Punkte
☺	😐	☹

Beginn: .... Ende: ....

Klassenarbeit 4.2

Themen: Flächeninhalte von Dreiecken, Parallelogrammen und Trapezen, Runden von Dezimalbrüchen (Wdh.)

1. Berechne die fehlende Größe des Dreiecks.

	a)	b)	c)
Länge der Seite g	7 cm	16 m	
Höhe h	4 cm		3,2 cm
Flächeninhalt A		24 m²	640 mm²

2. Berechne den Flächeninhalt folgender Figuren:

a)

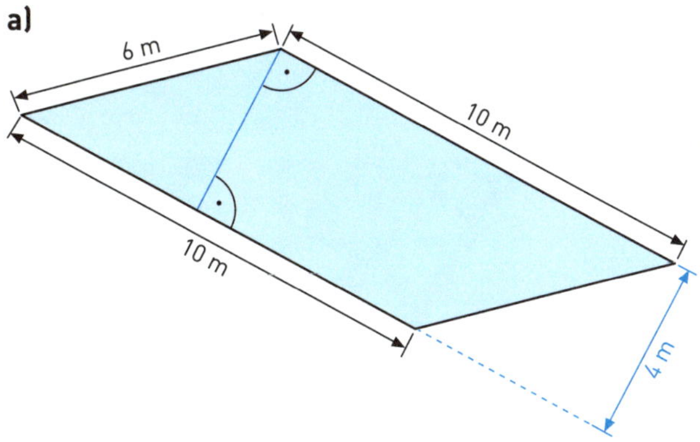

b)

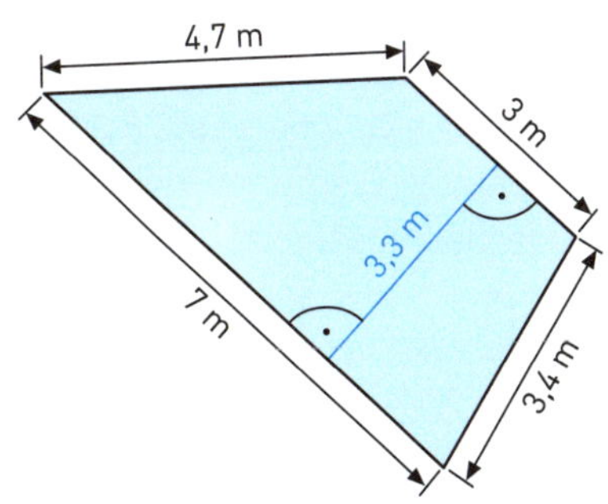

....
5

3. Leite eine Formel für den Flächeninhalt eines Drachenvierecks her.
Tipp: Benutze dazu die Diagonalen e und f.

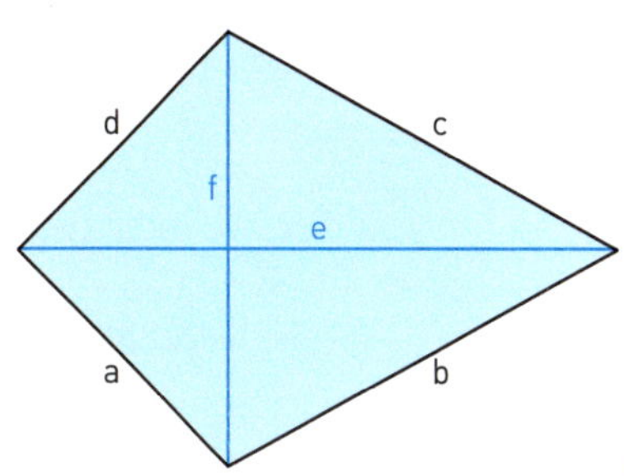

....
3

4. Eine Buchstütze wie im Bild rechts soll aus einer Holzplatte ausgesägt werden. Dazu wird eine Schablone auf das Holz gelegt und der Umriss nachgezeichnet. Ermittle den Flächeninhalt des auf die Holzplatte gezeichneten Umrisses.

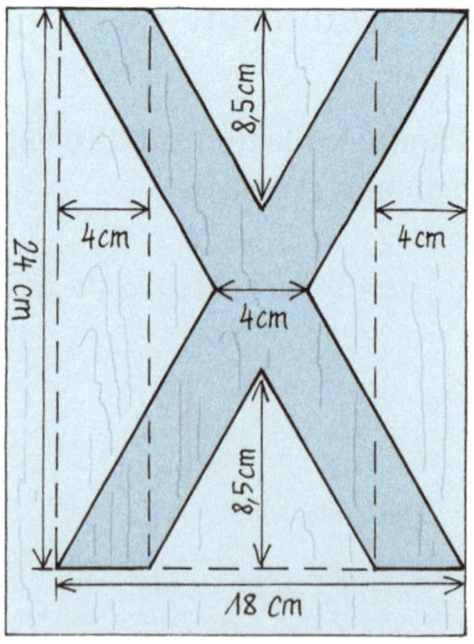

.... 8

5. Der Fußballbundesligist Borussia Mönchengladbach hat im Jahr 2004 ein neues Stadion bezogen.
Vor der Nordkurve, in der die treuesten Vereinsanhänger stehen, ist eine riesige Fanraute (Höhe 22,5 m, Breite 15 m) im Boden eingelassen. Um sich als Fan dort zu verewigen, konnte man eine kleine, 5,7 kg schwere Raute (Höhe 28 cm, Breite 18 cm) als „Baustein" der großen Raute kaufen. Berechne, wie viele Fans sich einen Stein kaufen konnten und wie viel die große Fanraute insgesamt wiegt.
Hinweis: Die Fugen zwischen den kleinen Rauten kannst du vernachlässigen.

.... 8

6. Runde die Dezimalbrüche jeweils auf die angegebene Stelle.

	Auf Ganze	Auf Zehntel	Auf Hundertstel	Auf Tausendstel
2,6087				
0,3146				
13,495				

.... 6

.... 33 **Gesamtpunktzahl**

33 – 25,5 Punkte	25 – 16,5 Punkte	16 – 0 Punkte
☺	😐	☹

Beginn: .... Ende: ....

Klassenarbeit 4.3

Themen: Flächeninhalte von Dreiecken, Vierecken und Vielecken, Umwandeln von Brüchen in Dezimalbrüche und umgekehrt (Wdh.)

1. In der Tabelle sind jeweils einige Angaben zu einem Trapez gegeben.
Berechne die fehlenden Größen.

	a)	b)	c)
Länge einer Seite a	5 cm	4,5 m	6,2 cm
Länge der parallelen Seite c	9 cm	7,5 m	
zugehörige Höhe h	3 cm		9 cm
Flächeninhalt A		72 m^2	45 cm^2

.... 5

2. Der Flächeninhalt einer Figur beträgt 24 cm^2, ihre Grundseite a ist 4 cm lang.
Gib für die jeweilige Figur geeignete Werte für die genannten Größen an.

a) Parallelogramm: Die Höhe h beträgt ....

b) Dreieck: Die Höhe h beträgt ....

.... 2

3. **a)** Zeichne das Dreieck ABC mit A(6 | 1), B(6 | 4) und C(1 | 6) in das Koordinatensystem ein.

b) Ermittle den Flächeninhalt des Dreiecks ABC.

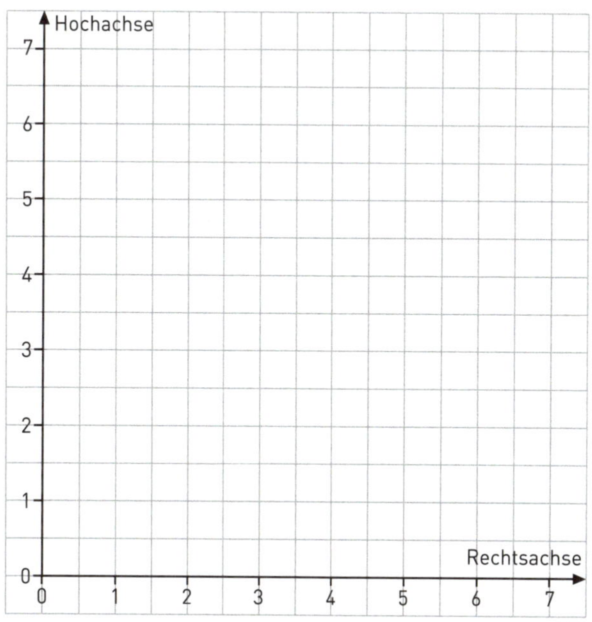

c) Du kannst das Dreieck ABC auf drei Weisen durch jeweils einen weiteren Punkt zu einem Parallelogramm ergänzen. Eine Möglichkeit stellt das Parallelogramm ABCD (Reihenfolge der Eckpunkte) dar.
Gib die Koordinaten des Punktes D an, sodass das Parallelogramm ABCD entsteht und zeichne D in das Koordinatensystem ein.
D(|)

d) Zeichne die beiden Höhen des Parallelogramms ein und miss ihre Länge.

....

.... 8

4. Nenne zwei Strategien, wie man den Flächeninhalt eines Vielecks bestimmen kann.

....

....

....

...... 2

5. Katrin hat ein großes Kinderzimmer mit Bad und sogar einen eigenen Balkon.

a) Im Kinderzimmer soll Teppich verlegt werden, im Badezimmer Fliesen. Berechne dazu die Größe der beiden Zimmer.

b) Den Teppichboden kann man nur als rechteckiges Stück kaufen. Wie groß ist das Stück, das nach dem Zurechtschneiden übrig bleibt?

c) Ermittle den Platz, den Katrin insgesamt (inklusive Balkon) allein für sich hat.

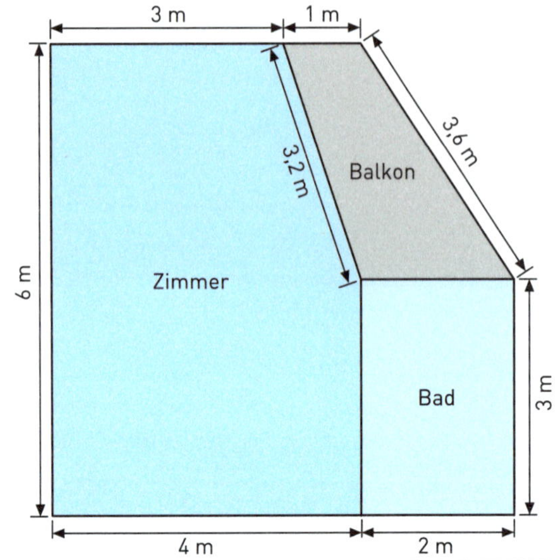

...... 11

6. a) Forme in einen Dezimalbruch um: (1) $\frac{26}{10}$ (2) $\frac{347}{10000}$ (3) $\frac{9}{5}$ (4) $\frac{11}{4}$

b) Wandle in einen Bruch um und kürze falls möglich:
(1) 0,23 (2) 4,85 (3) 61,79 (4) $3,\overline{6}$

...... 8

...... 36 **Gesamtpunktzahl**

36–27,5 Punkte	27–18 Punkte	17,5–0 Punkte
☺	😐	☹

5. Multiplizieren und Dividieren von Brüchen

Zum Aufwärmen: Verstehen und Üben

Multiplizieren und Dividieren von Brüchen

Information

Brüche werden miteinander **multipliziert**, indem man die Zähler miteinander multipliziert und die Nenner miteinander multipliziert.

Erst kürzen, dann ausrechnen

Beispiele: $\frac{7}{9} \cdot \frac{8}{5} = \frac{56}{45}$ $\qquad$ $\frac{1}{2} \cdot \frac{3}{4} \cdot \frac{5}{6} = \frac{1 \cdot \overset{1}{\cancel{3}} \cdot 5}{2 \cdot 4 \cdot \underset{2}{\cancel{6}}} = \frac{1 \cdot 1 \cdot 5}{2 \cdot 4 \cdot 2} = \frac{5}{16}$

Brüche werden **dividiert**, indem man den Dividenden mit dem **Kehrwert** des Divisors multipliziert.

Divisor $\qquad$ $\frac{5}{8}$ ist der Kehrwert von $\frac{8}{5}$.

Beispiele: $\frac{7}{9} : \frac{8}{5} = \frac{7}{9} \cdot \frac{5}{8} = \frac{35}{72}$ $\qquad$ $\frac{8}{15} : \frac{12}{25} = \frac{8}{15} \cdot \frac{25}{12} = \frac{\overset{2}{\cancel{8}} \cdot \overset{5}{\cancel{25}}}{\underset{3}{\cancel{15}} \cdot \underset{3}{\cancel{12}}} = \frac{2 \cdot 5}{3 \cdot 3} = \frac{10}{9}$

Dividend

Beachte: Der Dividend bleibt unverändert; nur vom Divisor wird der Kehrwert gebildet.
Der Rechenschritt, in dem der Kehrwert gebildet wird und durch den aus einer Division eine Multiplikation wird, sollte auf jeden Fall notiert werden.

Brüche in gemischter Schreibweise verwandelt man zunächst in unechte Brüche und multipliziert bzw. dividiert dann.

In unechte Brüche umwandeln $\qquad$ In unechten Bruch umwandeln $\qquad$ Mit Kehrwert multiplizieren

Beispiele: $1\frac{1}{2} \cdot 2\frac{2}{3} = \frac{3}{2} \cdot \frac{8}{3} = 4$ $\qquad$ $\frac{3}{4} : 1\frac{1}{3} = \frac{3}{4} : \frac{4}{3} = \frac{3}{4} \cdot \frac{3}{4} = \frac{9}{16}$

1. Berechne.

a) $\frac{5}{6} \cdot \frac{7}{4} =$ ....

b) $\frac{3}{10} \cdot \frac{5}{9} =$ ....

c) $\frac{12}{25} \cdot \frac{15}{16} =$ ....

d) $\frac{10}{13} \cdot \frac{39}{50} =$ ....

Rechenweg bei der Multiplikation:

Kürzen

$\frac{3}{10} \cdot \frac{5}{9} = \frac{3 \cdot 5}{10 \cdot 9} = \frac{\overset{1}{\cancel{3}} \cdot \overset{1}{\cancel{5}}}{\underset{2}{\cancel{10}} \cdot \underset{3}{\cancel{9}}} = \frac{1 \cdot 1}{2 \cdot 3} = \frac{1}{6}$

Zähler mal Zähler, Nenner mal Nenner

2. Berechne.

a) $\frac{2}{3} : \frac{3}{4} =$ ....

b) $\frac{6}{11} : \frac{3}{22} =$ ....

c) $\frac{36}{49} : \frac{12}{35} =$ ....

d) $49 : \frac{7}{8} =$ ....

Rechenweg bei der Division:

Kürzen

$\frac{56}{81} : \frac{64}{27} = \frac{56}{81} \cdot \frac{27}{64} = \frac{\overset{7}{\cancel{56}} \cdot \overset{1}{\cancel{27}}}{\underset{3}{\cancel{81}} \cdot \underset{8}{\cancel{64}}} = \frac{7 \cdot 1}{3 \cdot 8} = \frac{7}{24}$

Mit Kehrwert des Divisors multiplizieren

3. Berechne.

a) $3\frac{1}{3} \cdot \frac{3}{5} =$ ……

b) $1\frac{5}{6} : \frac{4}{9} =$ ……

c) $2\frac{3}{4} \cdot 1\frac{1}{3} =$ ……

d) $1\frac{3}{4} : 2\frac{1}{6} =$ ……

4. Gestern sind zwei Drittel der Geburtstagstorte übrig geblieben. Mama, Anton und Kim essen von diesem Rest drei Viertel. Das übrig gebliebene Stück bekommt Papa, der später von der Arbeit kommt. Am Ende hatte jedes Familienmitglied gleich viel von der Torte erhalten. Welchen Anteil an der gesamten Torte hat jeder erhalten?

Information

Brüche, die sich nur als periodische Dezimalbrüche schreiben lassen, sollte man bei der Berechnung von Termen nicht in Dezimalbrüche umwandeln.

Nur als nicht abbrechender Dezimalbruch schreibbar – mit Brüchen rechnen	Als abbrechender Dezimalbruch schreibbar – zwei Rechenwege möglich
(1) $0{,}4 \cdot \frac{1}{9} = \frac{2}{5} \cdot \frac{1}{9} = \frac{2}{45}$	(2) $0{,}5 \cdot \frac{1}{5} = 0{,}5 \cdot 0{,}2 = 0{,}1$; $\frac{1}{2} \cdot \frac{1}{5} = \frac{1}{10} = 0{,}1$

Beispiele: (1) $0{,}4 \cdot \frac{1}{9} = \frac{2}{5} \cdot \frac{1}{9} = \frac{2}{45}$ (2) $0{,}5 \cdot \frac{1}{5} = 0{,}5 \cdot 0{,}2 = 0{,}1$; $\frac{1}{2} \cdot \frac{1}{5} = \frac{1}{10} = 0{,}1$

5. Berechne. Entscheide zunächst, ob sich die folgenden Rechnungen besser mit Brüchen oder Dezimalbrüchen durchführen lassen.

a) $\frac{1}{3} \cdot 7{,}5 =$ ……

$\frac{3}{4} \cdot 0{,}3 =$ ……

$\frac{3}{7} \cdot 3{,}5 =$ ……

b) $0{,}5 \cdot \frac{5}{6} =$ ……

$5 : 1{,}5 =$ ……

$0{,}25 : \frac{7}{12} =$ ……

6. Ein Winzer hat $1\frac{1}{5}$ t rote Trauben geerntet.

a) Beim Keltern der Trauben erhält er etwa zwei Drittel des Gewichts der Trauben als Saft. Wie viel Liter Saft erhält der Winzer, wenn man davon ausgeht, das 1 kg Saft einem Liter entspricht?

b) Der Winzer hat auch grüne Trauben geerntet. Die Menge der roten Trauben ist 1,5-mal so groß wie die der grünen Trauben. Wie viele Kilogramm grüne Trauben hat er geerntet?

7. Berechne und erfinde eine Rechengeschichte.

a) $\frac{5}{9} \cdot 171\,\text{km} =$ ....

....

....

b) $8\frac{2}{5}\,\ell : 0{,}7\,\ell =$ ....

....

....

c) $\frac{3}{4} \cdot 7{,}5\,\text{kg} =$ ....

....

....

8. Berechne die angegebenen Doppelbrüche.

a) $\dfrac{\frac{7}{12}}{\frac{35}{24}}$ **b)** $\dfrac{\frac{9}{10}}{\frac{18}{25}}$ **c)** $\dfrac{4\frac{1}{5}}{1\frac{13}{15}}$

Doppelbrüche sind Brüche, bei denen sowohl der Zähler als auch der Nenner ein Bruch ist.
Der Hauptbruchstrich ersetzt das Divisionszeichen zwischen den Brüchen.

Beispiel: $\dfrac{\frac{4}{15}}{\frac{8}{5}} = \frac{4}{15} : \frac{8}{5} = \frac{4}{15} \cdot \frac{5}{8} = \frac{1}{6}$

9. Prüfe, ob die Aussagen wahr oder falsch sind. Gib bei falschen Aussagen ein Gegenbeispiel an.

	Aussage	wahr	falsch
(1)	In einem Doppelbruch darf genau an einer Stelle die Zahl 0 stehen. Der Wert des Doppelbruches ist dann 0.		
(2)	Ist der Nennerbruch eines Doppelbruches der Kehrwert des Zählerbruches, so hat der Doppelbruch den Wert 1.		
(3)	Es gibt keine natürliche Zahl, die man auch als Doppelbruch angeben kann.		

Gegenbeispiel(e): ....

....

10. Entscheide, ob die folgenden Aussagen richtig oder falsch sind.
Gib bei richtigen Aussagen eine kurze Begründung und bei falschen Aussagen ein Gegenbeispiel an.

Aussage		wahr	falsch	Begründung oder Gegenbeispiel
(1)	Verdoppelt man bei der Multiplikation zweier Brüche den Zähler des ersten Faktors und den Nenner des zweiten Faktors, so ändert sich der Wert des Produktes nicht.			
(2)	Verdoppelt man bei der Addition zweier Brüche den Zähler des ersten Summanden und den Nenner des zweiten Summanden, so ändert sich der Wert der Summe nicht.			
(3)	Verdoppelt man bei einem Doppelbruch den Zähler des Zählerbruchs und den Nenner des Nennerbruchs, so vervierfacht sich der Wert des Doppelbruchs.			

Berechnen von Termen

Information

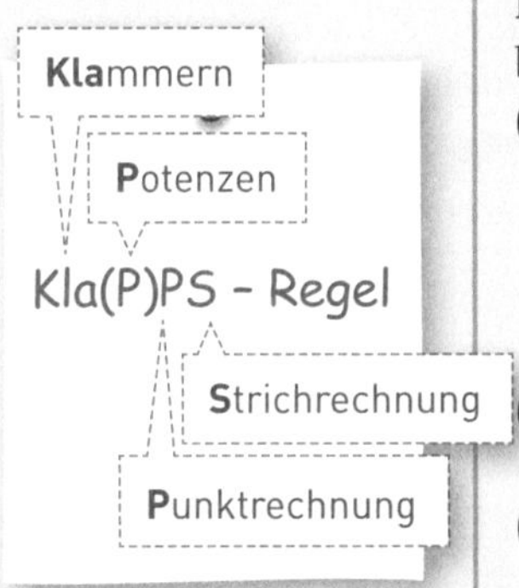

Vorrangregeln bei der Berechnung von Termen mit Brüchen

Es gelten dieselben Vorrangregeln wie bei den natürlichen Zahlen.

(1) Terme in Klammern werden immer zuerst berechnet.
Bei geschachtelten Klammern erfolgt die Berechnung von innen nach außen.

(2) Anschließend werden Potenzen berechnet.

(3) Punktrechnungen werden vor Strichrechnungen ausgeführt, d. h. Multiplikation und Division vor Addition und Subtraktion.

(4) Sonst wird von links nach rechts gerechnet.

Beispiel:

$\frac{1}{5}\cdot\left(5\cdot\frac{1}{2}\right)^2+\left(\frac{3}{2}+\frac{1}{4}\right)-1$

$=\frac{1}{5}\cdot\left(\frac{5}{1}\cdot\frac{1}{2}\right)^2+\left(\frac{6}{4}+\frac{1}{4}\right)-1$ — Klammern zuerst

$=\frac{1}{5}\cdot\left(\frac{5}{2}\right)^2+\frac{7}{4}-1$ — Potenzen berechnen

$=\frac{1}{5}\cdot\frac{25}{4}+\frac{7}{4}-1$ — Punkt- vor Strichrechnung

$=\frac{1\cdot\overset{5}{\cancel{25}}}{\underset{1}{\cancel{5}}\cdot 4}+\frac{7}{4}-1$

$=\frac{5}{4}+\frac{7}{4}-1$ — von links nach rechts

$=\frac{5+7}{4}-1$

$=\frac{\overset{3}{\cancel{12}}}{\underset{1}{\cancel{4}}}-1$

$=3-1=2$

11. Berechne die Werte der folgenden Terme.

a) $3\frac{1}{4}:\left(\frac{7}{2}-\frac{3}{8}\right)=$ ....

b) $\left(\frac{15}{16}+\frac{25}{4}\right):\frac{5}{4}=$ ....

c) $\frac{28}{64}:\frac{35}{16}+\frac{6}{15}\cdot\frac{3}{4}=$ ....

d) $\frac{9}{5}\cdot\left(\frac{2}{3}\right)^3-\frac{1}{5}=$ ....

e) $\left(0{,}7-\frac{21}{40}:\frac{7}{8}\right)\cdot\left(\frac{5}{4}\right)^2=$ ....

12. Lena, Lisa und Lotte haben ihre Hausaufgaben angefertigt.
Untersuche, ob ihnen dabei Fehler unterlaufen sind und berichtige gegebenenfalls.

Lena: $\frac{7}{8} \cdot \frac{5}{6} - \frac{1}{6} = \frac{7}{8} \cdot \frac{4}{6} = \frac{7 \cdot \overset{1}{\cancel{4}}}{\underset{2}{\cancel{8}} \cdot 6} = \frac{7}{12}$

Lisa: $\frac{1}{3} : \frac{1}{4} : \frac{1}{5} = \frac{1}{3} : \frac{1}{4} \cdot \frac{5}{1} = \frac{1}{3} : \frac{5}{4} = \frac{1}{3} \cdot \frac{4}{5} = \frac{4}{15}$

Lotte: $\left(\frac{4}{5} \cdot \left(\frac{5}{8} : \frac{15}{4}\right)\right) = \left(\frac{4}{5} \cdot \left(\frac{\overset{1}{\cancel{5}}}{\underset{2}{\cancel{8}}} \cdot \frac{\overset{1}{\cancel{4}}}{\underset{3}{\cancel{15}}}\right)\right) = \left(\frac{\overset{2}{\cancel{4}}}{5} \cdot \frac{1}{\underset{3}{\cancel{6}}}\right) = \frac{2}{15}$

13. Für einen Kindergeburtstag soll eine Bowle nach dem Rezept rechts zubereitet werden. Chris hat drei Jungen und zwei Mädchen zu seinem Geburtstag eingeladen.
Bestimme, wie viel von der Bowle die Jungen bzw. die Mädchen erhalten, wenn die Bowle gerecht aufgeteilt wird.

Kinderbowle

$1\frac{1}{2}$ l Sekt (alkoholfrei)
$1\frac{1}{4}$ l Mineralwasser
$\frac{3}{4}$ l Ananassaft
$\frac{5}{8}$ l Orangensaft

Vorsicht beim Umgang mit unechten Brüchen in der gemischten Schreibweise: Umwandeln in die Bruchschreibweise vereinfacht die Rechnung:
$2\frac{3}{4} = 2 + \frac{3}{4} = \frac{8}{4} + \frac{3}{4} = \frac{11}{4}$
$7\frac{4}{5} = 7 + \frac{4}{5} = \frac{35}{5} + \frac{4}{5} = \frac{39}{5}$

Rechengesetze bei der Bruchrechnung: Kommutativ-, Assoziativ- und Distributivgesetze

Es gelten dieselben Rechengesetze wie bei den natürlichen Zahlen.

Information

Kommutativgesetz der Addition	**Kommutativgesetz der Multiplikation**
$a + b = b + a$	$a \cdot b = b \cdot a$

Hierbei sind a und b gebrochene Zahlen.

Beispiel:	Beispiel:
$\frac{3}{4} + \frac{1}{2} = \frac{1}{2} + \frac{3}{4}$	$\frac{4}{5} \cdot \frac{10}{11} = \frac{10}{11} \cdot \frac{4}{5}$

Assoziativgesetz der Addition	**Assoziativgesetz der Multiplikation**
$a + (b + c) = a + b + c = (a + b) + c$	$a \cdot (b \cdot c) = a \cdot b \cdot c = (a \cdot b) \cdot c$

Hierbei sind a, b und c gebrochene Zahlen.

Beispiel:	Beispiel:
$\left(\frac{2}{3} + \frac{5}{4}\right) + \frac{3}{4} = \frac{2}{3} + \left(\frac{5}{4} + \frac{3}{4}\right)$	$\left(\frac{6}{7} \cdot \frac{4}{3}\right) \cdot \frac{3}{4} = \frac{6}{7} \cdot \left(\frac{4}{3} \cdot \frac{3}{4}\right)$

Beachte: Das Assoziativgesetz gilt weder für die Subtraktion noch für die Division.

Gegenbeispiel: $\frac{6}{7} - \left(\frac{3}{7} - \frac{2}{7}\right) = \frac{6}{7} - \frac{1}{7} = \frac{5}{7}$, aber $\left(\frac{6}{7} - \frac{3}{7}\right) - \frac{2}{7} = \frac{3}{7} - \frac{2}{7} = \frac{1}{7}$

Gegenbeispiel: $\left(\frac{2}{5} : \frac{3}{4}\right) : \frac{1}{3} = \left(\frac{2}{5} \cdot \frac{4}{3}\right) : \frac{1}{3} = \left(\frac{8}{15}\right) \cdot \frac{3}{1} = \frac{8 \cdot \overset{1}{\cancel{3}}}{\underset{5}{\cancel{15}} \cdot 1} = \frac{8}{5}$, aber $\frac{2}{5} : \left(\frac{3}{4} : \frac{1}{3}\right) = \frac{2}{5} : \left(\frac{3}{4} \cdot \frac{3}{1}\right) = \frac{2}{5} : \frac{9}{4} = \frac{2}{5} \cdot \frac{4}{9} = \frac{8}{45}$

Ein Gegenbeispiel reicht immer aus, um zu zeigen, dass ein Gesetz **nicht** gilt.

Information

Distributivgesetze

$a \cdot (b + c) = a \cdot b + a \cdot c$

$a \cdot (b - c) = a \cdot b - a \cdot c$ (falls die Subtraktion ausführbar ist)

$(a + b) : c = a : c + b : c$ (falls $c \neq 0$)

$(a - b) : c = a : c - b : c$ (falls die Subtraktion ausführbar ist und $c \neq 0$)

Hierbei sind a, b und c gebrochene Zahlen.

Beispiele:

$\frac{2}{3} \cdot \left(\frac{3}{4} + \frac{9}{10}\right) = \frac{2}{3} \cdot \frac{3}{4} + \frac{2}{3} \cdot \frac{9}{10}$

$\frac{4}{5} \cdot \left(\frac{5}{8} - \frac{15}{28}\right) = \frac{4}{5} \cdot \frac{5}{8} - \frac{4}{5} \cdot \frac{15}{28}$

$\left(\frac{6}{5} + \frac{9}{10}\right) : \frac{3}{10} = \frac{6}{5} : \frac{3}{10} + \frac{9}{10} : \frac{3}{10}$

$\left(\frac{7}{12} - \frac{14}{33}\right) : \frac{7}{3} = \frac{7}{12} : \frac{7}{3} - \frac{14}{33} : \frac{7}{3}$

14. Berechne mithilfe der Rechengesetze möglichst geschickt.
Gib dabei das benutzte Rechengesetz an.

a) $\frac{2}{3} + \left(\frac{1}{3} + \frac{4}{5}\right)$ **b)** $\frac{7}{9} \cdot \left(\frac{3}{14} \cdot \frac{6}{5}\right)$ **c)** $\frac{4}{5} + \frac{3}{7} + \frac{6}{5} + \frac{4}{7}$ **d)** $\frac{5}{8} \cdot \frac{7}{9} \cdot \frac{16}{15} \cdot \frac{27}{14}$

15. Berechne mithilfe der Rechengesetze möglichst geschickt.
Gib dabei das benutzte Rechengesetz an.

a) $\frac{6}{7} \cdot \frac{5}{4} - \frac{6}{7} \cdot \frac{1}{4}$ **b)** $\frac{2}{3} \cdot \left(\frac{9}{10} + \frac{3}{4}\right)$ **c)** $\frac{1}{10} : \frac{9}{10} + \frac{4}{5} : \frac{9}{10}$ **d)** $\left(\frac{22}{15} - \frac{44}{45}\right) : \frac{11}{5}$

16. In dem rechts abgebildeten Zimmer wurde ein begehbarer Kleiderschrank durch eine dünne Zwischenwand vom restlichen Zimmer abgetrennt. Nun soll das gesamte Zimmer (auch der Kleiderschrank) mit Teppichboden ausgelegt werden. Berechne die mit Teppich auszulegende Gesamtfläche des Zimmers auf zwei verschiedene Weisen.

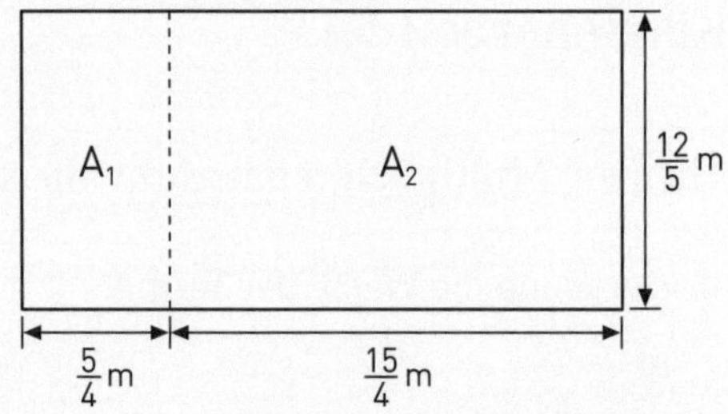

Vergleich der Zahlbereiche

Information

Natürliche Zahlen reichen nicht immer, um Situationen der realen Umwelt zu beschreiben. Damit man Geldbeträge wie 11,95 € oder aber Mengenangaben wie $\frac{3}{4}\ell$ angeben kann, benötigt man Zahlen, die zwischen zwei aufeinanderfolgenden natürlichen Zahlen liegen.
Die Zahl 11,95 liegt zwischen den natürlichen Zahlen 11 und 12, während $\frac{3}{4}$ zwischen den natürlichen Zahlen 0 und 1 liegt.
Der Zahlbereich der *natürlichen Zahlen* muss deshalb um den Zahlbereich der *gebrochenen Zahlen* erweitert werden.

Zwischen zwei aufeinanderfolgenden natürlichen Zahlen findet man keine weitere natürliche Zahl, dafür aber beliebig viele gebrochene Zahlen.

Zwischen zwei noch so nahe beieinander liegenden verschiedenen gebrochenen Zahlen findet man immer beliebig viele weitere gebrochene Zahlen.

Jede natürliche Zahl ist auch eine gebrochene Zahl. Jede natürliche Zahl lässt sich nämlich auch als Bruch oder als Dezimalbruch darstellen.
Beispiel: $7 = \frac{3 \cdot 7}{3} = \frac{21}{3}$; $7 = 7{,}0$

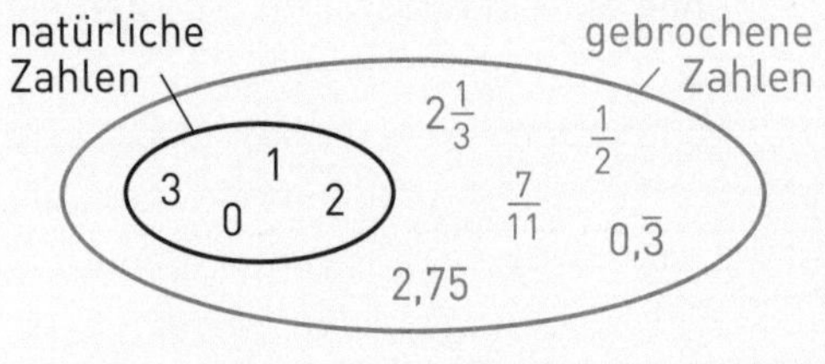

17. Gib an, welche Zahlen am Zahlenstrahl jeweils dargestellt sind. Kürze, wenn möglich.

a) A = ... B = ... C = ... D = ...

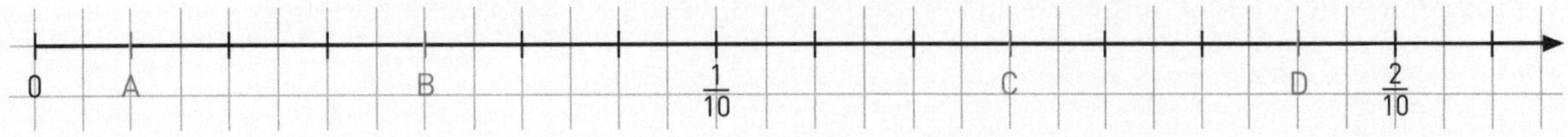

b) A = ... B = ... C = ... D = ...

45 min

Beginn: .... Ende: ....

Klassenarbeit 5.1

Themen: Multiplizieren und Dividieren von Brüchen, Dezimalbrüche, Terme und Rechengesetze

1. Berechne die Werte der Terme.

a) $\frac{2}{5} \cdot \frac{4}{3}$

b) $\frac{6}{11} : \frac{5}{7}$

c) $0{,}8 \cdot \frac{5}{16}$

d) $3\frac{1}{2} : 1\frac{1}{7}$

e) $\left(\frac{4}{9} - \frac{1}{3}\right) : \left(\frac{25}{9} \cdot \frac{1}{10}\right)$

f) $\left(\frac{2}{3}\right)^3 - \left(\frac{1}{6}\right)^2$

.... 10

2. Herr Röhrling kauft im Supermarkt einen Liter Milch, drei Flaschen Cola mit jeweils $1\frac{1}{2}\,\ell$ Inhalt, $\frac{3}{4}$ kg Brot, ein halbes Kilogramm Hack und 0,4 kg Käse ein.

a) Ermittle, wie schwer alle Einkäufe zusammen sind, wenn man davon ausgeht, dass die Getränke ungefähr ein Kilogramm pro Liter wiegen.

....

....

....

b) Ursprünglich wollte Herr Röhrling auch seine beiden Töchter mit zum Einkaufen nehmen. Bestimme, wie viel bei gerechter Verteilung jeder der drei hätte tragen müssen. Falls du bei a) kein Ergebnis erhalten hast, gehe von $7\frac{3}{20}$ kg aus.

....

....

c) Bewerte dein Rechenergebnis aus Aufgabenteil b) bezüglich der realen Situation.

....

....

.... 9

3. Was wäre, wenn?

a) Untersuche, wie sich ein Produkt zweier Brüche ändert, wenn man den Zähler des ersten Faktors viertelt und den Nenner des zweiten Faktors halbiert.

....

....

....

b) Untersuche, welcher Zusammenhang zwischen dem Dividenden und dem Quotienten bei einer Division zweier Brüche besteht, wenn der Divisor ein Stammbruch (d. h. sein Zähler ist 1) ist.

....

....

....

.... 5

4. In einer Klasse mit dreißig Schülerinnen und Schülern wurde eine Klassensprecherwahl durchgeführt. Die Ergebnisse kannst du der Tabelle entnehmen. Leider kann man Danas Ergebnis nicht lesen.

Name	Anteil
Anna	$\frac{3}{10}$
Ben	0,1
Chris	$\frac{1}{6}$
Dana	

a) Berechne, wie viele Stimmen auf die einzelnen Kandidaten entfallen sind und bewerte, wer die Wahl gewonnen hat.

....

....

....

....

....

b) Die Klasse hat beschlossen, dass der Klassensprecher oder die Klassensprecherin mindestens die Hälfte der abgegebenen Stimmen erhalten muss, um gewählt zu werden.
Berechne, um welchen Faktor sich der Stimmenanteil von Anna bzw. von Dana erhöhen müsste, um zu gewinnen.

....

....

....

.... 8

32 – 25 Punkte	24,5 – 16 Punkte	15,5 – 0 Punkte
☺	😐	☹

Gesamtpunktzahl 32

45 min

Beginn: .... Ende: ....

Klassenarbeit 5.2

Themen: Multiplizieren und Dividieren von Brüchen, Doppelbrüche, Berechnen von Termen, Rechengesetze

1. Berechne. Beachte dabei die Vorrangregeln und Rechengesetze.

a) $\left(\frac{2}{5}+\frac{3}{4}\right)+\frac{3}{5}$ **b)** $\frac{4}{7}\cdot\left(\frac{35}{16}+\frac{21}{20}\right)$ **c)** $\left(\frac{7}{10}-\frac{21}{40}:\frac{7}{8}\right)\cdot\left(\frac{5}{4}\right)^2$ **d)** $\dfrac{\frac{5}{18}:\left(\frac{2}{9}+\frac{1}{6}\right)}{2\frac{1}{2}-1\frac{1}{7}}$

...... 10

2. Beschreibe durch Vervollständigen der Sätze, was bei den genannten Rechenoperationen geschieht. Solltest du keine Idee haben, probiere eines oder mehrere Beispiele.

a) Um zwei Brüche subtrahieren zu können, muss man sie zuerst ....

und dann ....

b) Dividiert man eine Zahl durch einen Bruch, der größer als eins ist, so ist der Quotient ....

....

c) Sind bei der Multiplikation zweier Brüche beide Faktoren größer als eins, so ist das Produkt ....

....

d) Subtrahiert man von einem gekürzten Bruch einen anderen gekürzten Bruch mit gleichem Zähler, dessen Nenner genau um eins größer ist als der des ersten Bruchs, so erhält man:

....

....

...... 7

3. a) Der afrikanische Kontinent ist zu $\frac{3}{5}$ mit Wüsten bedeckt. Die Sahara nimmt $\frac{5}{12}$ davon ein. Welcher Anteil des afrikanischen Kontinents ist das?

b) Ein Fünftel eines 3,5 km langen und 1,5 km breiten rechteckigen Waldgebietes ist ein Vogelschutzgebiet. Den Rest haben 7 Jäger gleichmäßig unter sich aufgeteilt. Wie viel des Waldgebietes bekommt jeder Jäger?

.... 6

4. Sarah wünscht sich zu Weihnachten ein Trampolin für 280 €. Oma erklärt sich bereit $\frac{3}{8}$ der Kosten zu übernehmen. Opa zahlt sogar $\frac{2}{5}$ und Tante Sanne beteiligt sich mit einem Zehntel an den Kosten. Sarah erhält zudem Taschengeld in Höhe von 12 € monatlich.
Beurteile mithilfe geeigneter Rechnungen, ob sie sich das Trampolin zu Weihnachten kaufen kann.
Wie viele Monate müsste Sarah ihr ganzes Taschengeld sparen um sich das Trampolin kaufen zu können?

.... 7

5. In Bremen zahlte man im 17. Jahrhundert mit drei verschiedenen Geldeinheiten. Eine Mark war 32 Groten wert und für eine Schware erhielt man 0,2 Groten. Bremen erhob eine Steuer, die *Akzise* genannt wurde, auf alle Waren, die in der Stadt verkauft werden sollten.
Für jede Mark an Warenwert mussten Händler 3 Schwaren bezahlen.

a) Gib die Akzise (Steuer) mit einem Bruch als Anteil am Warenwert an.

b) Bestimme die Akzise (Steuer), die für eine Kaffeelieferung im Wert von 3 Mark und 20 Groten erhoben wurde.

.... 6

36 – 27,5 Punkte	27 – 18 Punkte	17,5 – 0 Punkte
☺	😐	☹

Gesamtpunktzahl 36

45 min

Beginn: .... Ende: ....

Klassenarbeit 5.3

Themen: Multiplizieren und Dividieren von Brüchen, Aufstellen und Berechnen von Termen, Quader (Wdh.)

1. Bei den folgenden Rechenmauern steht über zwei benachbarten Zahlen das Produkt bzw. der Quotient der beiden Zahlen. Ergänze die Rechenmauern.

a) $\odot$

$\frac{4}{9}$	$\frac{3}{8}$	$\frac{16}{27}$

b) $(:)$

$\frac{5}{8}$	$\frac{5}{6}$	$\frac{1}{3}$

.... 6

2. Probiere an geeigneten Beispielen aus und begründe deine Antworten.
Was geschieht mit dem Ergebnis, wenn ...

a) ... bei einer Multiplikation zweier Brüche der Nenner eines Faktors verdoppelt wird.

....

....

....

b) ... bei einer Addition zweier Brüche bei beiden Summanden die Zähler verdoppelt werden.

....

....

....

c) ... bei einer Division zweier Brüche der Nenner des Divisors verdoppelt wird.

....

....

....

.... 9

3. Gib jeweils einen Term an und berechne diesen.

(1) Multipliziere die Differenz der Brüche $\frac{4}{9}$ und $\frac{5}{18}$ mit der Summe aus $\frac{7}{4}$ und $\frac{1}{2}$.

....

....

(2) Subtrahiere vom Quotienten der Brüche $\frac{4}{7}$ und $\frac{4}{21}$ den Kehrwert von $\frac{1}{3}$.

....

.... 4

4. **a)** Berechne das Volumen des Quaders.

b) Berechne die Gesamtlänge aller Kanten des Quaders.

c) Berechne den Oberflächeninhalt des Quaders.

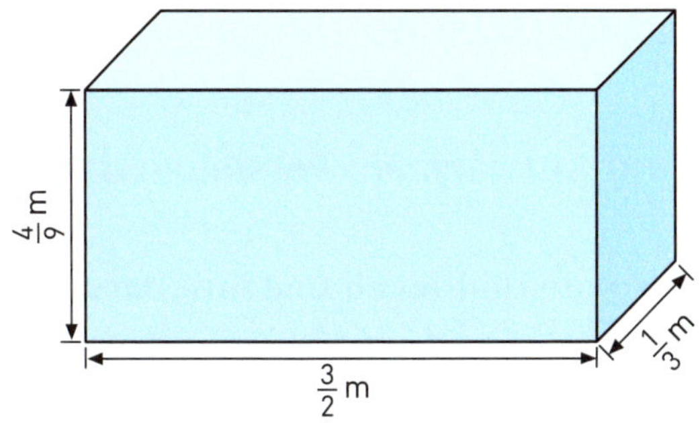

.... 7

5. Berechne möglichst geschickt.

a) $\frac{3}{5} \cdot \frac{7}{8} \cdot \frac{5}{3} \cdot \frac{8}{7} =$ ....

b) $\frac{1}{7} \cdot \frac{2}{3} + \frac{6}{7} \cdot \frac{2}{3} =$ ....

.... 4

6. Ein Auto ist nach einem Jahr nur noch etwa $\frac{3}{4}$ seines Neupreises wert, nach zwei Jahren ist es nur noch $\frac{5}{12}$ und am Ende des dritten Jahres nur noch $\frac{7}{24}$ des Neupreises wert.
Das Auto hatte einen Neupreis von 21 000 Euro.

a) Welchen Wert hat das Auto nach einem Jahr?

b) Welchen Wert hat das Auto nach zwei Jahren?

c) Wie hoch ist der Wertverlust nach 3 Jahren?

.... 4

34 – 26 Punkte	25,5 – 17 Punkte	16,5 – 0 Punkte
☺	😐	☹

Gesamtpunktzahl 34

6. Statistische Daten

Zum Aufwärmen: Verstehen und Üben

Absolute Häufigkeit und ihre Darstellung

Information

Der Begriff **absolute Häufigkeit** gibt die **Anzahl** an, wie oft etwas vorkommt.

Beispiel: Im Gauß-Gymnasium in Münster wurden 150 Schüler des 6. Jahrgangs nach ihrem Lieblingsverein der ersten Bundesliga befragt. Die folgende Tabelle fasst die Ergebnisse der Umfrage zusammen.

Lieblings-verein	Borussia Mönchen-gladbach	1. FC Köln	Borussia Dortmund	FC Bayern München	FC Schalke 04	Sonstige
Anzahl der Schüler	50	10	25	50	10	5

Die absolute Häufigkeit der Schüler, die die Borussia Mönchengladbach als Lieblingsverein angaben, beträgt 50.

Addiert man die absoluten Häufigkeiten der verschiedenen Vereine, so erhält man die Gesamtanzahl der befragten Schüler. Es ist also: $50 + 10 + 25 + 50 + 10 + 5 = 150$

Das Ergebnis dieser Umfrage lässt sich wie folgt in einem *Säulendiagramm* darstellen.

Dem Säulendiagramm kann man entnehmen, dass die Borussia aus Mönchengladbach und der FC Bayern München die meisten Fans in dieser Schülergruppe haben.

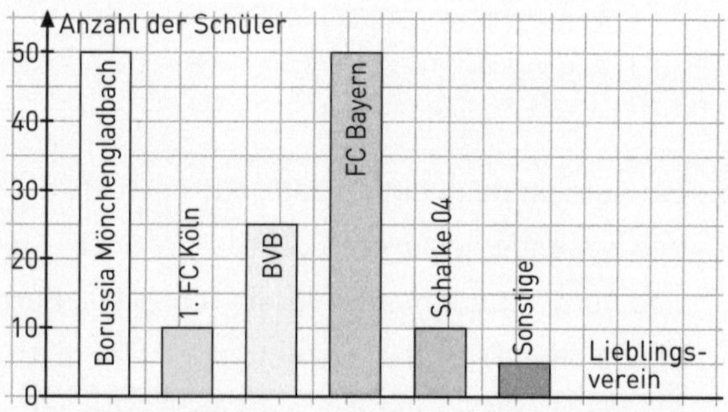

1. Herr von Tannenbaum erhält eine Lieferung von 200 LED (Leuchtdioden) für seine Technik-AG. 55 davon sind gelb, 65 rot, 60 grün und der Rest sind RGB-Leuchtdioden. Die einfachen Leuchtdioden kosten 0,19 € und die RGB-Leuchtdioden kosten 1,25 €.

a) Berechne die Gesamtkosten für die Leuchtdioden.

....

....

b) Fülle die folgende Tabelle aus und stelle die Daten in einem Säulendiagramm dar.

Leuchtdiode	Rot	Grün	Gelb	RGB
Anzahl				

Relative Häufigkeit und ihre Darstellung

Information

Die **relative Häufigkeit** gibt an, wie groß der Anteil an der Gesamtanzahl ist.

$$\textbf{relative Häufigkeit} = \frac{\textbf{absolute Häufigkeit}}{\textbf{Gesamtanzahl}}$$

Relative Häufigkeiten kann man als Brüche, Dezimalbrüche oder in Prozent angeben.
Die **Summe** der relativen Häufigkeiten **ohne Mehrfachnennungen** ist immer 1 (100 %).

Beispiel: Bei der Erhebung im ersten Beispiel stellt man fest, dass 50 Schüler Bayern München als Lieblingsverein haben.
Insgesamt wurden 150 Schüler befragt.
Die relative Häufigkeit beträgt:
$\frac{50}{150} = \frac{1}{3} \approx 0{,}333 = 33{,}3\%$
Somit wissen wir jetzt, dass ca. 33,3% der Befragten FC Bayern-Fans sind.

2. Bearbeite die Aufgabenteile a) und b) und trage die Ergebnisse in die Tabelle ein.

Lieblingsverein	Borussia Mönchen-gladbach	1. FC Köln	Borussia Dortmund	FC Bayern München	FC Schalke 04	Sonstige
Absolute Häufigkeit	50	10	25	50	10	5
Relative Häufigkeit als Bruch						
Relative Häufigkeit in Prozent						
Mittelpunktswinkel						

a) Die Tabelle aus dem Beispiel von Seite 78 wurde um eine Zeile für die Berechnung der relativen Häufigkeiten ergänzt. Gib die relativen Häufigkeiten als Brüche und in Prozent in der Tabelle an.

b) Stelle die relativen Häufigkeiten als Kreisdiagramm dar. Berechne dazu zuerst die zugehörigen Mittelpunktswinkel für die einzelnen relativen Häufigkeiten und trage sie oben in die Tabelle ein.

Berechnung des Mittelpunktswinkels für den Anteil der FC Bayern-Fans: $\frac{1}{3} \cdot 360° = 120°$

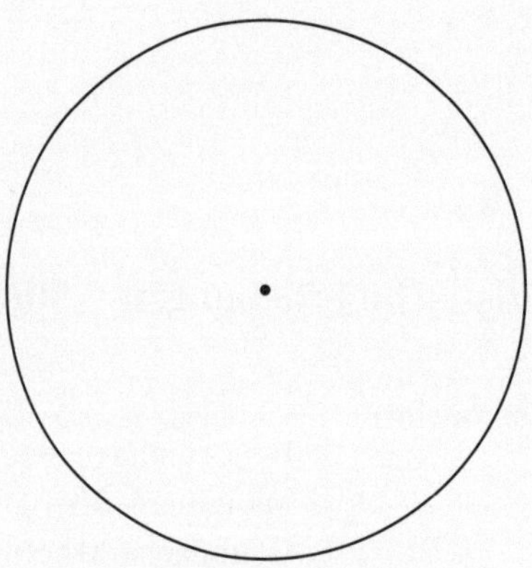

3. In einer 6. Klasse mit 30 Schülerinnen und Schülern wurde eine Mathearbeit geschrieben. Die Tabelle stellt den Notenspiegel dar.

Note	Sehr gut	Gut	Befriedigend	Ausreichend	Mangelhaft	Ungenügend
Absolute Häufigkeit	3	5	11	6	3	2
Relative Häufigkeit als Bruch						
Mittelpunktswinkel						

a) Stelle die Notenverteilung in einem Balkendiagramm dar.

b) Berechne die relativen Häufigkeiten für die Notenverteilung als Brüche und trage sie in die Tabelle ein.

c) Berechne anhand der relativen Häufigkeiten aus Teil b) die Mittelpunktswinkel und stelle die Notenverteilung in einem Kreisdiagramm dar.

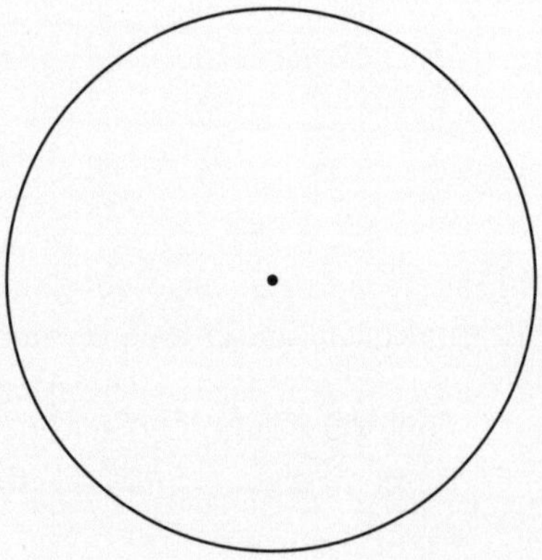

Statistische Erhebungen – Stichprobe

Information

Die Grundlage einer **statistischen Erhebung** ist eine Menge von Objekten (Gegenständen oder Menschen), über die man Erkenntnisse gewinnen möchte. Diese Menge bezeichnet man als **Grundgesamtheit**.

Beispiele:

(1) In einem Gymnasium werden alle Schüler des sechsten Jahrgangs nach ihrer Englisch-Note befragt. Grundgesamtheit: die Menge aller Schüler des sechsten Jahrgangs.

(2) Es soll der Anteil der Bundesliga-Spieler ermittelt werden, die in Deutschland geboren sind. Grundgesamtheit: die Menge aller Fußballer der Bundesliga.

4. Bestimme die Grundgesamtheit bei den folgenden statistischen Erhebungen.

a) An einigen großen Tankstellen wurden an einem Montag 850 Autofahrer und -fahrerinnen befragt, ob sie ein Auto mit Benzin- oder Dieselmotor fahren.

Grundgesamtheit: ....

b) Am Eingang einer Parfümerie wurden an einem Samstag 2000 Frauen nach ihrem Lieblingsduft befragt.

Grundgesamtheit: ....

Information

Häufig ist es bei einer Erhebung nicht möglich oder zu aufwendig, die vollständige Grundgesamtheit zu untersuchen. In diesen Fällen beschränkt man sich auf eine **Stichprobe**.
Eine Stichprobe ist eine aus einer Grundgesamtheit (im Allgemeinen zufällig) ausgewählte Teilmenge. Eine Stichprobe muss **repräsentativ** sein, d.h. sie muss bezüglich der zu untersuchenden Eigenschaften ein verkleinertes Bild der Gesamtheit zutreffend wiedergeben.

Beispiele:

(1) Bei einer sehr großen Lieferung von DVD-Rohlingenen ist ein gewisser Anteil an defekten Rohlingen zulässig. Da nicht jeder einzelne Rohling getestet werden kann, wird eine Stichprobe entnommen. Aus der Anzahl an defekten DVD-Rohlingen in der Stichprobe kann auf die Anzahl der defekten DVD-Rohlinge der gesamten Lieferung geschlossen werden.

(2) Bei der sogenannten „Sonntagsfrage" befragen Meinungsforscher zufällig ausgewählte Personen am Telefon danach, welche Partei sie bei einer Wahl am nächsten Sonntag bevorzugen würden. Von den am Telefon befragten Personen schließen die Meinungsforscher auf das Wahlverhalten aller Wahlbürger.

5. Handelt es sich in den Beispielen um eine Untersuchung der vollständigen Grundgesamtheit oder um eine Stichprobe? Ergänze die Tabelle. Gib auch die jeweilige Grundgesamtheit an.

Beispiel	Stichprobe oder Untersuchung der vollständigen Grundgesamtheit?	Grundgesamtheit
(1) In einer Stadt mit 15 000 Haushalten wurden 30 Haushalte zufällig ausgewählt und bezüglich ihrer Haushaltsgröße untersucht.		
(2) Es soll die Anzahl der Raucher unter den jungen Leuten zwischen 18 und 24 Jahren in Deutschland ungefähr bestimmt werden. Dafür werden Umfragen in verschiedenen Städten der Republik durchgeführt.		
(3) Bei einer großen Bestellung von Mikro-Chips notieren die Angestellten einer Elektronik-Firma alle Packungen mit Stückzahl und Wert.		
(4) Angesichts der zunehmenden Erkrankungen bei Kindern aller Altersgruppen in Deutschland wurden bei einer Vorsorgeuntersuchung alle Eltern von Kindern ab dem vollendeten sechsten Lebensmonat gefragt, ob ihre Kinder gegen die neue Grippe (A/H1N1) geimpft sind.		

6. Nenne Gründe dafür, warum man häufig eine Stichprobe aus der Grundgesamtheit auswählt.

....

....

Erhebungen mit Mehrfachnennungen

Information

Sind bei einer Umfrage **Mehrfachnennungen** möglich, so kann die Summe der relativen Häufigkeiten größer als 1 (100 %) sein.
Bei einer Erhebung ohne Mehrfachnennungen beträgt die Summe der relativen Häufigkeiten immer 1 (100 %).

7. In der Klasse 6f wurde eine Umfrage durchgeführt, welche Haustiere in den Familien der Schülerinnen und Schüler leben.
Die Ergebnisse sind in der folgenden Tabelle enthalten und sollen in einem Diagramm dargestellt werden.

Tier	Katze	Hund	Vogel	Fische	Hamster	Meer-schweinchen	Schlange	Maus
Relative Häufigkeit	50 %	35 %	10 %	5 %	5 %	5 %	3 %	3 %

Nach 10 Minuten stellt eine Gruppe dem Rest der Klasse das rechts abgebildete Kreisdiagramm vor, das sie mit dem Computer erstellt hat.
Nach einer Weile meldet sich Jannik:
„Dieses Diagramm kann nicht richtig sein. Der Katzenanteil ist doch 50 %."

Haustiere in der 6 f

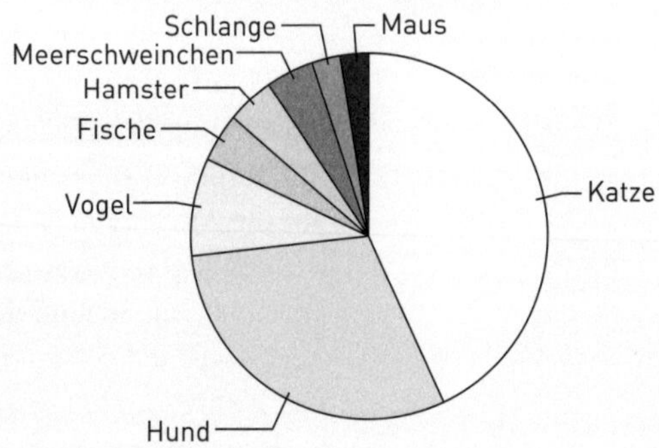

a) Erläutere, was Jannik mit seiner Aussage meint.

b) Warum kann man zu diesen Daten kein Kreisdiagramm zeichnen?

Summenprobe
Wenn die Summe aller relativen Häufigkeiten größer als 1 (100 %) ist, handelt es sich entweder um eine Erhebung mit Mehrfachnennungen oder es wurde ein Fehler gemacht. Kleine Abweichungen von 100 % können durch Rundungen entstehen.

c) Welche Diagrammart ist für diese Daten besser geeignet? Stelle die Ergebnisse der Umfrage auf diese Weise dar.

8. Die Schüler einer Klasse werden gefragt, ob sie am Wandertag Klettern oder Schwimmen gehen wollen.
Finn meint:

Klettern	Schwimmen	egal
21	7	3

„Obwohl es keine Mehrfachnennungen gab, beträgt die Summe aller relativen Häufigkeiten 101%."
Überprüfe seine Aussage und erkläre Finns Ergebnis.

9. Bei einer Befragung von 60 Schülern und Schülerinnen des 6. Jahrgangs zum Thema Mediennutzung gaben 22 der Befragten an, regelmäßig Bücher zu lesen, 35 besitzen ein eigenes Smartphone, 41 nutzen einen eigenen Computer und 52 schauen gern fern.

a) Gab es bei dieser Umfrage Mehrfachnennungen? Begründe deine Antwort.

....

....

b) Berechne die relativen Häufigkeiten der einzelnen Medien.

Bildliche Darstellung von Daten und ihre Wirkung auf einen Betrachter

Information

Veranschaulicht man Daten durch Rechtecke oder Quader, so muss man Folgendes beachten:

Eine Verdoppelung der Seitenlängen eines Rechtecks führt zu einer Vervierfachung des Flächeninhaltes.

Eine Verdoppelung der Kantenlängen eines Quaders führt sogar zu einer Verachtfachung des Volumens.

Beispiele:

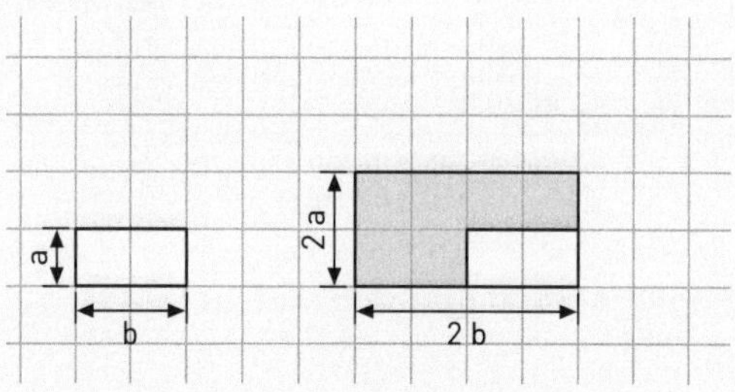

$A_1 = a \cdot b$

$A_2 = 2 \cdot a \cdot 2 \cdot b$
$= 4 \cdot a \cdot b$
$= 4 \cdot A_1$

Links sieht man eine Fläche, rechts davon eine zweite Fläche, bei der die Seitenlängen verdoppelt wurden. Bei der Berechnung der Flächeninhalte stellt man fest, dass der Flächeninhalt der großen Fläche viermal so groß ist wie der der kleinen. Das kleine Rechteck passt genau viermal in das große Rechteck hinein.

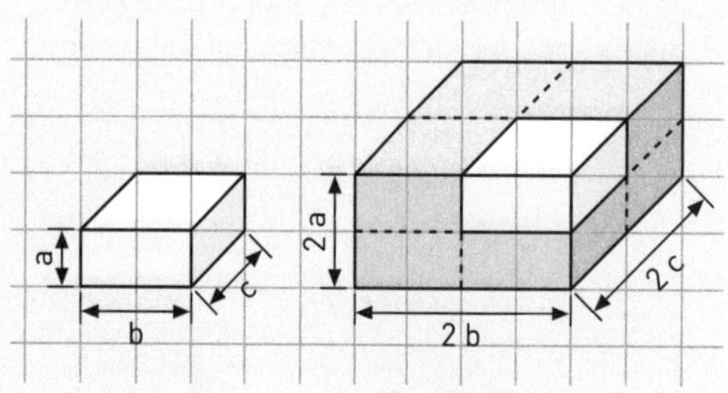

$V_1 = a \cdot b \cdot c$

$V_2 = 2 \cdot a \cdot 2 \cdot b \cdot 2 \cdot c$
$= 8 \cdot a \cdot b \cdot c$
$= 8 \cdot V_1$

Links sieht man einen Quader, rechts davon einen Quader, bei dem die Kantenlängen verdoppelt wurden. Bei der Berechnung des Volumens stellt man fest, dass das Volumen des großen Quaders das Achtfache des Volumens des kleinen Quaders beträgt. Der kleine Quader passt genau achtmal in den großen Quader hinein.

10. Bestimme die Längen und den Flächeninhalt der beiden Piktogramme.
Nimm dann Stellung zum Bericht.

Vor 10 Jahren

Heute

Ernährungswissenschaftler schlagen Alarm:
Der Schokoladenkonsum unter Kindern und Jugendlichen unter 18 Jahren hat sich in den vergangenen zehn Jahren um 50 % erhöht. Dadurch gibt es immer mehr übergewichtige und fettleibige Kinder und Jugendliche unter 18 Jahren.

11. Beschreibe die Wirkung des rechten Piktogramms im Vergleich zum linken.
Beurteile anschließend, ob die Darstellung zum Artikel passt.

Städtisches Museum meldet erneuten Besucherrekord:
Das städtische Museum hat in diesem Jahr erneut einen Besucherrekord vermeldet. In den vergangenen Jahren hat sich die Zahl der Besucher nunmehr verdoppelt. „Das ist eine tolle Anerkennung für unseren Einsatz" freute sich ein Museumssprecher.

12. Die Anzahl der neu eingeschulten Schüler in einem Gymnasium ist in den letzten fünf Jahren angestiegen.

Schuljahr	2009	2010	2011	2012	2013
Anzahl	156	164	172	178	184

Der Schulleiter sagt bei einer Schulvorstandssitzung:
„Dank der Umstellung auf Ganztagsschule und unseres großen Angebots an Arbeitsgemeinschaften haben wir die Anzahl der eingeschulten Kinder nicht nur halten, sondern etwas steigern können."
Der Sprecher der Elternvertreter meint:
„Dieses Nachmittagsangebot hat sogar zu einem immensen Schülerzuwachs geführt."

Rechts siehst du zwei Säulendiagramme, die die Aussagen der beiden veranschaulichen. Erläutere den Unterschied zwischen den beiden Diagrammen und ordne sie zu.
Nimm Stellung zu den Aussagen des Schulleiters und des Elternvertreters.

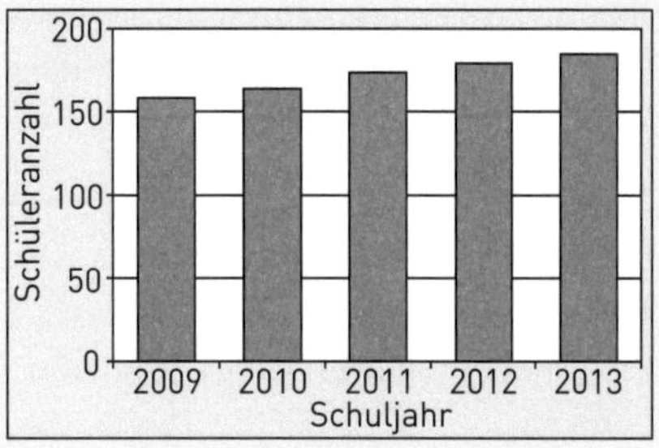

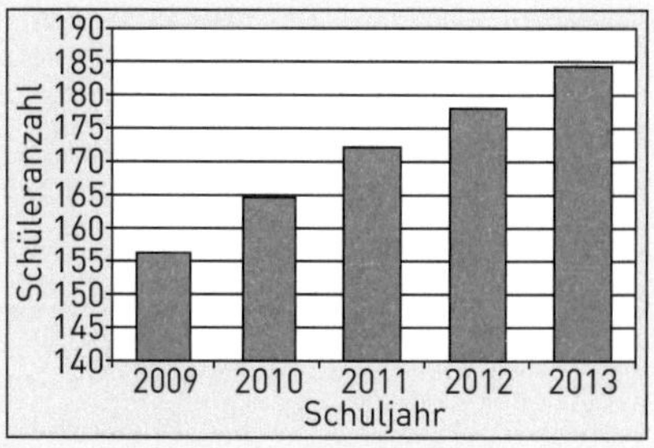

....

....

....

....

Information

Durch die Art der grafischen Darstellung von Häufigkeiten kann beim Betrachter ein bestimmter Eindruck erzeugt werden.
Daher ist bei der Zeichnung von Flächen oder Körpern darauf zu achten, dass kein übertriebener Eindruck von einer Veränderung entsteht. Durch diese Art der grafischen Darstellung können Betrachter manipuliert (im gewünschten Sinne beeinflusst) werden.

Arithmetisches Mittel (Mittelwert)

Information

Um den **Mittelwert** von mehreren Werten zu berechnen, addiert man alle Werte und dividiert die Summe durch die Anzahl der Werte. Dieser Mittelwert heißt auch **arithmetisches Mittel**.

Beispiel: Herr Müller möchte etwas gegen seinen runden Bauch unternehmen. Er beschließt, jeden Tag etwa eine Stunde Fahrrad zu fahren. In der ersten Woche fährt er folgende Strecken:

Tag	Montag	Dienstag	Mittwoch	Donnerstag	Freitag	Samstag	Sonntag
Strecke (in km)	14,5	17,5	15	18	17,5	20,5	19,5

$$\text{Mittelwert} = \frac{14{,}5\,\text{km} + 17{,}5\,\text{km} + 15\,\text{km} + 18\,\text{km} + 17{,}5\,\text{km} + 20{,}5\,\text{km} + 19{,}5\,\text{km}}{7} = \frac{122{,}5\,\text{km}}{7} = 17{,}5\,\text{km}$$

Somit ist Herr Müller im Mittel jeden Tag 17,5 km Fahrrad gefahren.

13. Für ein bestimmtes Fernseher-Modell wurden bei einem Preisvergleich bei 9 Online-Händlern die folgenden Verkaufspreise ermittelt: 684 € 687,24 € 686 € 689,99 € 689,99 € 699 € 719 € 725,99 € 686 €
Berechne den mittleren Verkaufspreis dieses Gerätes.

Median (Zentralwert)

Information

Den **Median** oder **Zentralwert** von mehreren Werten ermittelt man wie folgt:
Zunächst werden alle Werte in aufsteigender Reihenfolge geordnet.
Bei einer ungeraden Anzahl von Werten ist der Median der in der Mitte stehende Wert der geordneten Liste.
Bei einer geraden Anzahl von Werten kann man die beiden mittleren Werte als Median angeben. Wenn möglich, wird der Median als Mittelwert dieser beiden mittleren Werte bestimmt.
Der Median kann nicht nur bei Zahlenwerten gebildet werden, sondern auch bei anderen Angaben, die sich in einer Rangfolge sortieren lassen.

Beispiele:
(1) Lara hat in den letzten sechs Vokabeltests 3, 0, 1, 5, 1 und 2 Fehler gehabt. Die sortierte Liste ist 0, 1, 1, 2, 3, 5. Die beiden mittleren Werte sind 1 und 2 Fehler. Daher ist der Median in diesem Fall 1,5 Fehler.
(2) Fünf Freundinnen sollten nach einem Kinobesuch den Film mit einem Smiley bewerten: ☺, ☹, ☺, 😐, ☺. Als geordnete Liste erhält man ☹, 😐, ☺, ☺, ☺. Der Median ist in diesem Fall ☺.

14. Eine Umfrage nach dem Taschengeld unter den elf Spielern der D-Jugend im örtlichen Fußballverein ergibt folgende Werte:
10 €, 20 €, 15 €, 12 €, 15 €, 35 €, 20 €, 15 €, 8 €, 25 €, 18 €.

a) Berechne das arithmetische Mittel sowie den Median des Taschengeldes und vergleiche beide Werte.

b) Der Trainer der D-Jugend absolviert bereits eine Ausbildung, die monatlich mit 850 € vergütet wird. Überprüfe, wie sich das arithmetische Mittel und der Median beim Taschengeld verändern, wenn man den Trainer und sein Einkommen hinzuzählt. Bewerte das Ergebnis.

15. Die Schülervertretung möchte das Essen im Schulbistro bewerten lassen und befragt 15 zufällig ausgewählte Schüler nach ihrer Meinung. Als mögliche Antworten sind die Qualitätsstufen „sehr lecker" (sl), „lecker" (l), „genießbar" (g) und „ungenießbar" (u) vorgegeben.
Das Ergebnis der Umfrage lautet: l, l, g, sl, l, u, g, sl, g, g, u, sl, l, l, g.
Ermittle den Median der Bewertung des Schulessens.

....

....

Beginn: .... Abgabe: ....

Klassenarbeit 6.1

Themen: Kreis- und Säulendiagramm, arithmetisches Mittel, Median, Wirkung bildlicher Darstellungen, Brüche, Dezimalbrüche und Prozentschreibweise (Wdh.)

1. Auf den Halbjahreszeugnissen der Klasse 6 b gab es im Fach Mathematik dreimal „sehr gut", zwölfmal „gut", zehnmal „befriedigend" und fünfmal „ausreichend".

a) Stelle die Notenverteilung in einem Kreisdiagramm dar.
Tipp: Berechne zunächst die Gesamtzahl der Schüler und die Mittelpunktswinkel für die Noten.

b) Wie groß ist der Anteil der Schüler mit einer besseren Note als „befriedigend"?

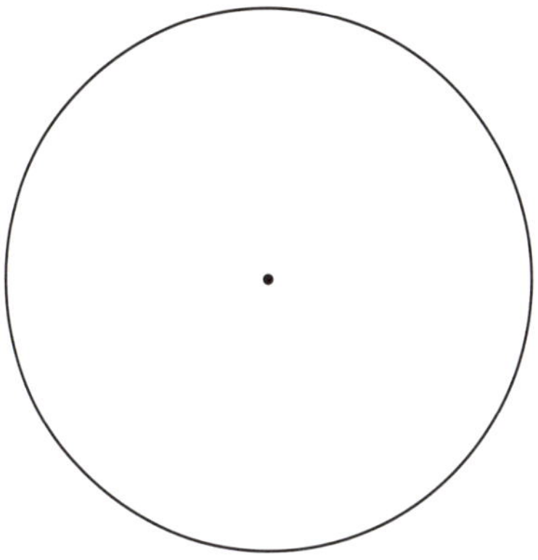

.... 8

2. In einer Studie wurde über einen Zeitraum von 20 Jahren ermittelt, wie viele Jugendliche regelmäßig lesen.

a) Lies aus dem Diagramm ab, wie viel Prozent der Jugendlichen in den Jahren 1994, 2004 und 2014 jeweils regelmäßig gelesen haben.

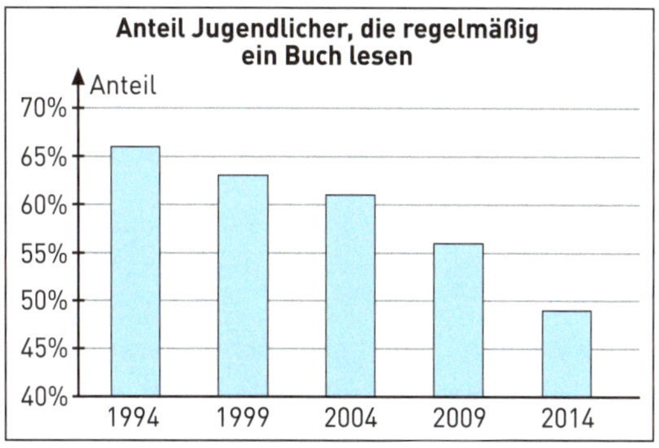

....

....

b) Gib eine passende Überschrift für einen Zeitungsartikel zum Diagramm an und beurteile, ob die Darstellung des Diagramms angemessen ist.

....

....

....

....

....

.... 5

3. In der Karate-AG der Schule tragen 11 Kinder den weißen Gürtel, 5 den gelben, 3 den orangefarbenen, 2 den grünen und 2 sogar den braunen Gürtel.

Gürtelreihenfolge beim Karate:
Weiß
Gelb
Orange
Grün
Violett
Braun
Schwarz

a) Stelle die Verteilung der Karategürtel in einem Säulendiagramm dar.

b) Ermittle den Median der Gürtelfarbe.

....

.... 7

4. Max stoppt eine Schulwoche lang jeden Morgen die Zeit, die sein Schulbus für die Fahrt benötigt. Dabei erhält er folgende Werte:

Montag	Dienstag	Mittwoch	Donnerstag	Freitag
16 min	12 min	11 min	14 min	12 min

a) Berechne, wie lange der Schulbus im Mittel unterwegs ist.

b) Am Samstag besucht Max einen Freund, der gegenüber der Schule wohnt. Diesmal benötigt der Bus nur 10 Minuten. Vergleiche die Fahrzeit mit dem Mittelwert aus der Schulwoche. Ist es sinnvoll, die Fahrzeit vom Samstag zur Berechnung des Mittelwerts hinzuzunehmen?

.... 4

5. a) Wandle in die gewünschte Darstellung um und trage die Werte in die Tabelle rechts ein.

b) Berechne.

(1) $\frac{1}{3}$ von 18 kg = ...

(2) 0,5 von 9 kg = ...

(3) 75 % von 12 kg = ...

vollständig gekürzter Bruch	Dezimalbruch	Prozentschreibweise
$\frac{1}{4}$		
	0,3	
		60 %

.... 6

.... 30

Gesamtpunktzahl

30 – 23,5 Punkte	23 – 15 Punkte	14,5 – 0 Punkte
☺	😐	☹

Beginn: .... Abgabe: ....

Klassenarbeit 6.2

Themen: Absolute und relative Häufigkeit, Kreis- und Säulendiagramm, Median und arithmetisches Mittel

1. Die Altersverteilung der Mitglieder eines Sportvereins ist in der folgenden Tabelle gegeben.

Altersgruppe	Bis 18 Jahre	19 bis 29 Jahre	30 bis 40 Jahre	Ab 41 Jahre
Absolute Häufigkeit	170	120	40	90
Relative Häufigkeit				
Mittelpunktswinkel				

a) Gib die relativen Häufigkeiten der Altersgruppen als Bruch an und trage sie in die Tabelle ein.

b) Stelle die Altersverteilung in einem Kreisdiagramm dar.
Berechne zuerst die Mittelpunktswinkel und trage sie in die Tabelle ein.

.... 10

2. Das Kreisdiagramm rechts gehört zu einer Befragung unter 2000 Studenten: „Warum arbeiten Studenten?"

a) Berechne, wie viele Studenten ungefähr geantwortet haben, dass Arbeiten „zwingend notwendig für den Lebensstandard" sei.

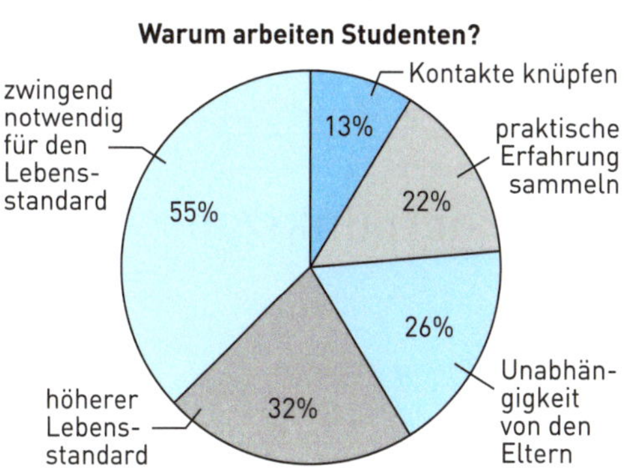

b) Frank meint: „Das Kreisdiagramm mit diesen Prozentzahlen sieht aber merkwürdig aus!"
Erkläre, was Frank meint und ob die Verwendung eines Kreisdiagramms hier sinnvoll ist.

....

....

....

.... 5

3. Der Englischlehrer der 6a schreibt als Ergebnisspiegel der letzten Klassenarbeit an die Tafel:

Note	sehr gut	gut	befriedigend	ausreichend	mangelhaft	ungenügend
Anzahl	2	5	8	7	2	3

a) Stelle die Ergebnisse in einem Kreisdiagramm dar.

b) Bestimme den Median und berechne das arithmetische Mittel.

....

....

c) Carla meint: „Der Notendurchschnitt ist ungenau, weil ‚plus' und ‚minus' bei den Arbeiten gar nicht berücksichtigt wird."
Leon ergänzt: „Man weiß auch gar nicht, wie viele Punkte man für welche Note erreichen musste."
Nimm Stellung zu diesen Aussagen.

....

....

....

d) Gib eine mögliche Notenverteilung für 25 Schülerinnen und Schüler an, sodass der Notendurchschnitt genau 2,8 ist. Außerdem hat keine(r) eine 1 geschrieben.

Note	1	2	3	4	5	6
Anzahl						

.... 17

.... 32

Gesamtpunktzahl

32 – 24,5 Punkte	24 – 16 Punkte	15,5 – 0 Punkte
☺	😐	☹

Beginn: .... Abgabe: ....

Klassenarbeit 6.3

Themen: Kreisdiagramm, Auswertung von Daten, Wirkung bildlicher Darstellungen, Median und arithmetisches Mittel

1. Das Kreisdiagramm gibt die Notenverteilung einer Klassenarbeit im Fach Mathematik wieder.
Gib jeweils an, ob die folgenden Aussagen wahr oder falsch sind und begründe.

(1) Mehr als ein Zehntel der Schülerinnen und Schüler haben eine sehr gute oder gute Note erreicht.

(2) Mehr als die Hälfte der Schülerinnen und Schüler haben nicht die Note befriedigend bekommen.

(3) Mehr als ein Drittel der Schülerinnen und Schüler erreichten die Note ausreichend.

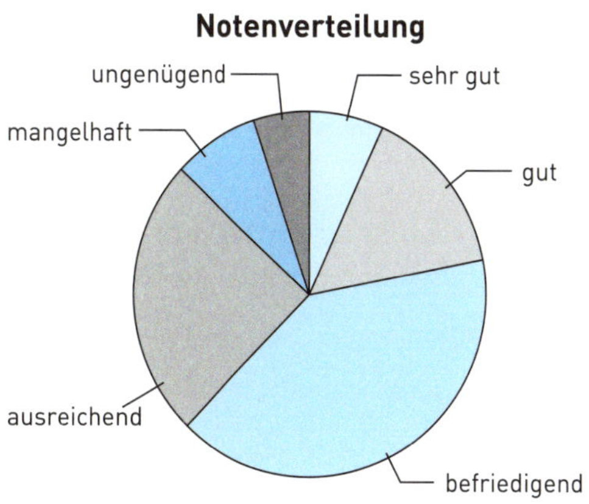

(1) ....

....

(2) ....

....

(3) ....

....

.... 6

2. Beurteile die Darstellung der Statistik: Hältst du die Darstellung für angemessen?
Wie würdest du selbst das Diagramm gestalten? (Du musst es nicht zeichnen!)

Erneuerbare Energien auf dem Vormarsch

Wie das statistische Bundesamt veröffentlichte, ist der Anteil erneuerbarer Energien von 1,6 % im Jahr 1993 über 3,8 % (2003) inzwischen auf 11,5 % (2013) angestiegen.

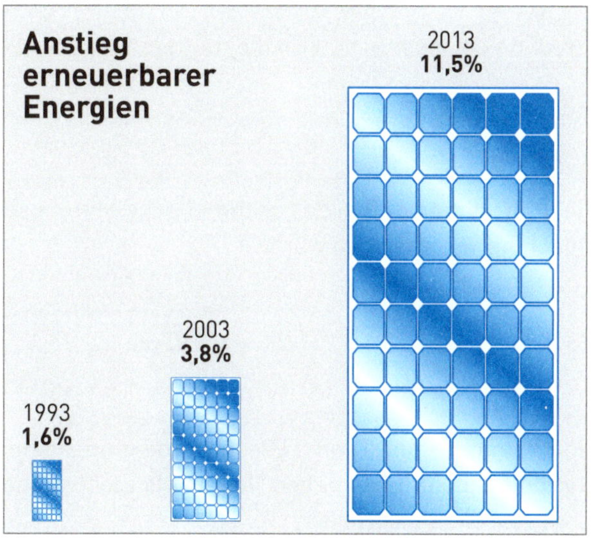

....

....

....

.... 4

3. Kreuze an, welche der folgenden Aussagen richtig oder falsch sind.

	Aussage	Richtig	Falsch
(1)	Die Summe der relativen Häufigkeiten ohne Mehrfachnennungen ergibt 1.		
(2)	Die Summe der relativen Häufigkeiten bei Mehrfachnennungen beträgt genau 100 %.		
(3)	Die Summe der absoluten Häufigkeiten beträgt immer 1.		
(4)	Der Median tritt immer auch als Wert in einer Stichprobe auf.		
(5)	Das arithmetische Mittel kann größer sein als der zweitgrößte Wert.		

.... 5

4. Bei einem Sportwettbewerb gab es fünf Durchgänge im Schlagballweitwurf.
Julia, Toni und Claudia erzielten dabei folgende Weiten:

Schülerin	1. Wurf	2. Wurf	3. Wurf	4. Wurf	5. Wurf
Julia	32 m	26 m	27 m	31 m	30 m
Toni	28 m	36 m	22 m	0 m (ungültig)	29 m
Claudia	25 m	27 m	28 m	34 m	33 m

a) Welches der Mädchen hat den weitesten Wurf geschafft?

....

b) Berechne bei jeder Schülerin die durchschnittliche Wurfweite mithilfe des arithmetischen Mittels.

c) Berechne bei jeder Schülerin die mittlere Wurfleistung mithilfe des Medians.

....

....

d) Wie groß wären bei Toni das arithmetische Mittel und der Median, wenn man den ungültigen Wurf einfach herausstreichen würde?

.... 15

5. Bei einer Umfrage zum Thema Essen wurde eine Stichprobe von Schülern des 6. Jahrgangs befragt. 36 Schüler und Schülerinnen gaben Nudeln als Lieblingsgericht an. Das waren $\frac{3}{8}$ der Befragten.
Wie groß war die Stichprobe?

.... 2

.... 32 **Gesamtpunktzahl**

32 – 24,5 Punkte	24 – 16 Punkte	15,5 – 0 Punkte
☺	😐	☹

7. Ganze Zahlen

Zum Aufwärmen: Verstehen und Üben

Einführung der ganzen Zahlen

Information

natürliche Zahlen: 0; 1; 2; 3; ...

Auf einem Zahlenstrahl kann man nur *natürliche Zahlen* darstellen.

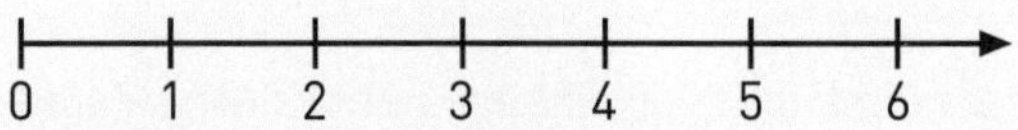

Ergänzt man den Zahlenstrahl links von der 0, so erhält man eine **Zahlengerade**.

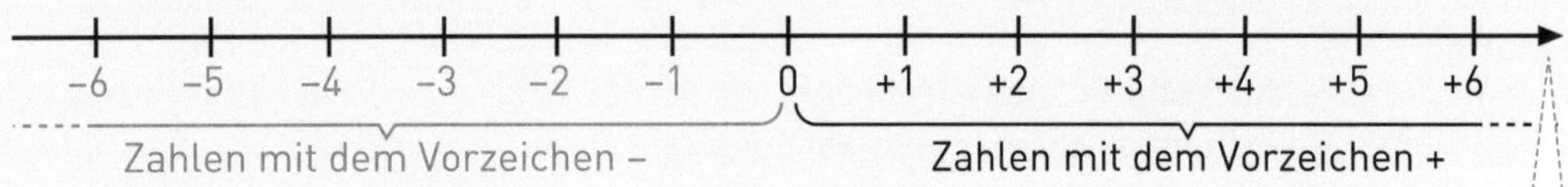

Nur eine Pfeilspitze in Richtung größerer Zahlen!

Links von der Null befinden sich die **negativen Zahlen**. Sie werden mit dem Vorzeichen − gekennzeichnet.

Rechts von der Null befinden sich die **positiven Zahlen**. Wenn keine Verwechslung möglich ist, lässt man das Pluszeichen bei positiven Zahlen weg und schreibt statt +5 einfach 5. Die Zahl 0 ist weder positiv noch negativ.

Die negativen und die positiven Zahlen und die Null sind zusammen die **ganzen Zahlen**.

Die Abbildung rechts zeigt:
Ergänzt man die natürlichen Zahlen um die negativen Zahlen, erhält man die ganzen Zahlen.

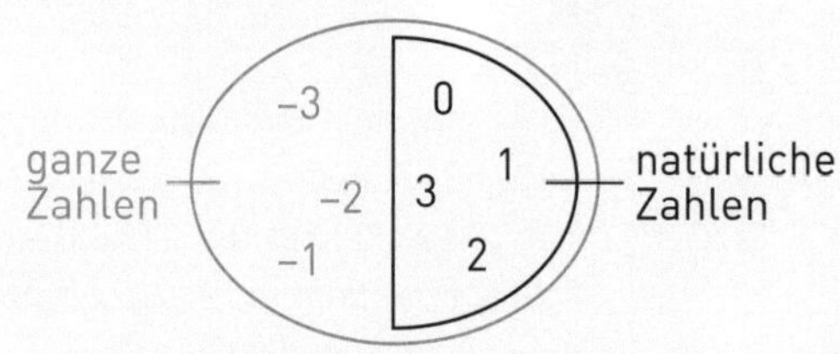

1. Notiere die auf der Zahlengeraden markierten Zahlen.

a)

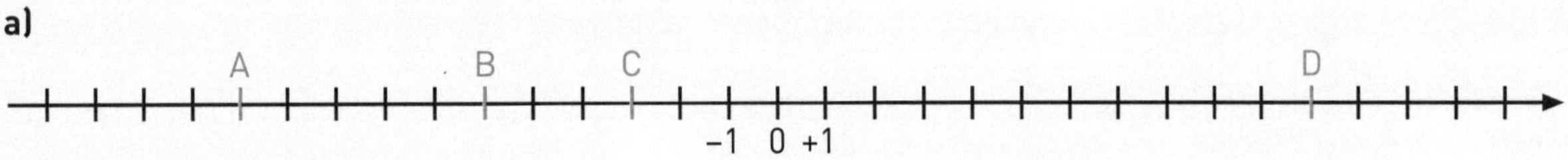

A = ... B = ... C = ... D = ...

b)

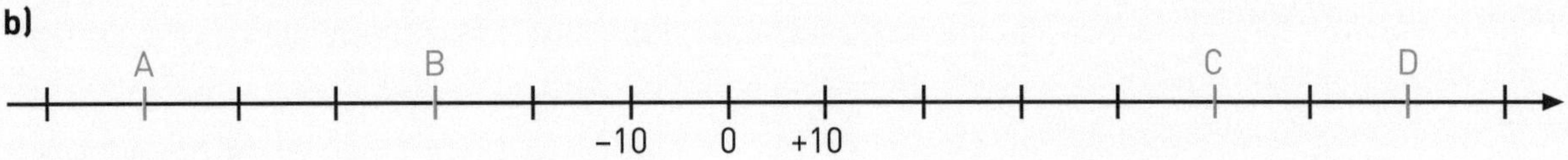

A = ... B = ... C = ... D = ...

c)

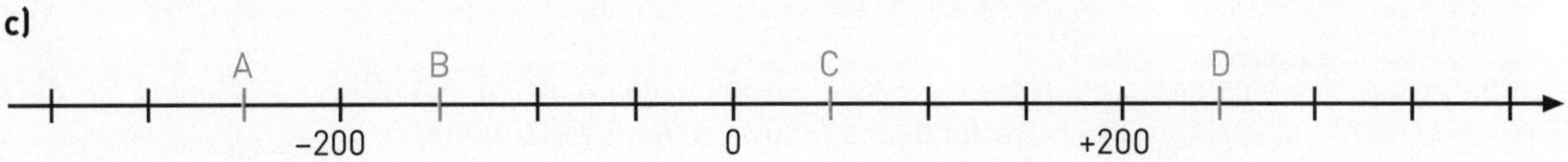

A = ... B = ... C = ... D = ...

2. Trage in die Lücke diejenige Zahl ein, die in der Mitte zwischen den beiden Zahlen liegt.

a) −3   +5   **b)** +7   −7   **c)** −10   +16   **d)** −12   −4

3. Gib alle ganzen Zahlen an, die zwischen den beiden Zahlen liegen.

a) −4 und +3: ....

b) −9 und −3: ....

c) −202 und −195: ....

Koordinatensystem

Bislang konnten wir nur Punkte mit positiven Zahlen als Koordinaten in ein Koordinatensystem eintragen. Möchte man Punkte mit Koordinaten, die ein negatives Vorzeichen haben, eintragen, muss man die Rechtsachse und die Hochachse wie den Zahlenstrahl nach links bzw. nach unten zu einer Zahlengeraden erweitern.

Information

Rechts siehst du ein vollständiges **Koordinatensystem**. Es besteht aus zwei Zahlengeraden, die sich orthogonal im Punkt O (0 | 0), dem **Ursprung** schneiden.

Die Koordinatenachsen zerlegen die Ebene in vier Bereiche, die sogenannten **Quadranten**. Jeder Punkt, der nicht auf einer der beiden Achsen liegt, gehört genau einem Quadranten an. Der Abbildung kannst du entnehmen, wie die Quadranten bezeichnet werden.

Beispiele:
A (1 | 3) liegt im 1. Quadranten.
B (− 3 | 2) liegt im 2. Quadranten.
C (− 4 | − 1) liegt im 3. Quadranten.
D (2 | − 3) liegt im 4. Quadranten.

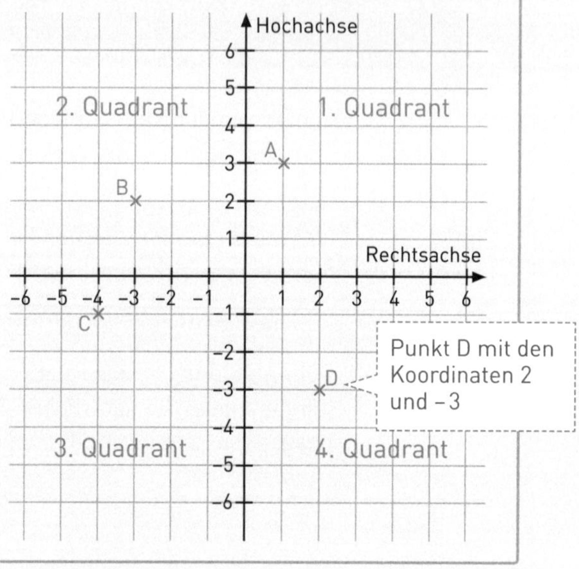

4. Im ersten Quadranten sind die Werte der 1. Koordinate (x-Koordinate) positiv und die Werte der 2. Koordinate (y-Koordinate) positiv.
Formuliere vergleichbare Beschreibungen für die anderen drei Quadranten.

Im zweiten Quadranten ....

....

Im dritten Quadranten ....

....

Im vierten Quadranten ....

....

5. Zeichne ein Koordinatensystem auf ein extra Blatt. Trage in das Koordinatensystem die Punkte A (−2 | 2), B (−2 | −4), C (3 | −4) und D (3 | 2) ein. Verbinde die Punkte zu dem Viereck ABCD.
Um welche Art von Viereck handelt es sich?

....

6. Bestimme die Koordinaten der eingezeichneten Punkte und gib an, in welchen Quadranten die Punkte liegen.

Punkt	Quadrant
A(|)	
B(|)	
C(|)	
D(|)	
E(|)	
F(|)	
G(|)	

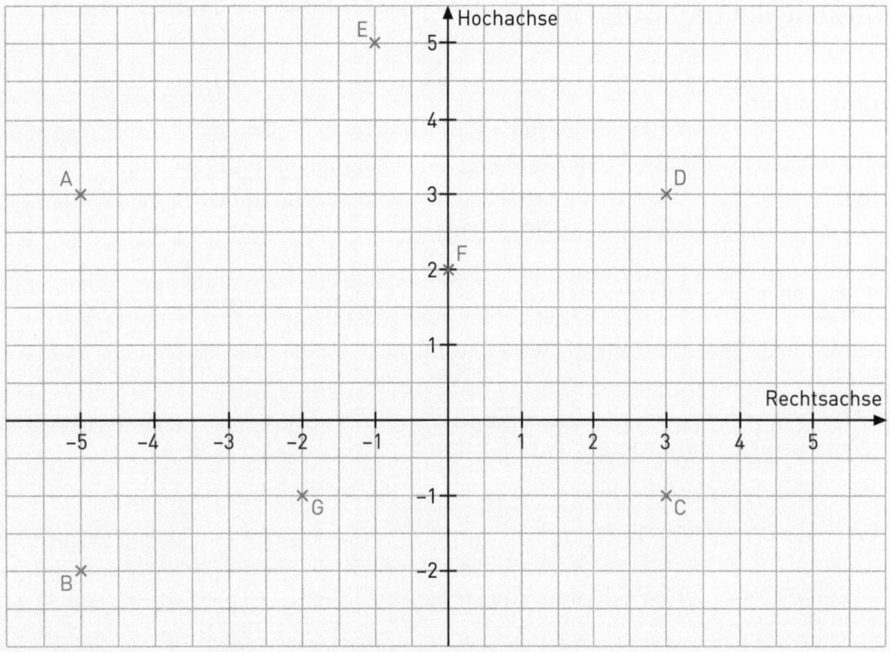

7. **a)** Zeichne das Fünfeck ABCDE mit A(1 | 1), B(5 | 1), C(5 | 4), D(3 | 5) und E(1 | 4) in das Koordinatensystem ein.

b) Zeichne ein zum Fünfeck ABCDE symmetrisch zur Hochachse liegendes Fünfeck $A_1B_1C_1D_1E_1$. Lies die Koordinaten seiner Eckpunkte ab.

A_1(|),

B_1(|),

C_1(|),

D_1(|),

E_1(|)

Was fällt dir auf?

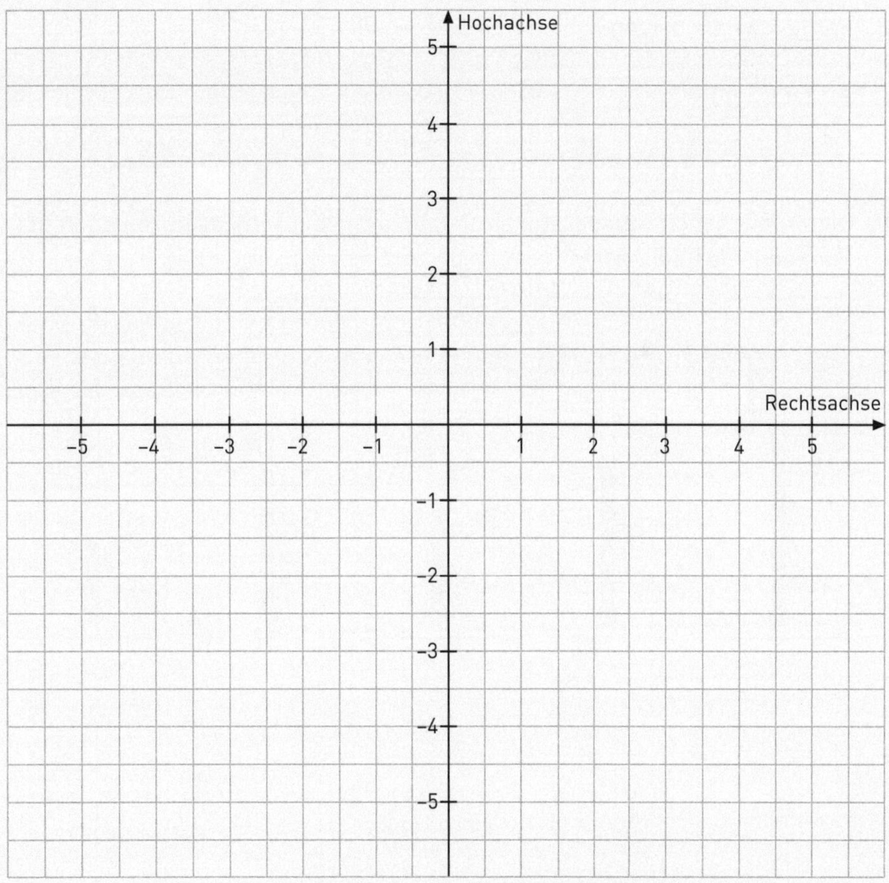

....

c) Ändere die Vorzeichen aller y-Koordinaten aus a). Trage die neuen Punkte A_2, B_2, C_2, D_2 und E_2 ein, verbinde sie und vergleiche mit dem ursprünglichen Fünfeck. Was fällt dir auf?

....

d) Ändere nun die Vorzeichen aller x-Koordinaten und y-Koordinaten aus a). Trage die neuen Punkte A_3, B_3, C_3, D_3 und E_3 ein, verbinde sie und vergleiche ebenfalls. Was fällt dir auf?

....

Vergleichen und Ordnen

Information

„ist kleiner als" bedeutet „ist niedriger als". Auf der Zahlengeraden bedeutet dies „liegt links von"

Will man beurteilen, welche von zwei Zahlen die größere bzw. die kleinere ist, muss man ihre Lage auf der Zahlengeraden zueinander untersuchen.
Die Pfeilspitze der Zahlengeraden zeigt immer in die positive Richtung, also in die Richtung größer werdender Zahlen.

Entscheidend ist die Reihenfolge der Zahlen auf der Zahlengeraden.
Es gilt: Die Zahl, die weiter links liegt, ist die kleinere von zwei Zahlen.
Die Zahl, die weiter rechts liegt, ist die größere Zahl der beiden Zahlen.

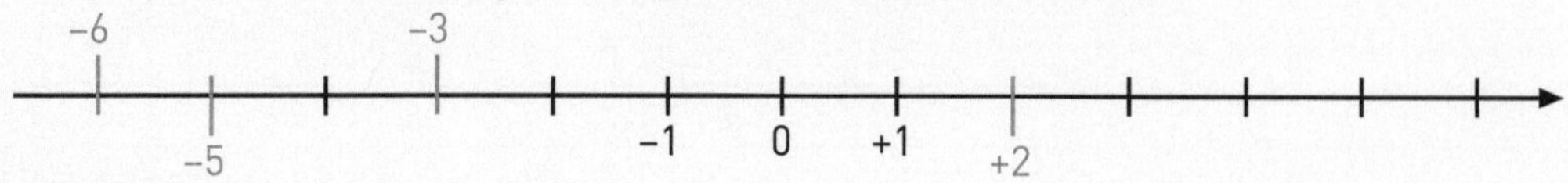

Beispiele:
– 6 < – 3, weil – 6 links von – 3 liegt.
+ 2 > – 5, weil + 2 rechts von – 5 liegt.

8. Vergleiche die beiden Zahlen und setze < oder > ein.

a) +4 □ –4   0 □ –1

b) –3 □ 0   –3 □ –5

c) –20 □ 14   –650 □ –560

d) –200 □ –2000   70 □ –80

9. Lies zunächst die Temperaturen ab und ordne die Temperaturen dann der Größe nach. Verwende das Zeichen <.

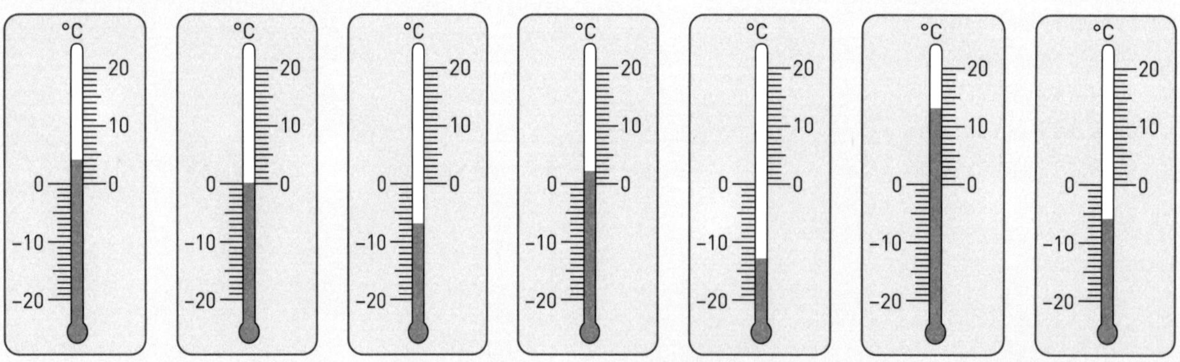

....

10. Ordne die ganzen Zahlen. Verwende dabei das Zeichen <.

a) –2, +1, +7, –5

b) +45, –54, –45, +54

c) –15, –10, –25, 0, –30

11. Ordne die ganzen Zahlen. Verwende das Zeichen >.

a) +8; +3; −18; −9; +5; −12; +12; −1

b) −170; −190; +280; +460; −110; −210; +80; +420

Beschreiben von Zustandsänderungen

Information

Das negative und positive Vorzeichen kann nicht nur als Beschreibung eines *Zustands* gedeutet werden, sondern auch als **Zustandsänderung**.
Eine Zustandsänderung beschreibt z. B. das Steigen oder Fallen eines Wertes von einem Zustand zu einem anderen.
Das Vorzeichen + bedeutet dabei den Übergang zu einem höheren Zustand (Steigen), das Vorzeichen − dagegen den Übergang zu einem niedrigeren Zustand (Fallen).

Beispiele:
(1) „Die Temperatur ist von −8 °C auf −3 °C gestiegen."
Die Zustandsänderung beträgt +5 °C.

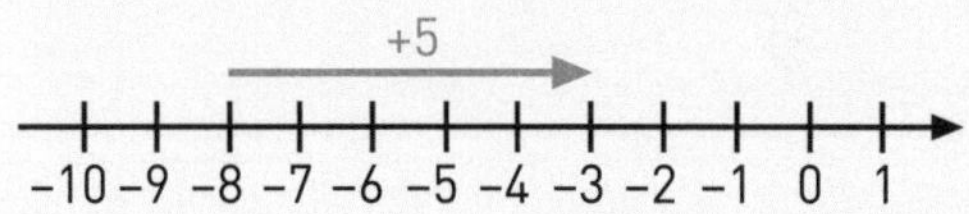

(2) „Der Kontostand ist von 500 € auf 100 € gefallen."
Die Zustandsänderung beträgt −400 €.

12. Lies die Temperaturen ab und fülle die Lücken aus.

a)

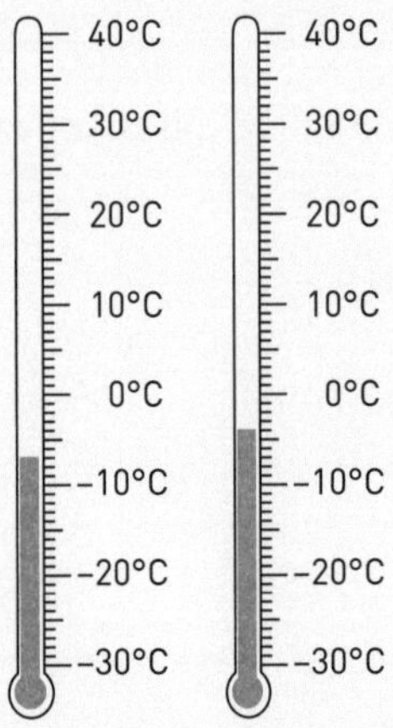

Morgens früh betrug die Temperatur ....;
um 15:00 Uhr betrug sie
....
Sie ist um ....
....
Änderung: ....

b)

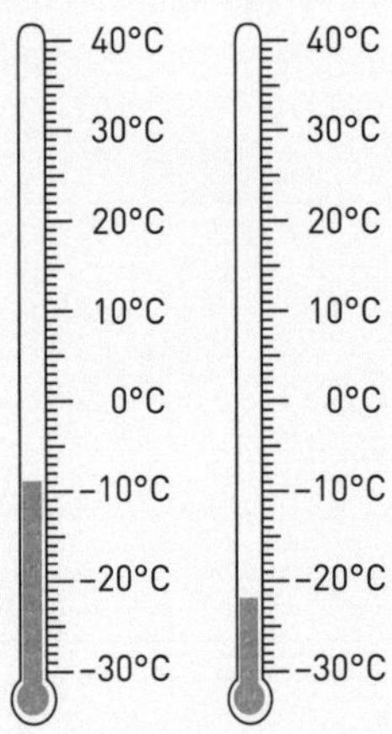

Gegen Mittag betrug die Temperatur ....;
am Abend betrug sie
....
Sie ist um ....
....
Änderung: ....

c)

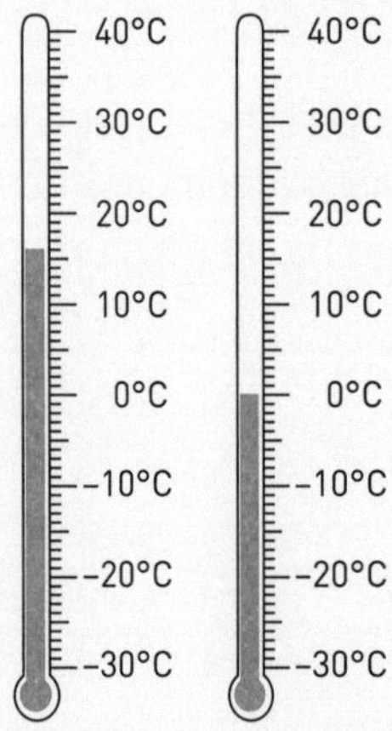

Um 15:00 Uhr betrug die Temperatur ....;
nachts betrug sie
....
Sie ist um ....
....
Änderung: ....

d)

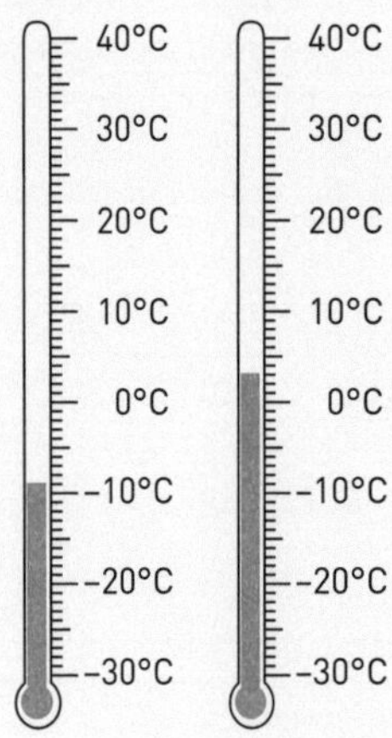

Nachts betrug die Temperatur ....;
einige Stunden später betrug sie ....;
Sie ist um ....
....
Änderung: ....

13. Fülle die Tabelle aus.

	Sachsituation	alter Zustand	neuer Zustand	Zustandsänderung
a)	Durch eine Gutschrift wurden 300 € auf ein Konto gebucht. Der Kontostand beträgt nun 200 €.			
b)	Morgens betrug die Temperatur −4 °C. Einige Stunden später betrug sie 3 °C.			
c)	Der Aufzug hat sich vom 7. Obergeschoss 9 Etagen nach unten bewegt.			
d)	Ein Tauchroboter steigt aus einer Tiefe von 83 m um 8 m nach oben.			

14. Ein Aufzug in einem Hochhaus mit vier Untergeschossen fährt aufwärts und abwärts. Berechne jeweils das fehlende Stockwerk bzw. die fehlende Anzahl von Stockwerken.

Stockwerk beim Start	Stockwerke abwärts	Stockwerke aufwärts	Stockwerk beim Stopp
4	1	3	
−2	2	6	
8	12	2	
1		1	−2
	7	4	5
3	4		8

15. In dem Schema ist jeweils eine Zustandsänderung dargestellt. Fülle die Lücken aus und gib zu jedem Beispiel eine passende Sachsituation an.

a) $-600 \xrightarrow{+850}$ ____

Sachsituation:

....

b) ____ $\xrightarrow{-8} -8$

Sachsituation:

....

c) $+5 \xrightarrow{\quad}$ ____ -2

Sachsituation:

....

Addition ganzer Zahlen

Information

Beim Rechnen mit ganzen Zahlen ist es wichtig zwischen *Vorzeichen* und *Rechenzeichen* zu unterscheiden. Ein Vorzeichen wie bei der Zahl (+ 3) beschreibt, ob eine Zahl positiv oder negativ ist. Es ist untrennbar von der Zahl, zu der es gehört, und beschreibt eine Eigenschaft der Zahl. Wenn man zwei Zahlen addieren möchte, kommt das + noch einmal zum Einsatz, und zwar diesmal als Rechenzeichen. Das Rechenzeichen sagt aus, was man mit der Zahl tun soll.

Bei einer **Addition**, d. h. bei einem + als Rechenzeichen, muss man auf der Zahlengeraden in die Richtung, die das Vorzeichen des zweiten Summanden angibt, wandern.
Bei einem − als Vorzeichen geht man nach links, bei einem + nach rechts.

Beispiele:

+ (− 5) heißt 5 Schritte nach links

(1) (+ 3) + (− 5) = (− 2)

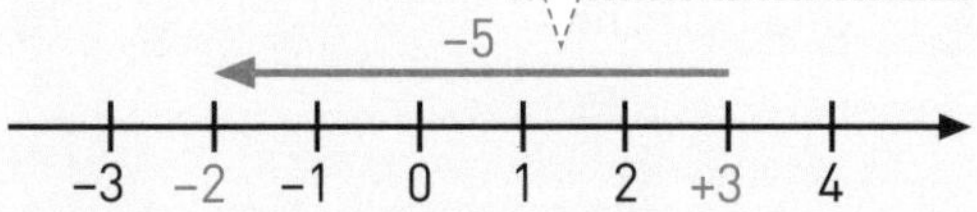

Da die zweite Zahl hier negativ ist, musst du also nach links gehen. Auf der Zahlengeraden gehst du von (+ 3) aus fünf Schritte nach links und kommst bei (− 2) an.

(2) (− 2) + (+ 6) = (+ 4)

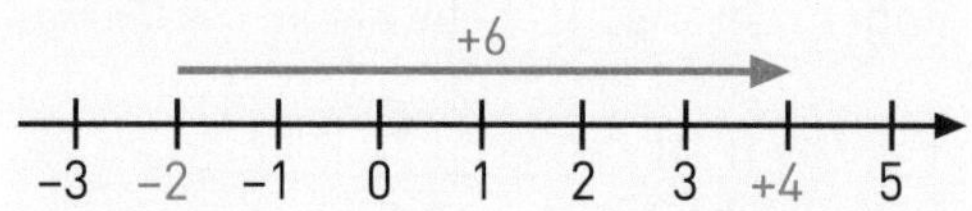

Da die zweite Zahl hier positiv ist, musst du also nach rechts gehen. Auf der Zahlengeraden gehst du von (− 2) aus sechs Schritte nach rechts und kommst bei (+ 4) an.

16. Veranschauliche die Addition an der Zahlengeraden wie in den Beispielen im Infokasten und berechne.

a) (− 6) + (+ 11) = ...

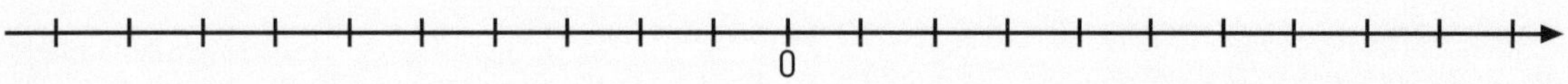

b) (− 8) + (+ 5) = ...

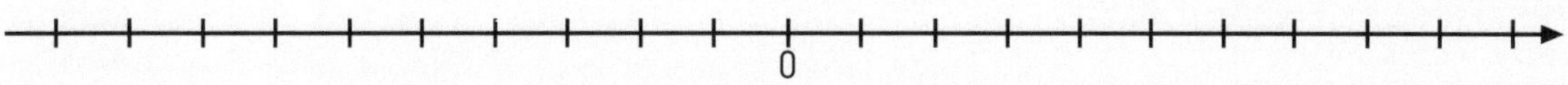

c) (− 2) + (− 7) = ...

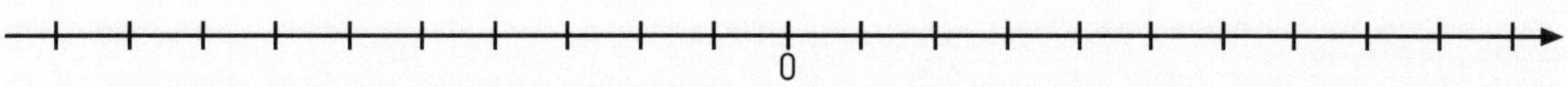

Die Addition ganzer Zahlen kann man auch als *Zusammenfassung zweier Zustandsänderungen* auffassen. Dabei muss man beachten, ob die beiden Zustandsänderungen (d. h. die beiden Summanden) das gleiche oder unterschiedliche Vorzeichen haben.

Information

(1) Sind die Vorzeichen der beiden Summanden gleich, entspricht das Vorzeichen des Ergebnisses dem Vorzeichen der beiden Zustandsänderungen, d. h. das Vorzeichen bleibt erhalten:

Die Summe zweier positiver Zahlen ist positiv, die Summe zweier negativer Zahlen ist negativ.

(+ 2) + (+ 3) = (+ 5) und (− 3) + (− 4) = (− 7)

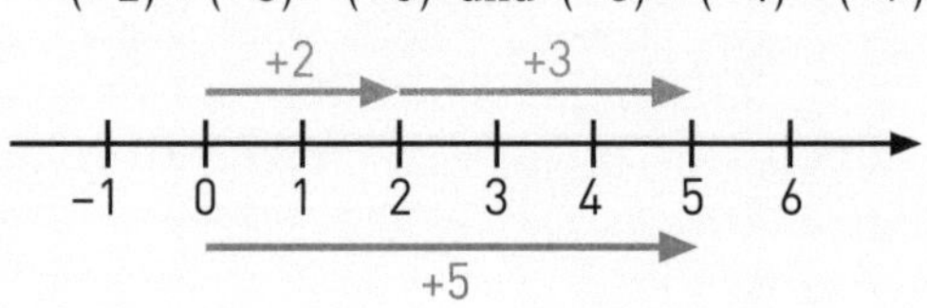

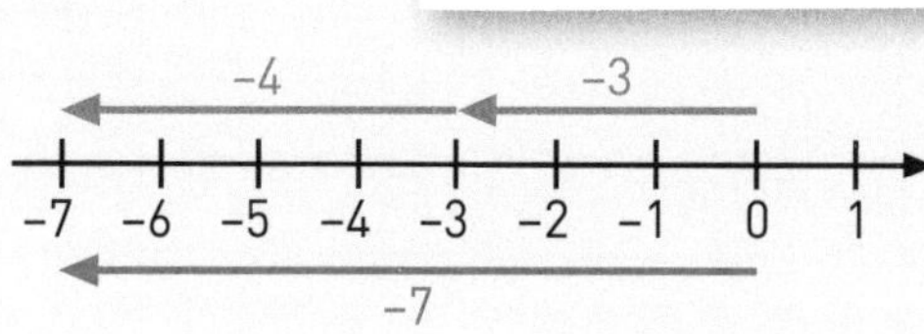

Information

(2) Sind die Vorzeichen der beiden Summanden unterschiedlich, so kommt es darauf an, ob die positive oder die negative Zahl für die Zustandsänderung überwiegt.
Die Summe ist positiv, wenn die positive Zahl für die Zustandsänderung überwiegt.
Sie ist negativ, wenn die negative Zahl für die Zustandsänderung überwiegt.
(− 4) + (+ 6) = (+ 2) und (− 7) + (+ 5) = (− 2)

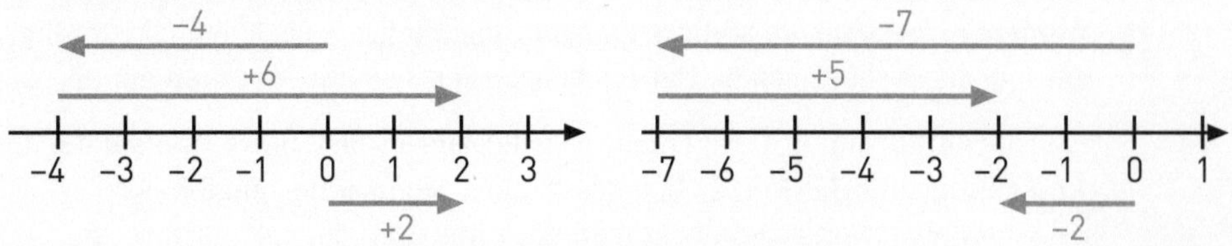

17. Deute die Aufgaben wie in den Beispielen der Information als Zusammenfassung zweier Zustandsänderungen. Veranschauliche sie an der Zahlengeraden und berechne.

a) (− 6) + (+ 11) = ...

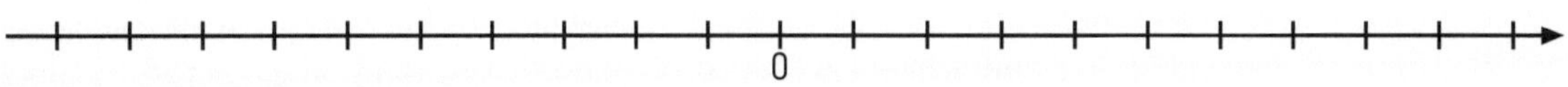

b) (− 8) + (+ 5) = ...

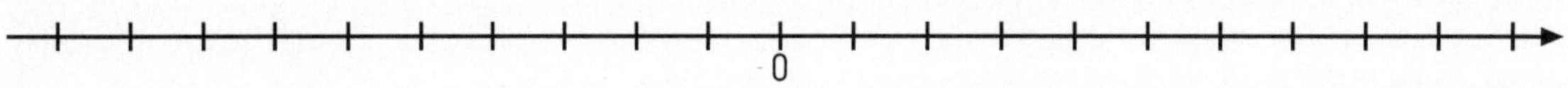

c) (− 2) + (− 7) = ...

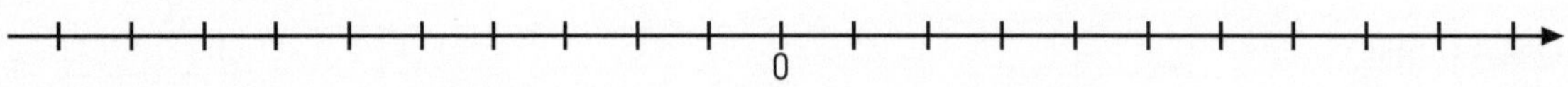

18. Berechne im Kopf.

a) (+ 23) + (+ 17) = ...	**b)** (− 39) + (+ 14) = ...	**c)** (− 19) + (+ 30) = ...
(+ 23) + (− 17) = ...	(− 8) + (− 11) = ...	(+ 21) + (− 12) = ...
(− 23) + (+ 17) = ...	(− 26) + (+ 17) = ...	(+ 21) + (− 21) = ...
(− 23) + (− 17) = ...	(− 44) + (− 44) = ...	0 + (− 55) = ...

19. Der Pegel eines Flusses fiel um 35 cm, dann stieg er um 60 cm. Danach fiel er noch einmal um 20 cm.

a) Wie hat sich der Pegel insgesamt geändert?

b) Wieso kann man den Pegel am Ende nicht angeben?

20. Vervollständige die Rechnungen.

a) (−2) + ___ = (+6)

___ + (−7) = (−25)

(+21) + (−9) = ___

b) (−6) + (−13) = ___

(+31) + ___ = (+3)

___ + (+5) = (−10)

c) ___ + (−3) = (−63)

(−7) + (+11) = ___

(+8) + ___ = (−16)

21. Vervollständige die Zahlenmauern. Der obere Stein ergibt sich aus der Addition der beiden unteren Steine.

a) ⊕

−3 +2 −5

b) ⊕

+1

−7 −9

c) ⊕

+1 −8

−3

d) ⊕

−10

+50

−10

Multiplikation ganzer Zahlen

Information

Die **Multiplikation** einer ganzen Zahl a *mit einer positiven ganzen Zahl b* lässt sich anschaulich deuten als *Strecken* des zu a gehörigen Pfeils mit der Zahl b.

Beispiele: (1) (+4)·(+2) = (+8)

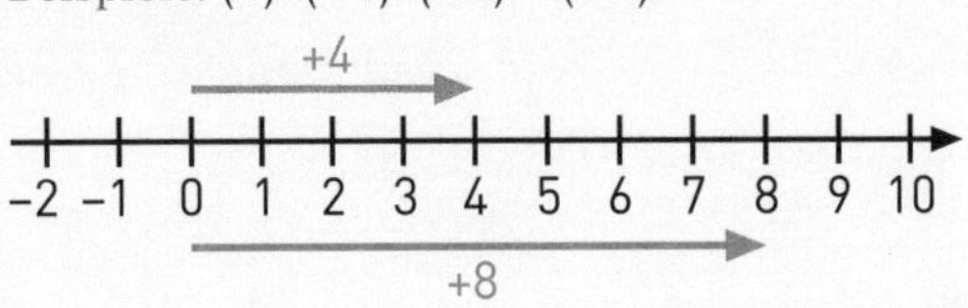

(2) (−4)·(+2) = (−8)

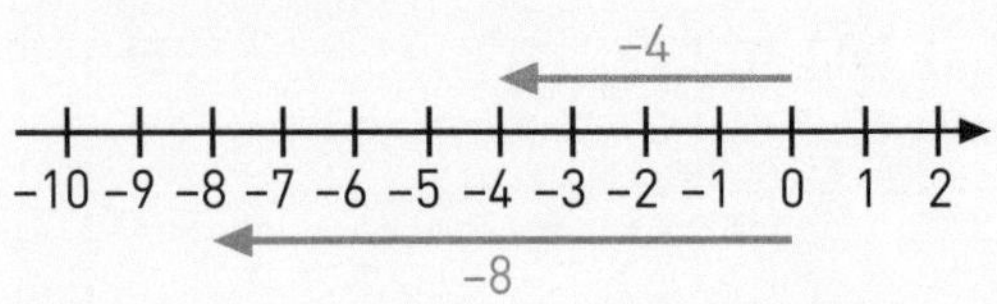

Wird eine ganze Zahl a *mit einer negativen ganzen Zahl c* multipliziert, so entspricht das einem *Strecken* des zugehörigen Pfeils mit *Richtungsumkehr.*

Beispiele: (1) (+4)·(−2) = (−8)

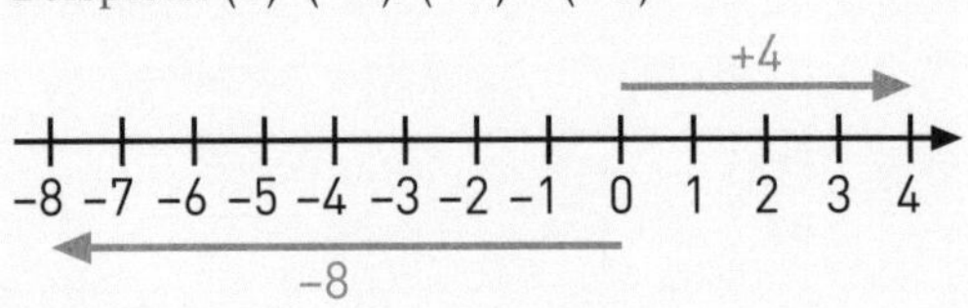

(2) (−4)·(−2) = (+8)

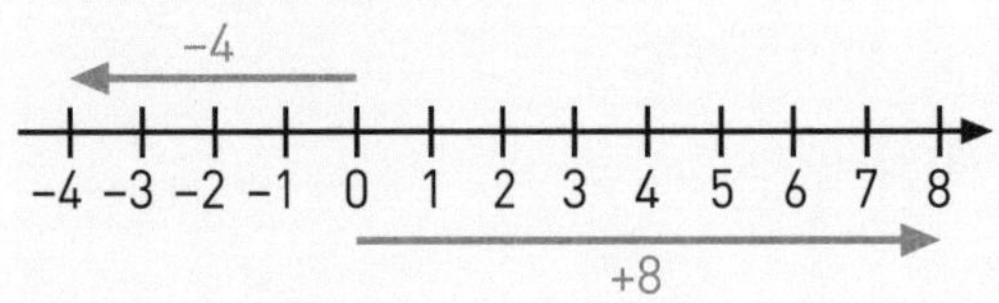

Information

Beim Multiplizieren sind die folgenden **Regeln** zu beachten:

Sind die Vorzeichen der beiden Faktoren gleich, erhält man ein + als Vorzeichen des Ergebnisses:
(+3)·(+4) = (+12) und (−2)·(−3) = (+6)

Sind die Vorzeichen der Faktoren unterschiedlich, so hat das Ergebnis ein − als Vorzeichen:
(−3)·(+4) = (−12) und (+5)·(−3) = (−15)

plus mal plus ergibt plus
minus mal minus ergibt plus
plus mal minus ergibt minus
minus mal plus ergibt minus

22. Deute die folgenden Aufgaben mit Pfeilen an der Zahlengeraden und berechne.

a) (+3) · (+4) = ...

b) (−3) · (+4) = ...

c) (+3) · (−4) = ...

d) (−3) · (−4) = ...

23. Berechne im Kopf.

a) (+5) · (+7) = ...

(−5) · (+7) = ...

(−7) · (−5) = ...

(−7) · (+5) = ...

b) (−12) · (−10) = ...

(+11) · (−12) = ...

(−7) · (+8) · (−1) = ...

(−7) · (−8) · (−1) = ...

c) (−6) · .... = (+6)

(+6) · .... = (−66)

(−6) · .... = (+90)

(+6) · .... = (+48)

24. Vervollständige die Zahlenmauern. Der obere Stein ergibt sich immer aus der Multiplikation der beiden unteren Steine.

a) ⊙

−3 +2 −1

b) ⊙

−9

+3 +2

c) ⊙

−4 +2

−2

d) ⊙

+32

+8

−2

Beginn: .... Ende: ....

Klassenarbeit 7.1

Themen: Zahlengerade, Ordnen, Koordinatensystem, Addition, Multiplikation, Symmetrie, Achsenspiegelung (Wdh.)

1. a) Ordne folgende Zahlen nach ihrer Größe. Beginne mit der kleinsten Zahl. 11; −13; −5 ; −11; 7; 0; −1

....

b) Zeichne eine Zahlengerade und trage die Zahlen ein. Achte auf eine günstige Einteilung.
−35, 45, −40, 0, 15, −30, 10, 20

.... 7

2. Gib an, welche Zahl auf der Zahlengeraden in der Mitte zwischen den beiden angegebenen Zahlen liegt.

a) −7 und 15: .... **b)** −28 und −4: .... **c)** −33 und 11: ....

.... 3

3. a) Berechne.
(1) (−3) + (−7) = ... (2) (+3) + (−7) = ... (3) (−3) + (+7) = ... (4) (+3) + (+7) = ...

b) Kreuze an, zu welcher Rechnung der folgende Text passt:
„Marvin befindet sich im 3. Stock. Er fährt mit dem Fahrstuhl 7 Stockwerke abwärts."
(1) ☐ (2) ☐ (3) ☐ (4) ☐

c) Formuliere für die übrigen Aufgaben ähnliche Texte. Trage in die Klammern zunächst die Aufgabennummer ein.

(.......) ....

....

(.......) ....

....

(.......) ....

....

.... 6

4. Berechne jeweils die heutige Temperatur.

a) Gestern waren es −10 °C, heute ist es 5 °C wärmer.

b) Gestern waren es −4 °C, heute ist es 10 °C wärmer.

c) Vor genau einer Woche waren es −5 °C, seither ist es jeden Tag 1 °C wärmer geworden.

d) Gestern waren es 5 °C, heute ist es 8 °C kälter.

.... 4

5. Vervollständige die Zahlenmauern. Der obere Stein ergibt sich aus der Multiplikation der beiden unteren Steine.

a) ⊙

+4	−5	−2

b) ⊙

+8		
−2		−6

.... 3

6. a) Zeichne das Dreieck ABC mit A(1|1), B(5|2) und C(2|5) in das vollständige Koordinatensystem ein.

b) Zeichne das Dreieck A′B′C′, das punktsymmetrisch zum Dreieck ABC ist. Der Ursprung des Koordinatensystems soll dabei das Symmetriezentrum sein.

c) Lies die Koordinaten der Eckpunkte des neuen Dreiecks ab und gib an, in welchem Quadranten sich das Dreieck A′B′C′ befindet.

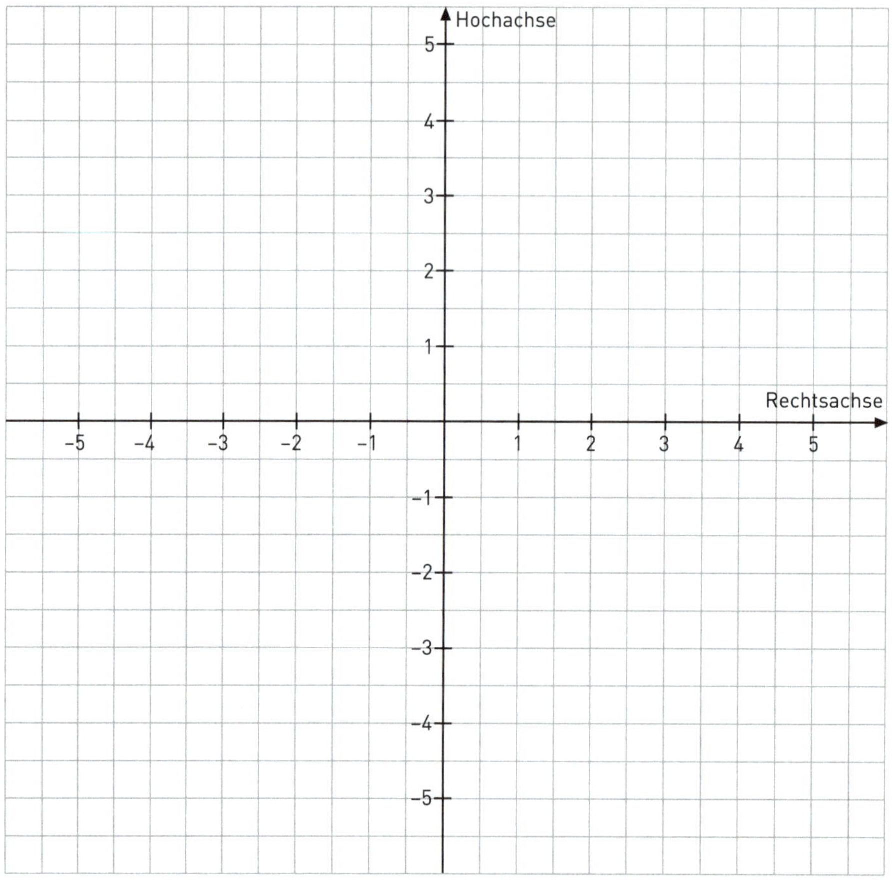

Das Dreieck mit den Punkten A′(|), B′(|), C′(|) befindet sich im .... Quadranten.

d) An welcher Koordinatenachse muss das Dreieck ABC gespiegelt werden, damit sich das Vorzeichen aller y-Koordinaten ändert?

....

.... 9

.... 32

Gesamtpunktzahl

32 – 24,5 Punkte	24 – 16 Punkte	15,5 – 0 Punkte
☺	😐	☹

Beginn: .... Ende: ....

Klassenarbeit 7.2

Themen: Zahlengerade, Ordnen von ganzen Zahlen, Rechnen mit ganzen Zahlen, Koordinatensystem, Berechnungen an Vielecken (Wdh.)

1. Zeichne eine Zahlengerade und trage die folgenden Zahlen ein. Achte auf einen geeigneten Maßstab.
−2000; +1500; −4500; −6000; +2500; +4000

.... 3

2. Vergleiche die beiden Zahlen und setze < oder > ein.

a) +4 ☐ 0
0 ☐ −1

b) +2 ☐ −3
−5 ☐ −1

c) −30 ☐ −40
−9 ☐ −6

d) −100 ☐ +10
−70 ☐ −80

.... 4

3. Berechne.

a) (−32) + (−18) = ...
(−21) + (+16) = ...

b) (−3) · (+17) = ...
(−7) · (−9) = ...

c) (+6) · (−12) = ...
(+6) + (−12) = ...

.... 3

4. Entscheide, ob folgende Aussagen richtig oder falsch sind.
Widerlege die falschen Aussagen durch ein Gegenbeispiel.

	Aussage	richtig oder falsch?	Gegenbeispiel
a)	„Die Summe aus einer negativen und einer positiven Zahl ist immer negativ"		
b)	„Das Produkt aus zwei negativen Zahlen hat dasselbe Vorzeichen wie das Produkt aus zwei positiven Zahlen"		
c)	„Addiert man zu einer natürlichen Zahl eine ganze Zahl, so ist das Ergebnis immer größer als die natürliche Zahl."		
d)	„Zu jeder ganzen Zahl findet man eine weitere ganze Zahl, die auf der Zahlengeraden genauso weit von der Null entfernt ist."		

.... 4

5. Herr Sorglos hebt von seinem Konto 85 € ab und überzieht damit sein Konto um 26 €, d. h. sein Konto hat nach der Abhebung einen Kontostand von −26 €.
Wie hoch war der Kontostand vorher? Schreibe zunächst als Aufgabe mit Platzhalter.

.... 2

6. Nach starken Regenfällen stieg das Wasser in einem Fluss 3 Stunden lang jeweils 10 cm pro Stunde. Dann stieg es noch 4 Stunden lang mit 3 cm pro Stunde. 2 Stunden blieb das Wasser auf dem Höchststand und fiel dann 8 Stunden lang jeweils um 4 cm pro Stunde.
Berechne, um wie viel sich der Wasserstand in dem beobachteten Zeitraum insgesamt verändert hat.

……… 3

7. a) Zeichne das Dreieck ABC mit A(−6 | −3), B(1 | −3) und C(4 | 2) in das Koordinatensystem ein.

b) Ergänze das Dreieck ABC zu einem Parallelogramm, indem du einen Punkt D angibst, der im 2. Quadranten liegt.

D(|)

c) Berechne den Flächeninhalt des Dreiecks ABC und des Parallelogramms ABCD.

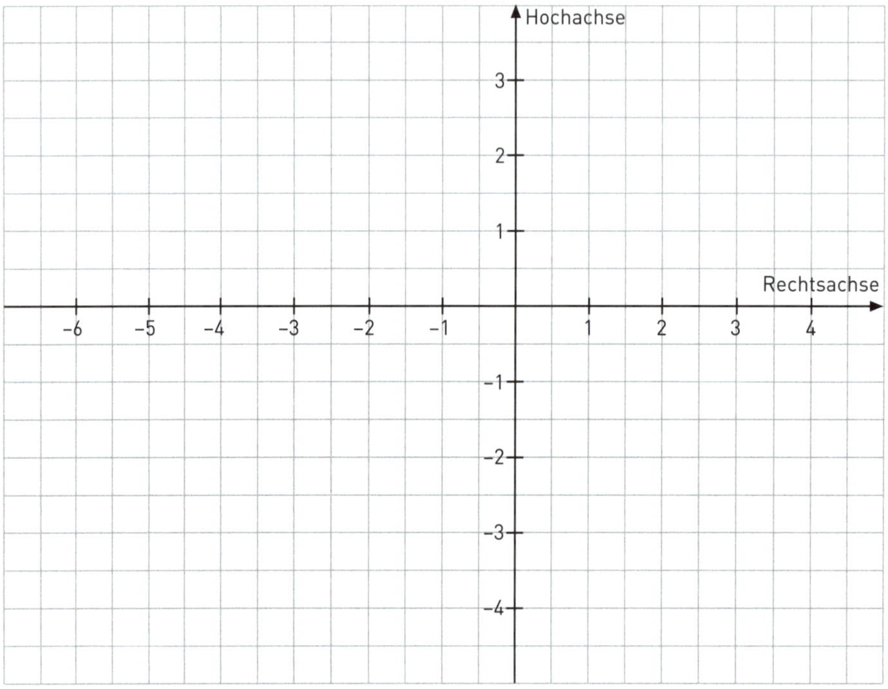

……… 6

……… 25 **Gesamtpunktzahl**

25 – 19 Punkte	18,5 – 12,5 Punkte	12 – 0 Punkte
☺	😐	☹

Beginn: .... Ende: ....

Klassenarbeit 7.3

Themen: Zahlengerade, Ordnen von ganzen Zahlen, Addieren und Multiplizieren von ganzen Zahlen

1. a) Lies die blau markierten Zahlen von der Zahlengeraden ab.

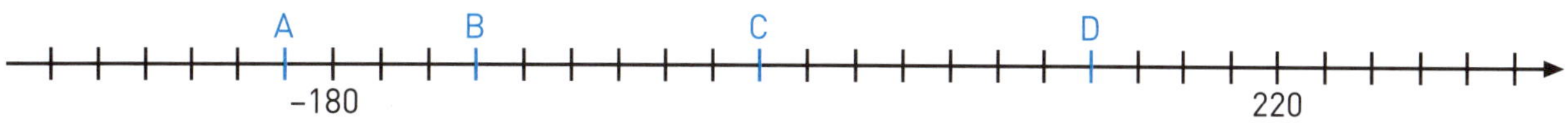

A = ... B = ... C = ... D = ...

b) Zeichne eine Zahlengerade, auf der du die folgenden Zahlen genau eintragen kannst: −24; 30; 0; −6. Trage die Zahlen dann ein.

.... 4

2. a) Ordne die Zahlen der Größe nach: 24; −4; 32; −16; 12; −32

.... < .... < .... < .... < .... < ....

b) Bestimme die Zahl, die in der Mitte zwischen den Zahlen −12 und 8 liegt:

....

.... 4

3. Berechne geschickt.

a) (−7) + (−6) + (+11) + (−9) + (−5) = ...

b) (−11) + (+25) + (+11) + (−25) = ...

c) (−1) · (+6) · (+2) · (+3) = ...

d) (−2) · (+2) · (+2) · (+2) · (−2) = ...

.... 4

4. Welche der folgenden Aussagen sind wahr? Kreuze die richtigen Aussagen an.

- ☐ (1) Das Produkt zweier negativer Zahlen ist immer positiv.
- ☐ (2) Die Summe zweier negativer Zahlen ist immer positiv.
- ☐ (3) −8 ist eine natürliche Zahl.
- ☐ (4) −8 ist eine ganze Zahl.
- ☐ (5) Wenn genau ein Faktor negativ ist und alle anderen Faktoren positiv sind, dann ist das Produkt negativ.
- ☐ (6) −12 > −21
- ☐ (7) Die Summe einer negativen Zahl und einer positiven Zahl ist immer positiv.
- ☐ (8) −65 ist größer als 56.

.... 4

5. Setze < oder = oder > ein.

a) (−33) + (+1) ☐ −34

(+43) + (−1) ☐ −44

b) (+3) · (−9) ☐ (+9) · (−3)

(−5) · (+8) ☐ (−4) · (+8)

c) (−123) ☐ (−123) + (−1)

(−123) ☐ (−123) · (−1)

.... 3

6. Die Tabellen enthalten die Höhe einiger Berge und die Tiefe einiger Tiefseegräben.

Berg	Groß-glockner	Mauna Kea	K2
Höhe	3798 m	4095 m	8611 m

Tiefsee-graben	Kaiman-graben	Kurilen-graben	Tonga-graben
größte Tiefe	7680 m	10542 m	10882 m

a) Runde die Angaben für Berge und Tiefseegräben auf Hunderter und trage sie auf einer gemeinsamen Skala ein.

b) Zwischen welchem Berg und welchem Tiefseegraben ist der Höhenunterschied am größten?

....

c) Berechne den Höhenunterschied zwischen dem Großglockner und dem K2.

d) Berechne den Höhenunterschied zwischen dem Großglockner und dem Kurilengraben.

.... 6

.... 4

7. Vervollständige die Rechnungen.

a) (−7) + ☐ = 0 **b)** ☐ + (−16) = (−30) **c)** ☐ + (−11) = (+3) **d)** (+12) + ☐ = (−4)

.... 29

Gesamtpunktzahl

29 – 22 Punkte	21,5 – 14,5 Punkte	14 – 0 Punkte
☺	😐	☹

Lösungen

1. Gebrochene Zahlen

Zum Aufwärmen – Verstehen und Üben

Mischungs- und Teilverhältnisse

Seite 11

1. Drei Teile ergeben insgesamt 60 g des Zimt-Zucker-Gemisches. Ein Teil entspricht 20 g, also sind es 20 g Zimt und 40 g Zucker.

2. Die 300 Kamele werden im Verhältnis 7 : 3 aufgeteilt, also in 10 Teile. Ein Teil entspricht 30 Kamelen. Ein Sohn erhält $7 \cdot 30 = 210$ Kamele, der andere $3 \cdot 30 = 90$ Kamele.

3. Nina mischt 1 Teil Sirup mit 7 Teilen Wasser. Das sind insgesamt 8 Teile, also besteht das Getränk zu $\frac{1}{8}$ aus Sirup und $\frac{7}{8}$ aus Wasser.

a) Sirup: $1\ell \cdot \frac{1}{8} = \frac{1}{8}\ell = 125\,\text{m}\ell$

Wasser: $1\ell \cdot \frac{7}{8} = \frac{7}{8}\ell = 875\,\text{m}\ell$

b) Sirup: $5\ell \cdot \frac{1}{8} = \frac{5}{8}\ell = 625\,\text{m}\ell$

Wasser: $5\ell \cdot \frac{7}{8} = \frac{35}{8}\ell = 4\frac{3}{8}\ell = 4375\,\text{m}\ell$

c) Sirup: $10\ell \cdot \frac{1}{8} = \frac{10}{8}\ell = \frac{5}{4}\ell = 1\frac{1}{4}\ell = 1250\,\text{m}\ell$

Wasser: $10\ell \cdot \frac{7}{8} = \frac{10 \cdot 7}{8}\ell = \frac{35}{4}\ell = 8\frac{3}{4}\ell = 8750\,\text{m}\ell$

Ordnen von gebrochenen Zahlen – Gebrochene Zahlen auf dem Zahlenstrahl

Seite 12

4. a)

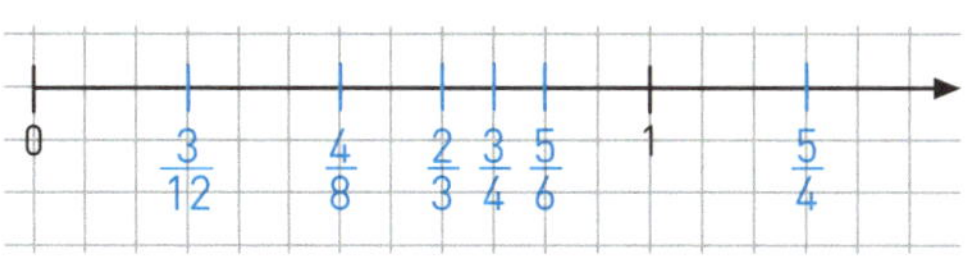

b) $\frac{3}{12} < \frac{4}{8} < \frac{2}{3} < \frac{3}{4} < \frac{5}{6} < \frac{5}{4}$

5. a) $\frac{2}{5} < \frac{4}{5}$; $\frac{2}{7} > \frac{3}{14}$; $\frac{9}{30} = \frac{3}{10}$

b) $\frac{2}{3} > \frac{2}{5}$; $\frac{3}{7} > \frac{3}{9}$; $\frac{11}{9} < \frac{11}{8}$

$\frac{3}{7}$ ist größer als $\frac{3}{9}$, weil Neuntel kleinere Stücke sind.

Wenn zwei Brüche den gleichen Zähler haben, ist der Bruch mit dem kleineren Nenner der größere der beiden.

Seite 13

6. (1) $\frac{5}{9} > \frac{7}{16}$; (2) $\frac{4}{5} < \frac{6}{7}$

$\frac{5}{9}$ ist größer als $\frac{7}{16}$, weil $\frac{7}{16}$ kleiner als $\frac{1}{2}$ ist und $\frac{5}{9}$ größer als $\frac{1}{2}$ ist. Chiaras Quote ist also höher.

Bei $\frac{4}{5}$ fehlt $\frac{1}{5}$ an einem Ganzen, bei $\frac{6}{7}$ nur $\frac{1}{7}$.

Da $\frac{1}{7}$ kleiner ist als $\frac{1}{5}$, muss $\frac{6}{7}$ größer sein als $\frac{4}{5}$.

7. a)

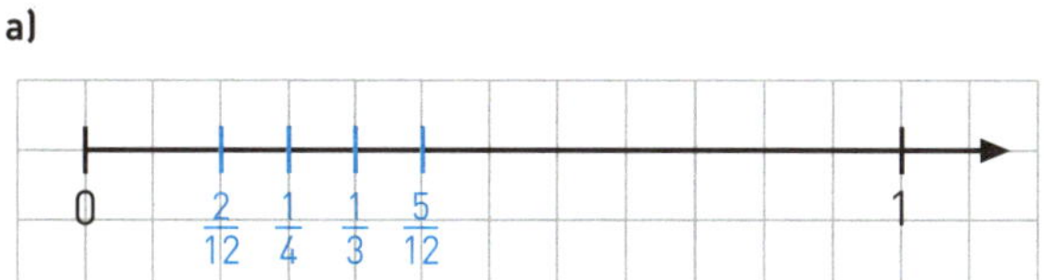

b) Erweitern: $\frac{1}{4} = \frac{3}{12}$; $\frac{1}{3} = \frac{4}{12}$

$\frac{2}{12} < \frac{3}{12} < \frac{4}{12} < \frac{5}{12}$

8. Von Amelies Zahlenreihe stimmt nur der erste Teil, und zwar: $\frac{1}{2} < \frac{2}{3} < \frac{3}{4} < \frac{4}{2}$

Die Vergleiche $\frac{4}{2} < \frac{3}{3}$ und $\frac{3}{3} < \frac{2}{4}$ sind falsch.

Bei Edgar ist der Vergleich $\frac{17}{7} < \frac{27}{77}$ falsch.

Addieren und Subtrahieren von gebrochenen Zahlen

Seite 14

9. a)

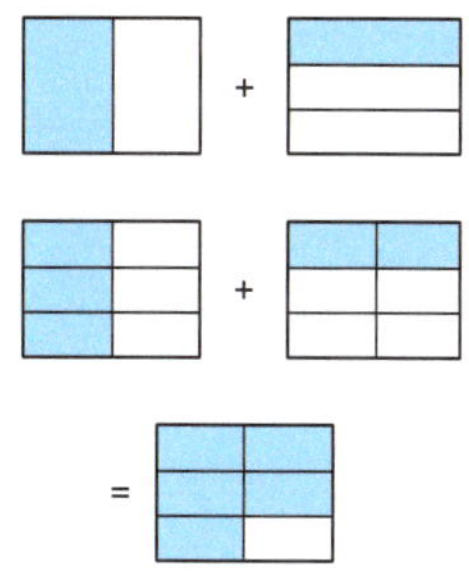

$\frac{1}{2} + \frac{1}{3} = \frac{5}{6}$

b)

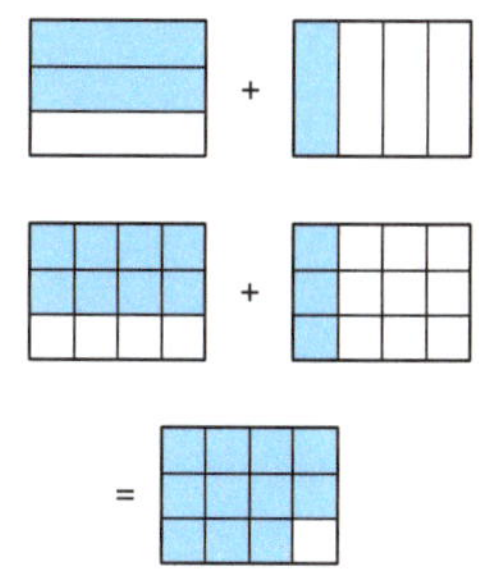

$\frac{2}{3} + \frac{1}{4} = \frac{11}{12}$

c)

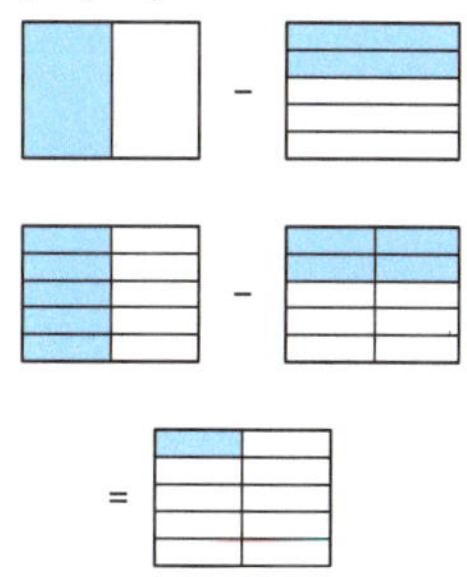

$\frac{1}{2} - \frac{2}{5} = \frac{1}{10}$

10. $\frac{3}{8} + \frac{1}{6} = \frac{9}{24} + \frac{4}{24} = \frac{13}{24} > \frac{1}{2}$

Es reicht nicht, wenn Tom einen halben Liter Sahne kauft.

Seite 15

11. a) Anne isst von $\frac{1}{4}$ der Pizza $\frac{2}{3}$.

Da $\frac{1}{4} = \frac{3}{12}$, isst Anne $\frac{2}{12} = \frac{1}{6}$ der ganzen Pizza.

b) $\frac{3}{12} - \frac{2}{12} = \frac{1}{12}$

Von der gesamten Pizza ist noch $\frac{1}{12}$ übrig.

Kommutativ- und Assoziativgesetz der Addition

12. a) $\frac{1}{3} + \frac{2}{5} + \frac{2}{3} = 1 + \frac{2}{5} = 1\frac{2}{5}$

b) $\frac{1}{4} + \frac{3}{7} + \frac{3}{4} = \frac{1}{4} + \frac{3}{4} + \frac{3}{7} = 1 + \frac{3}{7} = 1\frac{3}{7}$

c) $\frac{2}{5} + \frac{2}{3} + \frac{3}{5} = \frac{2}{5} + \frac{3}{5} + \frac{2}{3} = 1\frac{2}{3}$

d) $\frac{1}{4} + \frac{3}{8} + \frac{5}{8} = \frac{1}{4} + 1 = 1\frac{1}{4}$

e) $\frac{2}{9} + \frac{3}{7} + \frac{4}{7} = \frac{2}{9} + 1 = 1\frac{2}{9}$

f) $\frac{8}{15} + \frac{2}{5} + \frac{7}{15} = \left(\frac{8}{15} + \frac{7}{15}\right) + \frac{2}{5} = 1 + \frac{2}{5} = 1\frac{2}{5}$

g) $\frac{3}{7} + \frac{2}{9} + \frac{4}{7} + \frac{7}{9} = \left(\frac{3}{7} + \frac{4}{7}\right) + \left(\frac{2}{9} + \frac{7}{9}\right) = 1 + 1 = 2$

h) $\frac{1}{3} + \frac{2}{5} + \frac{3}{5} + \frac{2}{3} = \left(\frac{1}{3} + \frac{2}{3}\right) + \left(\frac{2}{5} + \frac{3}{5}\right) = 1 + 1 = 2$

i) $\frac{1}{7} + \frac{5}{6} + \frac{1}{6} + \frac{3}{7}$

$= \frac{1}{7} + \left(\frac{5}{6} + \frac{1}{6}\right) + \frac{3}{7} = \frac{1}{7} + 1 + \frac{3}{7} = \frac{1}{7} + \frac{3}{7} + 1 = \frac{4}{7} + 1 = 1\frac{4}{7}$

j) $\frac{1}{4} + \frac{1}{3} + \frac{3}{4} + \frac{2}{3} = \frac{1}{4} + \frac{3}{4} + \frac{1}{3} + \frac{2}{3} = 2$

k) $\frac{1}{2}+\frac{2}{3}+\frac{1}{6}+\frac{1}{6}=\frac{1}{2}+\frac{2}{3}+\left(\frac{1}{6}+\frac{1}{6}\right)=\frac{1}{2}+\left(\frac{2}{3}+\frac{1}{3}\right)=\frac{1}{2}+1=1\frac{1}{2}$

l) $\frac{1}{8}+\frac{1}{2}+\frac{1}{4}+\frac{1}{8}=\frac{1}{2}+\left(\frac{1}{8}+\frac{1}{8}\right)+\frac{1}{4}=\frac{1}{2}+\left(\frac{1}{4}+\frac{1}{4}\right)=\frac{1}{2}+\frac{1}{2}=1$

Vervielfachen und Teilen von Brüchen

Seite 16

13. a)

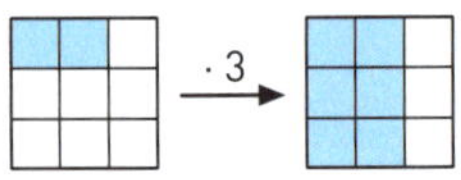

$3\cdot\frac{2}{9}=\frac{6}{9}=\frac{2}{3}$

b)

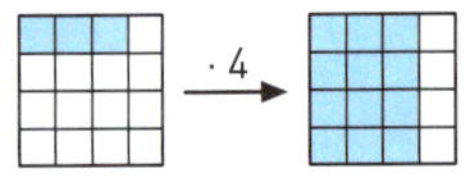

$4\cdot\frac{3}{16}=\frac{12}{16}=\frac{3}{4}$

c)

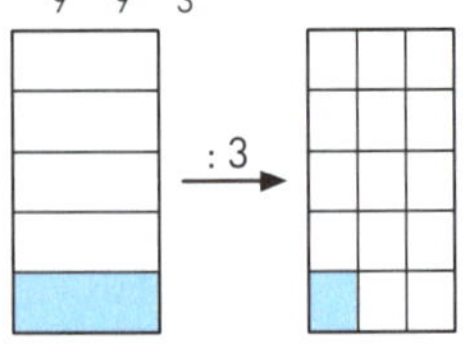

$\frac{1}{5}:3=\frac{1}{15}$

d)

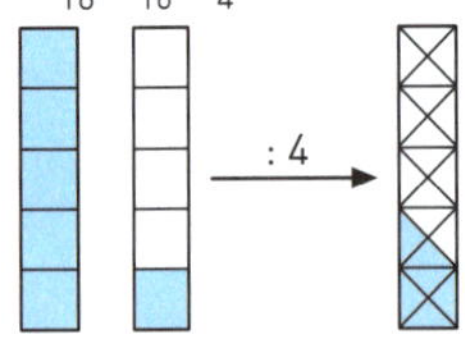

$\frac{6}{5}:4=\frac{6}{20}=\frac{3}{10}$

14. a) ist falsch, denn beim Vervielfachen eines Bruchs darf nur der Zähler vervielfacht werden.
$3\cdot\frac{4}{5}=\frac{3\cdot 4}{5}=\frac{12}{5}$

b) ist richtig

c) ist richtig

d) ist falsch, denn beim Teilen eines Bruchs darf nur der Zähler geteilt werden.
$\frac{9}{15}:3=\frac{9:3}{15}=\frac{3}{15}$

Klassenarbeit 1.1

Seite 17/18

1. a) $\frac{16}{15}=1\frac{1}{15}$ **c)** 7

b) $3\frac{1}{42}$ **d)** $\frac{1}{8}$ (je 1 Punkt)

2. siehe Grafik unten (je 0,5 Punkte)

3. a) $\frac{2}{6}+\frac{3}{8}+\frac{1}{4}=\frac{8}{24}+\frac{9}{24}+\frac{6}{24}=\frac{23}{24}$ (2 Punkte)

Insgesamt ist etwas weniger als eine Pizza übrig geblieben. Die Reste passen in einen Pizza-Karton. (1 Punkt)

b) Zuerst wird die Pizza in 8 Stücke geteilt. Jedes Stück wird noch einmal gedrittelt.

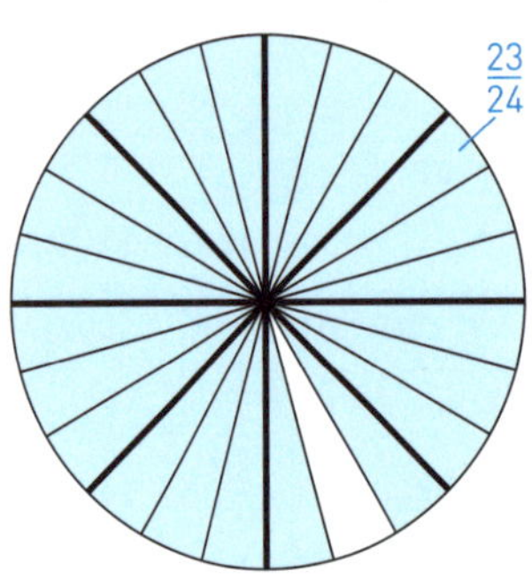

(3 Punkte)

4. a) $\frac{21}{15}=\frac{7}{5}$ **b)** $\frac{9}{12}=\frac{3}{4}$ **c)** $\frac{10}{15}+\frac{3}{15}=\frac{13}{15}$ (je 2 Punkte)

5. a) 27 ist die einzige durch 9 teilbare Zahl zwischen 20 und 30, daher muss der Strauß aus 27 Blumen bestehen.
$\frac{2}{9}$ von 27 sind: $27:9\cdot 2=6$.
Es stecken also 6 Rosen im Strauß. (3 Punkte)

b) Wenn man noch zwei Rosen hinzufügt, sind insgesamt $18+2=20$ Blumen im Strauß.
$\frac{3}{5}$ von 20 sind 12, also sind jetzt $12-2=10$ Rosen im Strauß.
Der Anteil beträgt also $\frac{10}{18}=\frac{5}{9}$. (3 Punkte)

6. a) Das Volumen des Pakets beträgt
$50\,cm\cdot 50\,cm\cdot 20\,cm=50\,000\,cm^3=50\,dm^3$ (2 Punkte)

b) Das Paket hat zwei Seitenflächen mit dem Flächeninhalt $50\,cm\cdot 50\,cm=2500\,cm^2$.
Vier Flächen haben einen Flächeninhalt von $20\,cm\cdot 50\,cm=1000\,cm^2$.
Insgesamt beträgt der Flächeninhalt der Oberfläche $9000\,cm^2$. (2 Punkte)

c) Die roten Flächen haben eine Fläche von $5000\,cm^2$.
Der Anteil an der Gesamtfläche beträgt $\frac{5}{9}$. (2 Punkte)

Zum Nacharbeiten						
Aufgabe	1	2	3	4	5	6
Schulbuch, Seite	22	15	21, 22	22, 33, 36	9, 10	93

Klassenarbeit 1.2

Seite 19/20

1.

(3 Punkte)

$\frac{1}{12}<\frac{1}{6}<\frac{1}{4}<\frac{1}{3}<\frac{5}{12}<\frac{1}{2}<\frac{2}{3}<\frac{3}{4}$ (1 Punkt)

2. a) Einkäufe: $2\frac{1}{2}+3\frac{1}{2}+\frac{3}{4}+\frac{3}{4}=7\frac{1}{2}$ (1 Punkt)

$7\frac{1}{2}-1\frac{1}{10}=\frac{75}{10}-\frac{11}{10}=\frac{64}{10}=6\frac{2}{5}$ (1 Punkt)

Die Einkäufe wiegen $7\frac{1}{2}$ kg, zum Verzehr bleiben $6\frac{2}{5}$ kg übrig.

b) $6\frac{2}{5}:8=\frac{32}{5}:8=\frac{4}{5}$
Jede Person hat im Schnitt $\frac{4}{5}$ kg verzehrt. (2 Punkte)

3. a) $\frac{1}{3}+\frac{2}{5}=\frac{5}{15}+\frac{6}{15}=\frac{11}{15}$ **b)** $\frac{3}{4}-\frac{2}{3}=\frac{9}{12}-\frac{8}{12}=\frac{1}{12}$
(je 3 Punkte)

4. Insgesamt sind es 10 Teile zusammen.
$\frac{1}{10}$ der Preise sind erste Preise, insgesamt 3.
$\frac{2}{10}$ der Preise sind zweite Preise, insgesamt 6.
$\frac{3}{10}$ der Preise sind dritte Preise, insgesamt 9.
$\frac{4}{10}$ der Preise sind Anerkennungspreise, insgesamt 12.
(je 1 Punkt)

5. Der Nenner eines Bruchs gibt an, in wie viele Teile das Ganze unterteilt wurde. Je größer der Nenner ist, desto kleiner sind die Stücke. Bei gleichem Zähler ist also der Bruch mit dem größeren Nenner kleiner, weil gleich viele Stücke

Grafik zu Aufgabe **2**

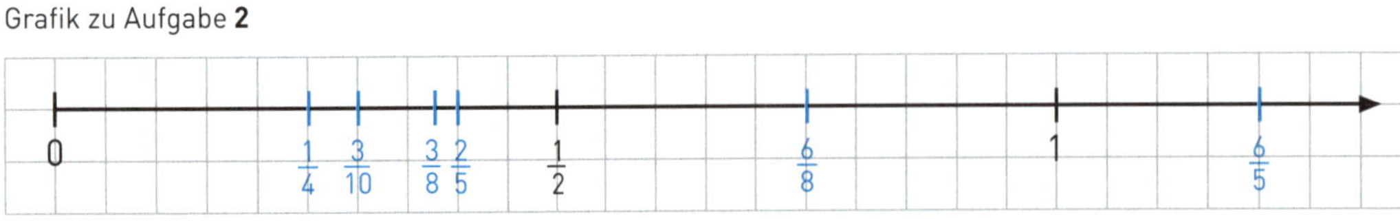

betrachtet werden, aber die entsprechenden Stücke kleiner sind.
Beispiel: $\frac{2}{3}$ ist also größer als $\frac{2}{5}$, da jedes Fünftel kleiner ist als ein Drittel; daher sind auch 2 Fünftel kleiner als 2 Drittel.
(2 Punkte für Beispiel, 3 Punkte für Erläuterung)

6. **a)**

(2 Punkte)

b) (1) $75\,\% = \frac{3}{4}$ (1 Punkt)
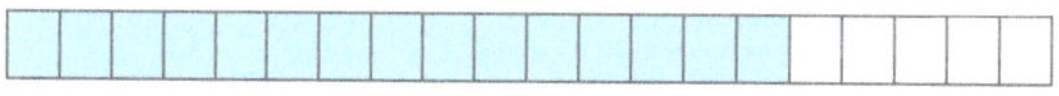
(1 Punkt)

(2) $37{,}5\,\% = \frac{3}{8}$ (1 Punkt)

(1 Punkt)

Zum Nacharbeiten						
Aufgabe	1	2	3	4	5	6
Schulbuch, Seite	15, 17, 18	22, 36	21, 22	13, 14	17	10

Klassenarbeit 1.3

Seite 21/22

1. $A = \frac{1}{3}$; $B = \frac{1}{2}$; $C = \frac{9}{12} = \frac{3}{4}$; $D = \frac{17}{12}$ (je 1 Punkt)

2. **a)** z. B.: $\frac{7}{12}$ und $\frac{5}{12}$ (2 Punkte)
b) z. B.: $\frac{1}{18}$ und $\frac{2}{18}$; Begründung: $\frac{1}{6} = \frac{3}{18} = \frac{1}{18} + \frac{2}{18}$ (3 Punkte)

3. **a)** $\frac{12}{13}$ (1 Punkt) **c)** $\frac{45}{21} - \frac{35}{21} = \frac{10}{21}$ (2 Punkte)
b) $\frac{9}{16}$ (1 Punkt) **d)** $\frac{20}{36} + \frac{27}{36} + \frac{1}{36} = \frac{4}{3}$ (2 Punkte)

4.
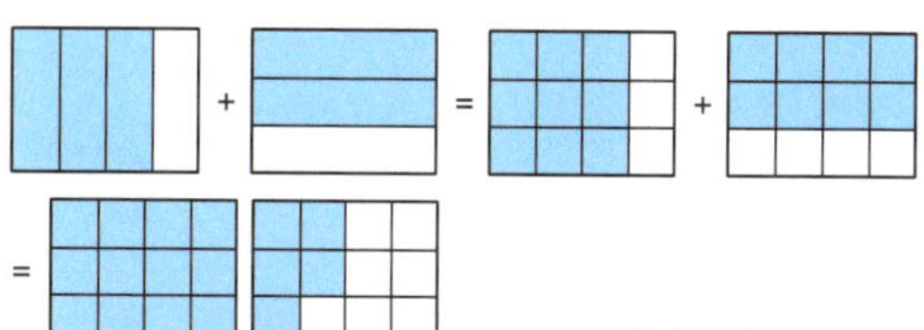
$\frac{3}{4} + \frac{2}{3} = \frac{9}{12} + \frac{8}{12} = \frac{17}{12} = 1\frac{5}{12}$ (2 Punkte für Zeichnung, 2 Punkte für Rechnung)

5. **a)** Juliana hat $\frac{1}{2}$ und $\frac{1}{4}$ abgeschnitten. Vom verbleibenden Viertel hat sie ein Drittel abgetrennt. Das Stück Kuchen stellt also $\frac{1}{4} : 3 = \frac{1}{12}$ der Torte dar. Wenn man gleich große Stücke möchte, muss der halbe Kuchen in sechs Stücke geschnitten werden. Das Viertel wird in drei Stücke geschnitten. Das Sechstel-Stück wird in zwei Stücke geschnitten. Jedes Stück ist dann $\frac{1}{12}$ der Torte. (4 Punkte)
b) Wenn man jedes Stück aus a) halbiert, erhält man 24 Stückchen, die alle gleich groß sind und zwar je $\frac{1}{24}$ der Torte. (2 Punkte)

6. **a)** $\left(\frac{8}{9} \cdot 3\right) : 4 = \frac{8}{3} : 4 = \frac{2}{3} = \frac{8}{12}$
b) $\left(\frac{1}{2} - \frac{1}{3}\right) \cdot \frac{1}{2} = \left(\frac{3}{6} - \frac{2}{6}\right) \cdot \frac{1}{2} = \frac{1}{6} \cdot \frac{1}{2} = \frac{1}{12}$
c) $\left(\frac{1}{3} - \frac{1}{4}\right) + \left(\frac{1}{6} - \frac{1}{12}\right) = \left(\frac{4}{12} - \frac{3}{12}\right) + \left(\frac{2}{12} - \frac{1}{12}\right) = \frac{1}{12} + \frac{1}{12} = \frac{2}{12}$
(je 2 Punkte)

7. $\frac{1}{2} + \frac{1}{4} + \left(\frac{1}{6} + \frac{1}{12}\right) = \frac{1}{2} + \frac{1}{4} + \left(\frac{2}{12} + \frac{1}{12}\right) = \frac{1}{2} + \frac{1}{4} + \frac{1}{4} = \frac{1}{2} + \frac{1}{2} = 1$
(3 Punkte)
Insgesamt ergibt sich 1 ℓ Erfrischungsgetränk. (1 Punkt)

8. Ein mögliches Netz sieht so aus:
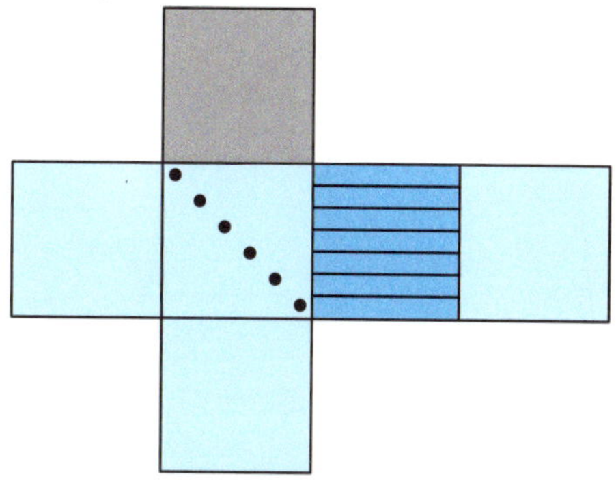
(3 Punkte)

Zum Nacharbeiten								
Aufgabe	1	2	3	4	5	6	7	8
Schulbuch, Seite	15	9, 22	22, 33, 36	21, 22	35, 36	9, 22, 33, 36	22	Jg. 5: 151

2. Kreis – Winkel – Symmetrie

Zum Aufwärmen: Verstehen und Üben

Kreise und Winkel

Seite 23

1. $\overline{MA}$: Radius; $\overline{BH}$: Durchmesser; $\overline{CG}$: Sehne; $\overline{DK}$: Durchmesser; $\overline{EJ}$: Sehne; $\overline{FL}$: Sehne
Parallel sind: $\overline{EJ}$ und $\overline{DK}$.
Orthogonal sind: $\overline{MA}$ und $\overline{DK}$, $\overline{DM}$, $\overline{KM}$

2. (1)
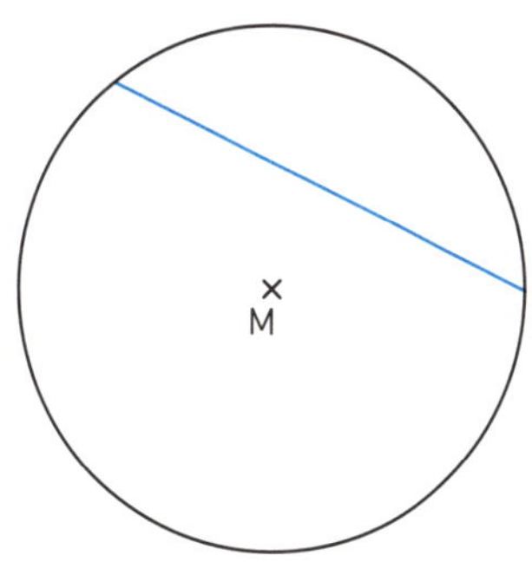

d = 4 cm
Sehnen haben ihren Anfangs- und Endpunkt auf dem Kreis. Es gibt viele richtige Lösungen.

(2)
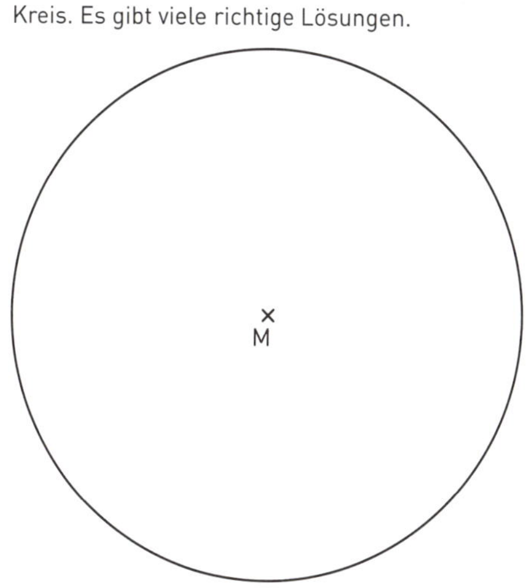

r = 3 cm

Seite 24

3. $\alpha = 55°$; $\beta = 245°$

Seite 25

4. (1)

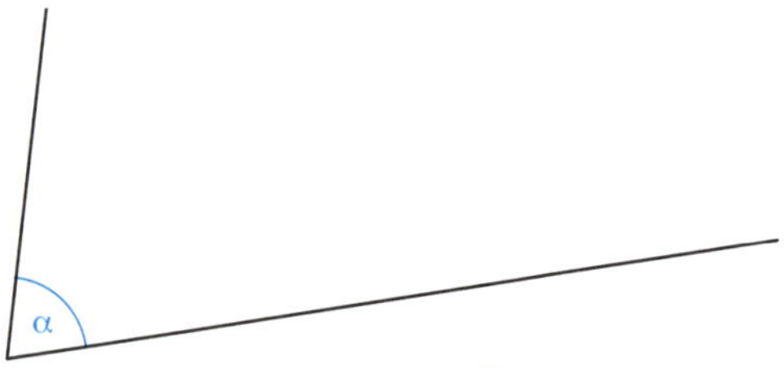

(2)

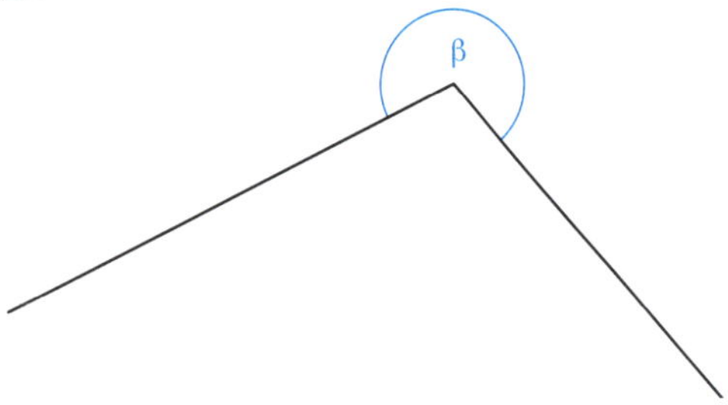

5.

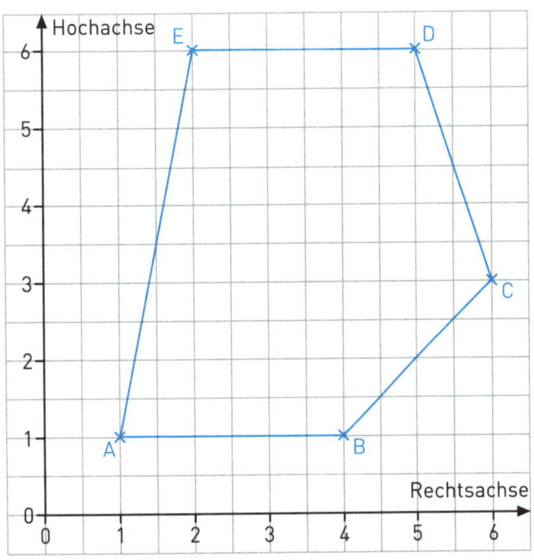

Innenwinkel: Winkel bei A $\alpha = 79°$; Winkel bei B $\beta = 135°$;
Winkel bei C $\gamma = 116°$; Winkel bei D $\delta = 109°$;
Winkel bei E $\varepsilon = 101°$

6. $\beta = 60°$ und $\delta = 15°$

7. α: rechter Winkel
β: spitzer Winkel
γ: gestreckter Winkel
δ: überstumpfer Winkel
ε: stumpfer Winkel

Kreisausschnitt – Mittelpunktswinkel

Seite 26

8. a)

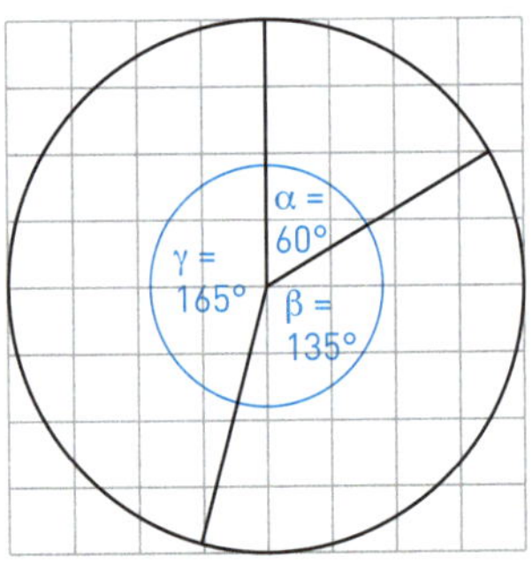

b) Der Mittelpunktswinkel γ des dritten Sektors ist 165° groß.

Achsenspiegelung an einer Geraden

Seite 27

9. verkleinert:

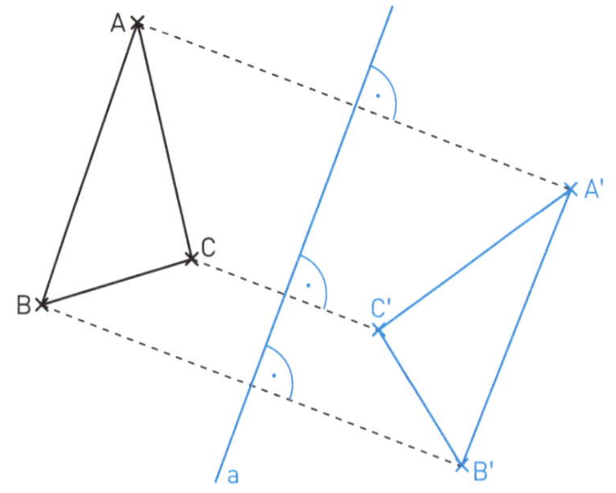

10. verkleinert:

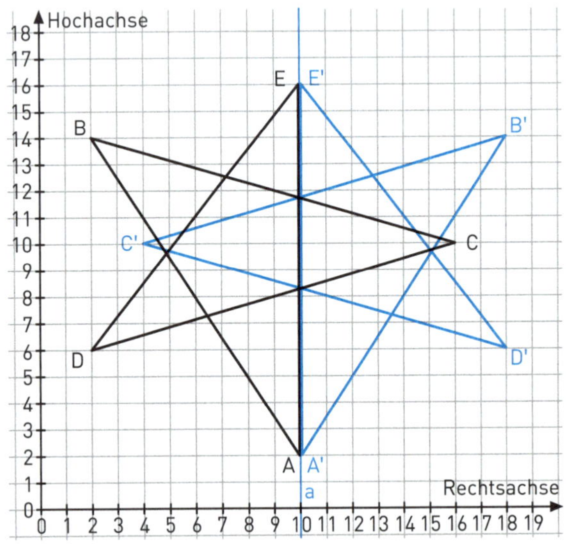

Die entstandene Figur ist ein unregelmäßiger 5-zackiger Stern.
Die Koordinaten der Bildpunkte sind:
A′(10 | 2), B′(18 | 14), C′(4 | 10), D′(18 | 6) und E′(10 | 16)

Achsensymmetrie

Seite 28

11. a) Achsensymmetrisch sind AHA, HEIDE und TAT.
Symmetrieachsen:

b) z. B. A, B, C, D, E, H, I, ... ECHO, OTTO,...

12. a) (2)

(4)

(1), (3) und (5) sind nicht achsensymmetrisch.

b)

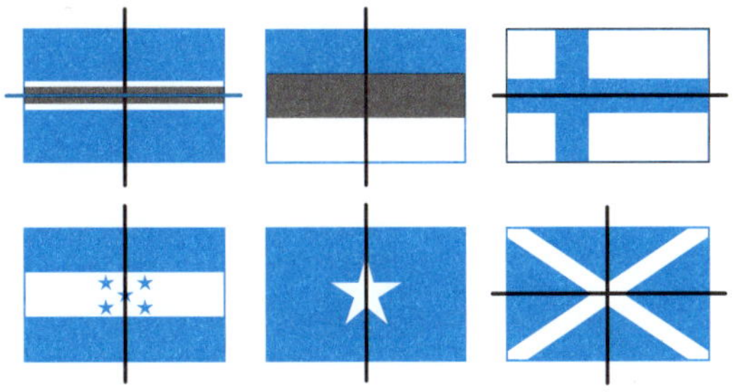

Die Flagge von Griechenland ist nicht achsensymmetrisch.

Spiegeln an einem Punkt

Seite 29

13. verkleinert:

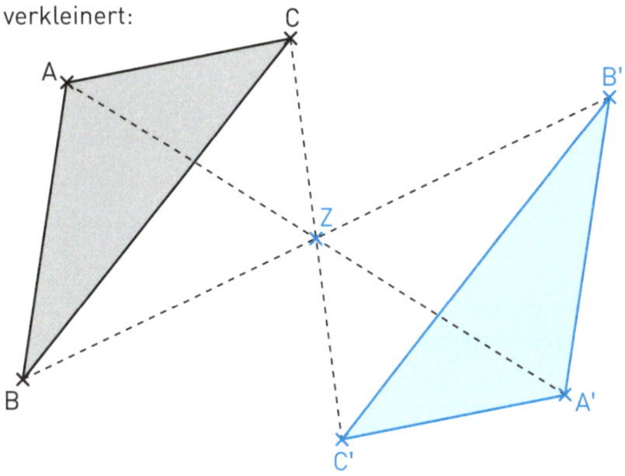

14. verkleinert:

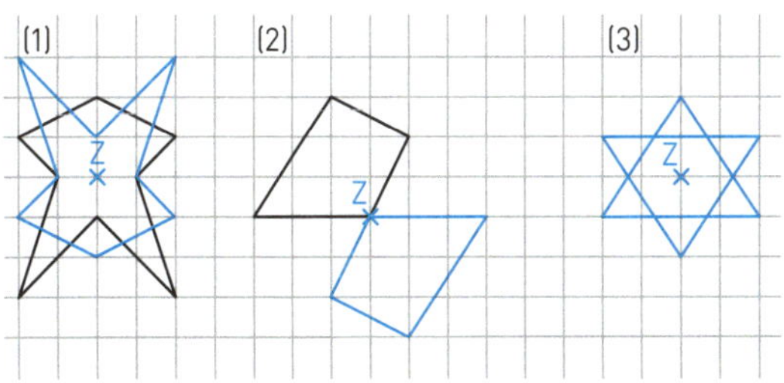

Die dritte Figur wird auf sich selbst abgebildet.

Punktsymmetrie

Seite 30

15. a) Punktsymmetrisch sind

M und G sind nicht punktsymmetrisch.

b) z. B. H, I, OHO,...

16. a)

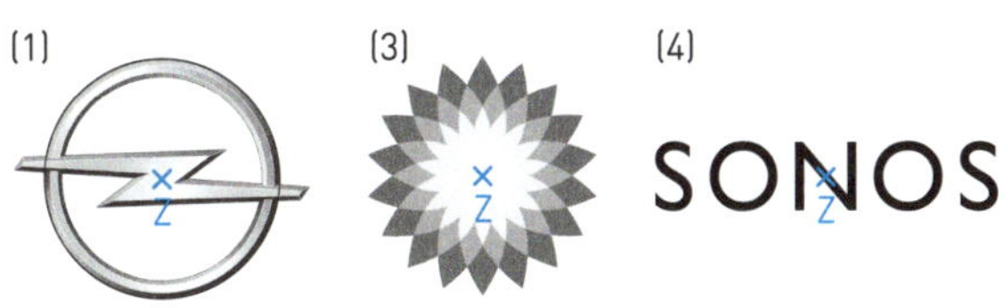

(2) ist nicht punktsymmetrisch.

b)

Die übrigen Karten sind nicht punktsymmetrisch.

Besondere Dreiecke

Seite 31

17. a) (2) und (3)

b) (1), (3) und (4)

c) keins

18. a)

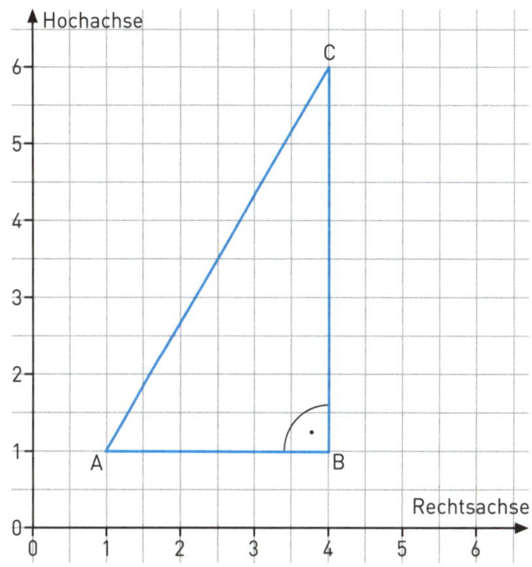

Das Dreieck ist rechtwinklig.

b)

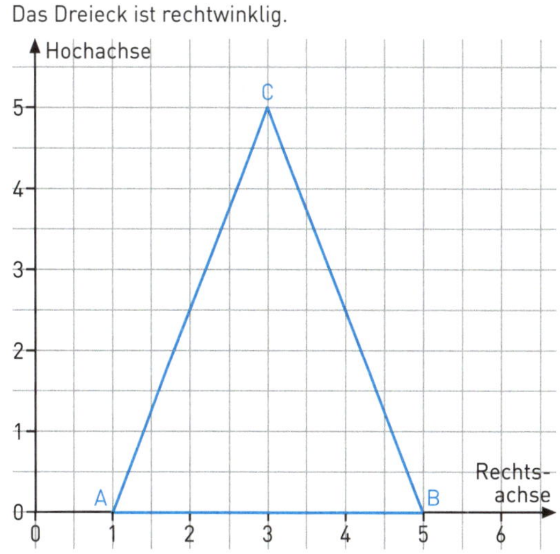

Das Dreieck ist gleichschenklig.

|AC| = |BC| = 5,4 cm

c)

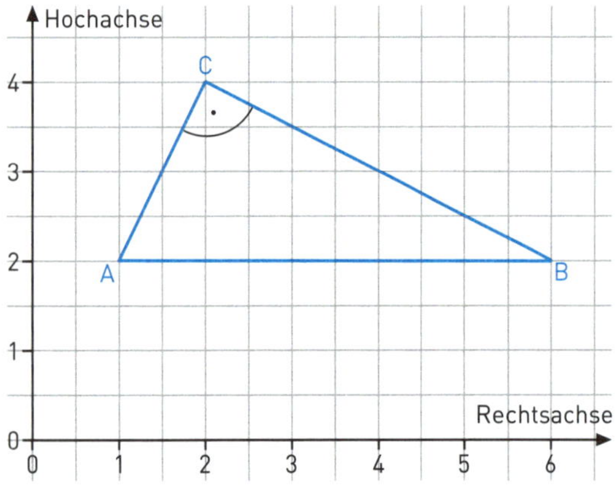

Das Dreieck ist rechtwinklig.

d)

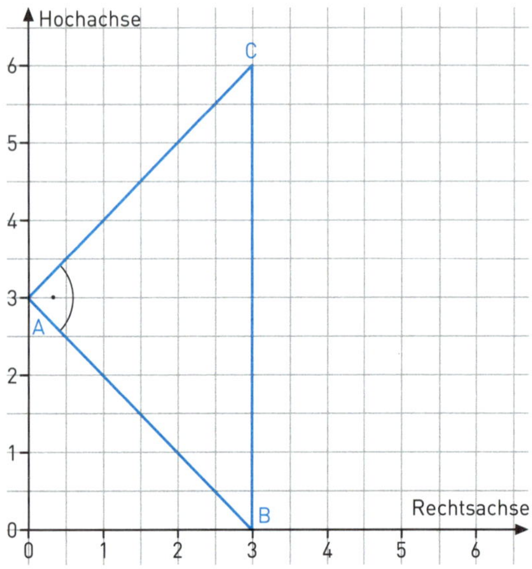

Das Dreieck ist gleichschenklig und rechtwinklig.
|AB| = |AC| = 4,2 cm

Klassenarbeit 2.1

Seite 32/33

1. a) und **b)** (1 Punkt für a), 2 Punkte für b))

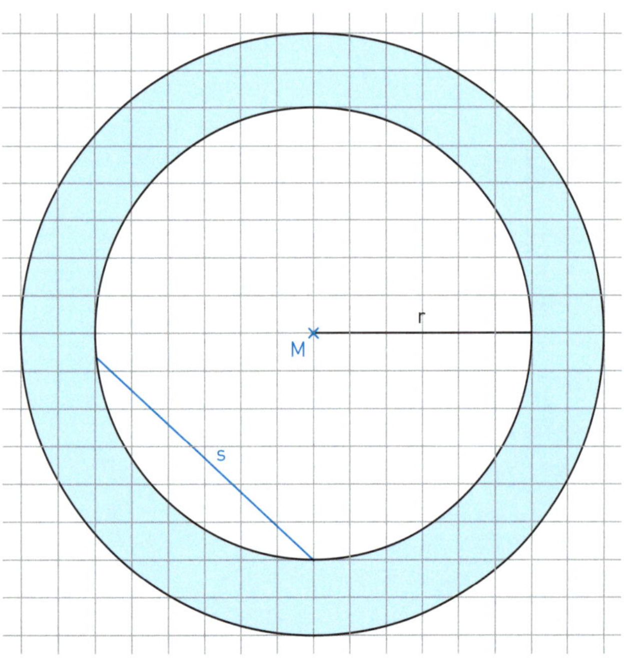

c) Zeichne einen Kreis mit Radius 4 cm um M.
(2 Punkte für Beschreibung, 2 Punkte für Zeichnung)

2. a) (1) z. B.

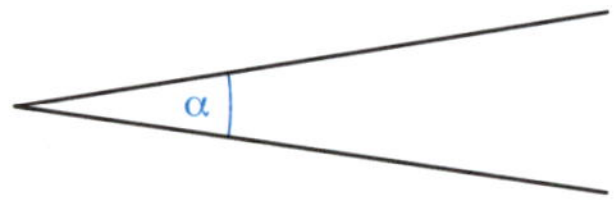

Der Winkel muss kleiner sein als 90°.
(2) z. B.

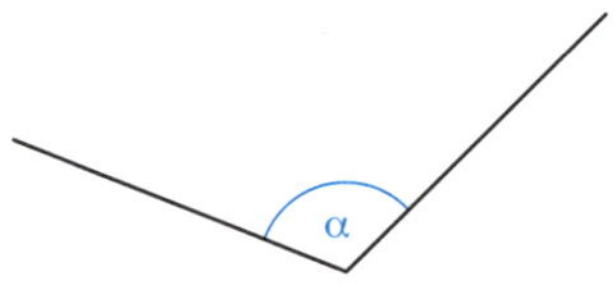

Der Winkel muss mehr als 90° und weniger als 180° betragen.
(3)

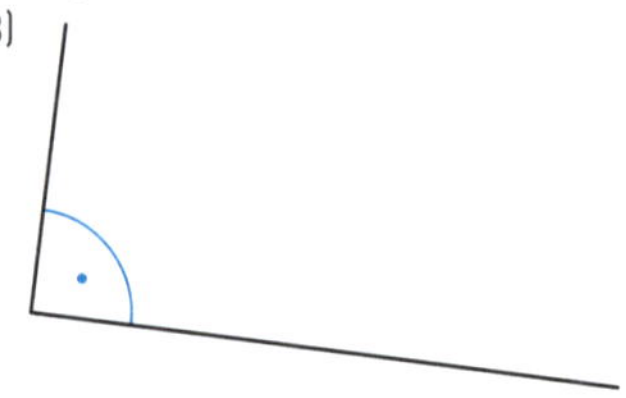

(je 1 Punkt)

b) α: stumpfer Winkel γ: überstumpfer Winkel
β: spitzer Winkel δ: gestreckter Winkel
(je 1 Punkt)

3. a) $\alpha = 34°$; $\beta = 128°$; $\gamma = 320°$; $\delta = 231°$ (je 1 Punkt)
b) $\alpha = 66° - 46° = 20°$
$\beta = 46° + 43° - 66° = 23°$
$\gamma = 66° - 43° = 23°$ (je 1 Punkt)

4. a)

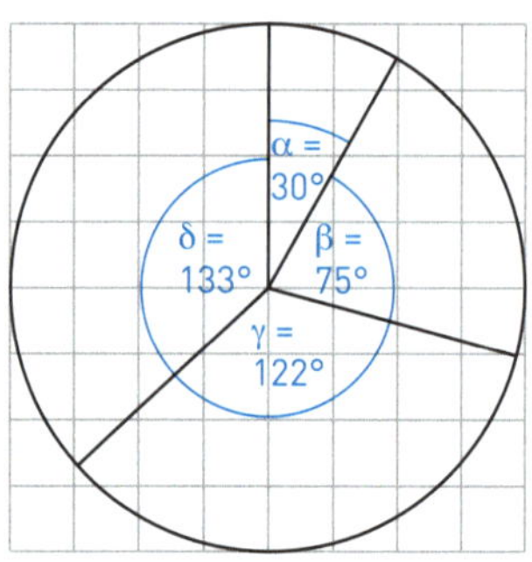

(1 Punkt für jeden Sektor)

b) $\delta = 133°$ (1 Punkt)

5. a) siehe Seite 115 unten (je 0,5 Punkte)
b) $\frac{5}{7} > \frac{4}{7}$; $\frac{9}{11} > \frac{9}{13}$; $\frac{5}{8} = \frac{15}{24} < \frac{16}{24} = \frac{4}{6}$ (je 1 Punkt)

Zum Nacharbeiten				
Aufgabe	1	2, 3	4	5
Schulbuch, Seite	44, 45	51 – 53	58	15, 17, 18

Klassenarbeit 2.2

Seite 34/35

1. a)

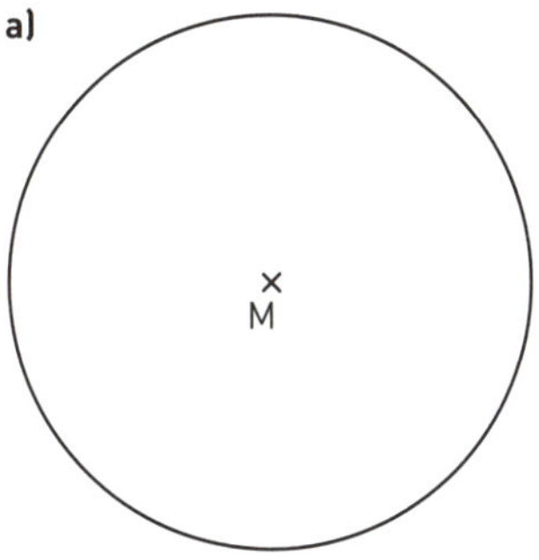

(2 Punkte)

b)

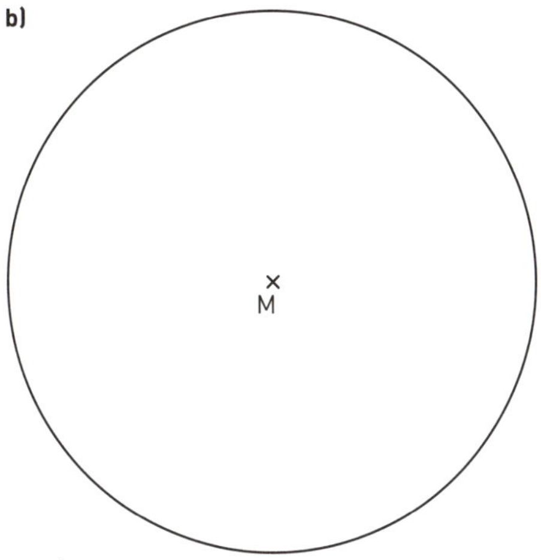

(1 Punkt)

2. $\overline{AB}$: Sehne; $\overline{CD}$: Durchmesser; $\overline{CM}$, $\overline{DM}$: Radius

(je 0,5 Punkte)

3. z. B.

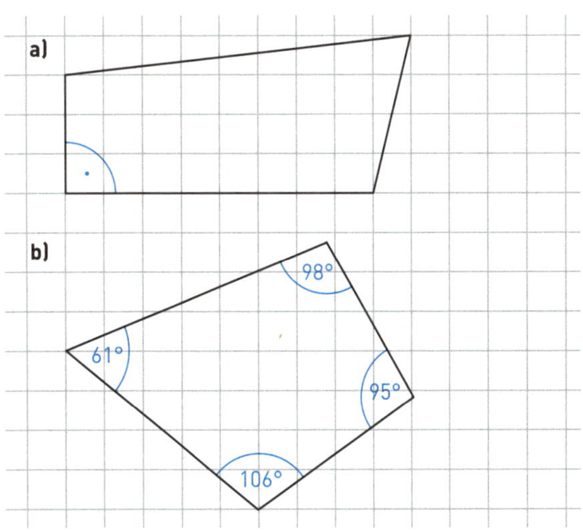

(Es gibt viele richtige Lösungen.) (je 2 Punkte)

4. a) α: spitzer Winkel

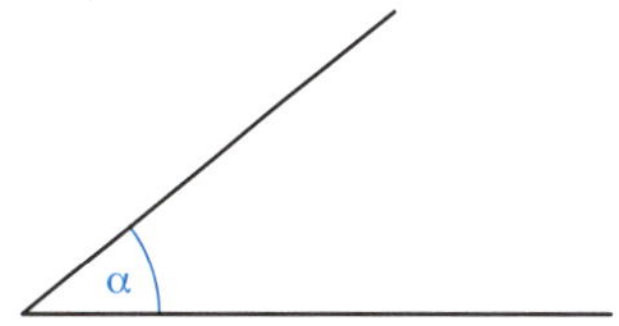

(2 Punkte)

b) β: stumpfer Winkel

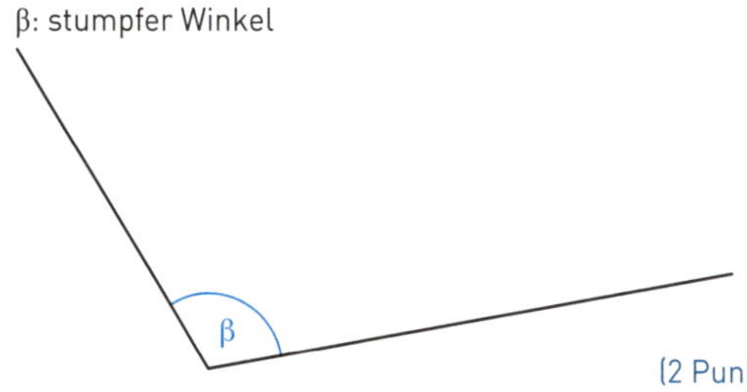

(2 Punkte)

c) γ: überstumpfer Winkel

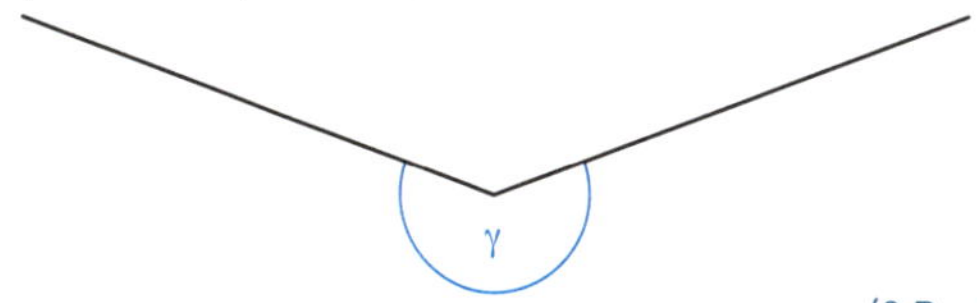

(2 Punkte)

5. $\alpha = 145°$; $\beta = 35°$; $\gamma = 115°$; $\delta = 270°$ (je 1 Punkt)

6.

Winkelart	Winkelgröße
spitzer Winkel	Alle Größen, die kleiner als 90° sind
rechter Winkel	90°
stumpfer Winkel	160°
gestreckter Winkel	180°
überstumpfer Winkel	275°

(je 1 Punkt)

7. $A = \frac{3}{5}$; $B = 1\frac{1}{5}$ oder $\frac{6}{5}$; $C = 1\frac{7}{10}$ oder $\frac{17}{10}$; $D = 2\frac{1}{4}$ oder $\frac{9}{4}$

(je 1 Punkt)

Zum Nacharbeiten			
Aufgabe	1, 2	3, 4, 5, 6	7
Schulbuch, Seite	44, 45	51 – 53	15

Klassenarbeit 2.3

Seite 36/37

1. a)

(3 Punkte)

Grafik zu Aufgabe **5. a)**

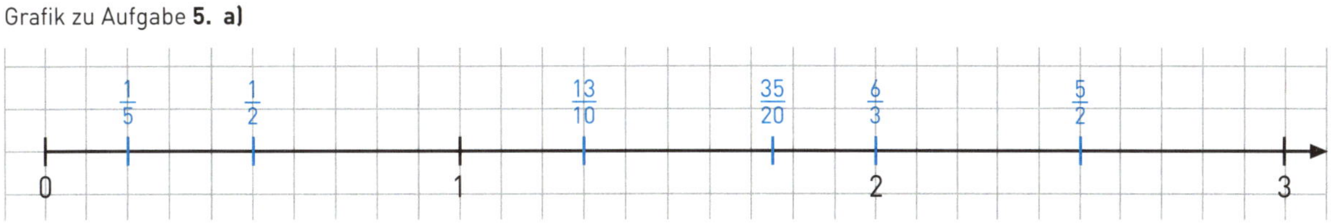

b) (1)

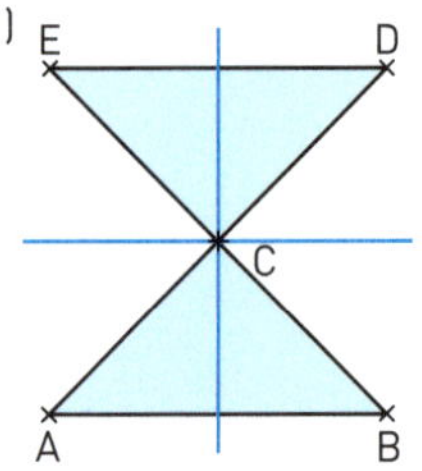

(2 Punkte)

(2) Die Figur ist nicht achsensymmetrisch (2 Punkte)

Symmetriepartner sind A und B; D und E; A und E; sowie B und D. (1 Punkt)

2.

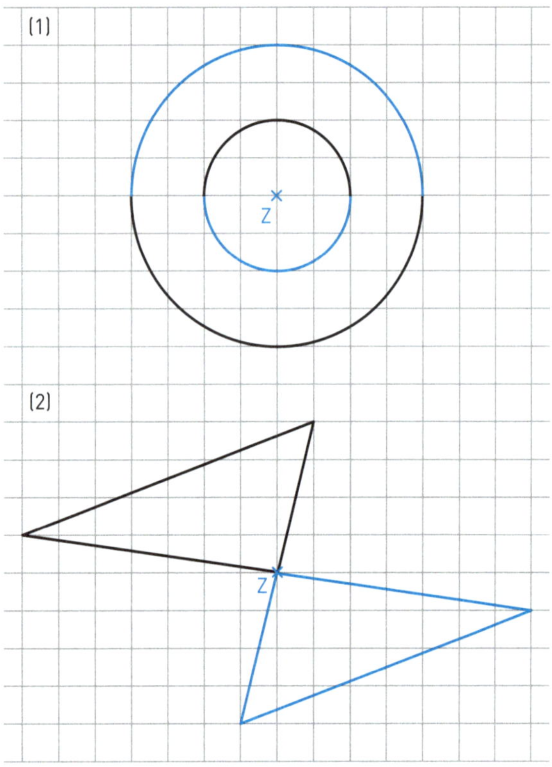

(2 Punkte für (1), 3 Punkte für (2))

3. **a)** 2 Seiten (Schenkel) sind gleich lang.
b) Ein Winkel beträgt 90°.
c) Alle Seiten sind gleich lang. (je 1 Punkt)

4. **a)**

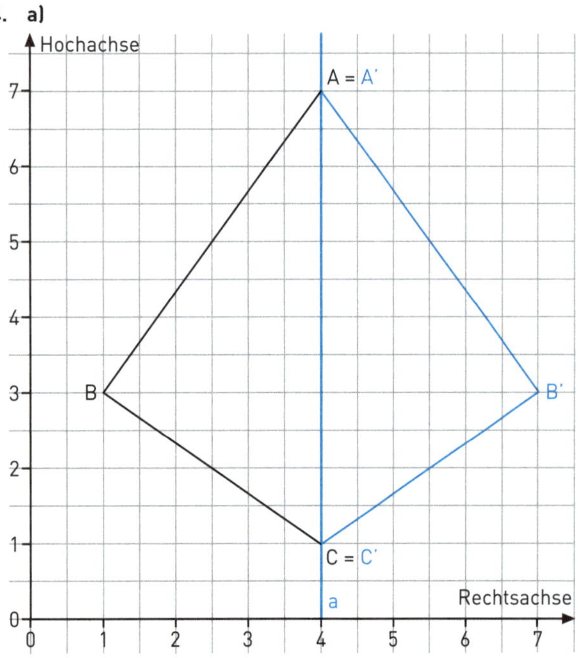

(2 Punkte für Dreieck, 2 Punkte für Spiegelung)

b) A'(4 | 7), B'(7 | 3), C'(4 | 1) (3 Punkte)
c) Ein Drachenviereck (1 Punkt)

5. **a)** Das Dreieck ist gleichschenklig, da a = b.
An der Zeichnung erkennt man außerdem: Die dritte Seite ist länger als a und b, also ist das Dreieck nicht gleichseitig. Da keiner der Winkel 90° beträgt, ist es nicht rechtwinklig.
b) An der Zeichnung erkennt man: Das Dreieck ist rechtwinklig, da der dritte Winkel $\gamma = 90°$ beträgt. Das Dreieck ist nicht gleichseitig oder gleichschenklig.
c) An der Zeichnung erkennt man: Das Dreieck ist gleichseitig mit der Seitenlänge 5 cm, es gilt a = b = c. Das Dreieck hat keinen rechten Winkel und ist daher nicht rechtwinklig. (je 2 Punkte)

6. **a)** $\frac{4}{8} = \frac{1}{2}$; $\frac{8}{24} = \frac{1}{3}$; $\frac{40}{96} = \frac{5}{12}$; $\frac{125}{1000} = \frac{1}{8}$ (je 0,5 Punkte)
b) $\frac{3}{4} = \frac{9}{12}$; $\frac{6}{9} = \frac{60}{90}$; $\frac{13}{5} = \frac{195}{75}$; z. B. $\frac{2}{3} = \frac{6}{9}$; (für das letzte Beispiel gibt es viele Lösungen) (je 0,5 Punkte)

Zum Nacharbeiten						
Aufgabe	1	2	3	4	5	6
Schulbuch, Seite	62, 63, 68	72, 73, 79	88	68	67 – 71	9

Klassenarbeit 2.4

Seite 38/39

1. **a)** und **c)**

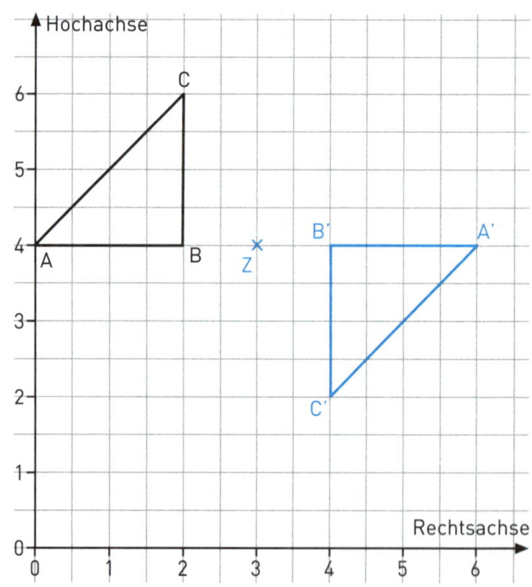

(3 Punkte für a), 3 Punkte für Spiegelung in c))

b) Das Dreieck ist gleichschenklig und rechtwinklig. (2 Punkte)

c) A'(6 | 4); B'(4 | 4); C'(4 | 2) (je 1 Punkt)

2. a) $\alpha = 33°$; $\beta = 307°$; $\gamma = 16°$; $\delta = 90°$; $\varepsilon = 94°$ (je 1 Punkt)

b) z. B.

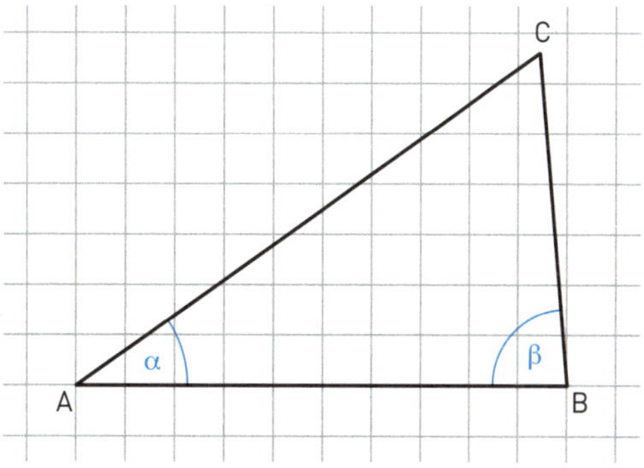

(3 Punkte)

3.

	(1)	(2)	(3)	(4)	(5)	(6)
Achsensymmetrisch	x	x	x	x		x
Punktsymmetrisch			x			x

(pro Schild 1 Punkt)

4. a)

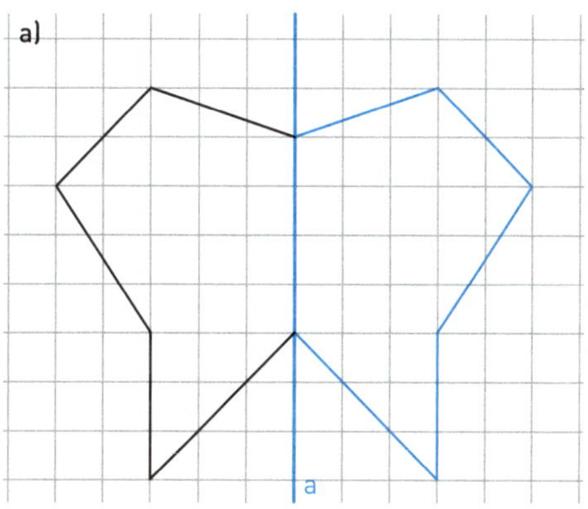

(2 Punkte)

b)

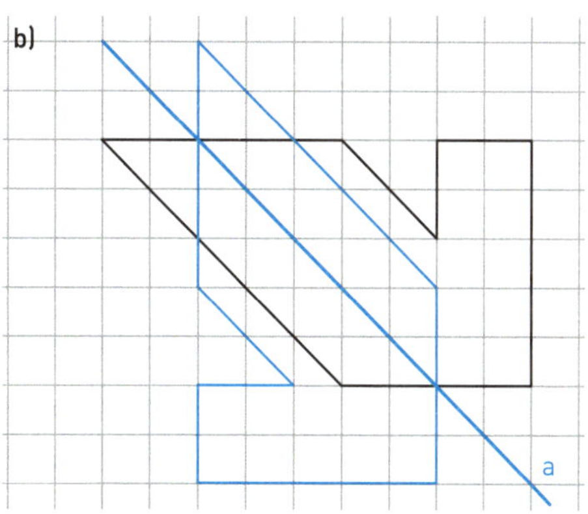

(3 Punkte)

5. a) z. B. $\frac{1}{7}, \frac{1}{8}, \frac{1}{9}, \frac{2}{13}, \ldots$ (1 Punkt)

b) z. B. $\frac{7}{2}, \frac{10}{3}, \frac{11}{3}, \frac{13}{4}, \frac{22}{7}, \ldots$ (1 Punkt)

c) z. B. $\frac{3}{5}, \frac{4}{7}, \frac{5}{8}, \frac{5}{9}, \ldots$ (1 Punkt)

d) z. B. $\frac{1}{2}$ und $\frac{1}{4}$; $\frac{1}{8}$ und $\frac{5}{8}$; ... (2 Punkte)

Zum Nacharbeiten					
Aufgabe	1	2	3	4	5
Schulbuch, Seite	79, 88	51 – 53	51, 56, 57	62, 63	17, 22

3. Dezimalbrüche

Zum Aufwärmen – Verstehen und Üben

Dezimale Schreibweise für gebrochene Zahlen

Seite 41

1. a) $\frac{27}{100} = 0{,}27$ $\frac{270}{1\,000} = 0{,}270$

b) $\frac{3}{20} = \frac{15}{100} = 0{,}15$ $\frac{150}{1\,000} = 0{,}150$

c) $\frac{3}{5} = \frac{6}{10} = 0{,}6$ $\frac{60}{100} = 0{,}60$

Die beiden Dezimalbrüche unterscheiden sich darin, dass die Dezimalbrüche der mit 10 erweiterten Brüche eine zusätzlich angehängte Null haben. Da erweiterte Brüche den gleichen Wert haben, kann man bei Dezimalbrüchen eine Null hinter dem Komma an die Darstellung anhängen, ohne dass sich der Wert des Dezimalbruchs ändert.

2. a) $\frac{234}{100}$ **b)** $\frac{18\,349}{1\,000}$ **c)** $\frac{1\,050}{10\,000} = \frac{105}{1\,000}$

3. a) 4500 m **b)** 2360 dm² **c)** 8543,9 kg

4. a) $\frac{23}{4} = \frac{20}{4} + \frac{3}{4} = 5 + \frac{3}{4} = 5{,}75$

b) ist korrekt

c) $\frac{7}{20} = \frac{35}{100} = \frac{30}{100} + \frac{5}{100} = \frac{3}{10} + \frac{5}{100} = 0{,}35$

Größenvergleich und Ordnen von Dezimalbrüchen

5. 0,057 < 0,507 < 0,55 < 0,57 < 0,705 < 0,707 < 0,75 < 0,77

Seite 42

6.

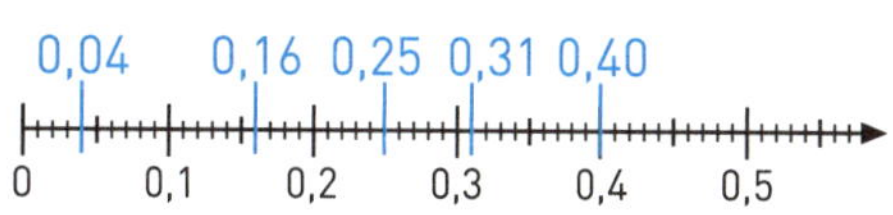

0,04 < 0,16 < 0,25 < 0,31 < 0,40

7. a) ist korrekt

b) 4,29 > 4,136 (2 Zehntel sind mehr als 1 Zehntel)

c) ist korrekt

d) 78,36 = 78,360 (Die Null bei 78,360 ändert den Wert nicht.)

Runden von Dezimalbrüchen

8. a) 56,259 ≈ 56,26 **c)** 0,98 ≈ 1,0

b) 2,9789 ≈ 2,979 **d)** 1,92356 ≈ 1,92

9. a) 3,8973 ≈ 3,90

b) ist korrekt

c) 0,4563 ≈ 0,46

d) 23,899 ≈ 23,90 (die Ziffer Null fehlte)

Addieren und Subtrahieren von Dezimalbrüchen

Seite 43

10. a) 1423,308 **b)** 31,68 **c)** 43,149 **d)** 323,659

11. 25 – 8,95 = 16,05; 16,05 + 4,50 = 20,55; 28 - 20,55 = 7,45
Miriam fehlen für das T-Shirt noch 7,45 €.

Multiplizieren von Dezimalbrüchen

Seite 44

12. a) Überschlag: $1 \cdot 5 = 5$, genaues Ergebnis: 6,085

b) Überschlag: $\frac{1}{3} \cdot 60 = 20$ oder $3 \cdot 6 = 18$, genaues Ergebnis: 18,06

c) Überschlag: 28 · 5 = 140 oder 3 · 50 = 150,
genaues Ergebnis: 150,7302

13. 12,35 · 8,50 = 104,975
104,975 · 0,12 = 12,597 ≈ 12,60
Björn verdient beim Rasenmähen 12,60 €.

Dividieren von Dezimalbrüchen

Seite 45

14. a)

9	4,	7	2	:	3	7	=	2,	5	6
7	4									
2	0	7								
1	8	5								
	2	2	2							
	2	2	2							
			0							

b)

8	4	3,	6	:	1	4	8	=	5,	7
7	4	0								
1	0	3	6							
1	0	3	6							
			0							

c)

1	4	8,	6	8	:	6	3	=	2,	3	6
1	2	6									
	2	2	6								
	1	8	9								
		3	7	8							
		3	7	8							
				0							

15. 27,9 : 6,2 = 4,5
Das Blumenbeet ist 4,5 m breit.

Abbrechende und periodische Dezimalbrüche

16. a) 0,625 **c)** $0{,}\overline{5}$ **e)** 0,16
b) $0{,}1\overline{6}$ **d)** $0{,}41\overline{6}$ **f)** 0,225

Klassenarbeit 3.1

Seite 46/47

1. a) 0,4 **b)** 0,375 **c)** $2{,}\overline{6}$ (je 1 Punkt)

2. a) $\frac{235}{1000} = \frac{47}{200}$ **b)** $\frac{278}{100} = \frac{139}{50}$ (je 1 Punkt)

3. A = 1,52; B = 1,55; C = 1,61; D = 1,65; E = 1,505; F = 1,595 (je 1 Punkt)

4. a) Ist die Tausendstelziffer des Dezimalbruchs größer als 4, so wird aufgerundet, d. h. die Hundertstelstelle wird um eins erhöht, Ziffern für kleinere Stellenwerte werden weggelassen.
Ist die Tausendstelziffer des Dezimalbruchs kleiner als 5, so wird abgerundet, d. h. die Hundertstelstelle bleibt erhalten, Ziffern für kleinere Stellenwerte werden weggelassen. (3 Punkte)
b) 2,5483 ≈ 2,55; 1,2545 ≈ 1,25; 123,898 ≈ 123,90 (je 1 Punkt)

5. 24 Orangen wiegen 6,8 kg − 1,52 kg = 5,28 kg
5,28 kg : 24 = 0,22 kg
Eine Orange wiegt durchschnittlich 0,22 kg.
(2 Punkte für Ansatz und Rechnung, 1 Punkt für Antwortsatz)

6. Pauls Behauptung ist falsch. Da der durch die Kommaverschiebung auftretende Faktor 10 für jeden Summanden gilt, kann man ihn ausklammern. Damit ist das Ergebnis nur 10-mal größer als ohne Kommaverschiebung.
(1 Punkt für falsch, 2 Punkte für Begründung)

7. a) 28,47 € + 42,85 € + 7,26 € = 78,58 € (2 Punkte)
b) Es sind noch 78,58 € − 22,58 € = 56 € zu zahlen. Jeder Schüler muss also noch 2 € bezahlen. (2 Punkte)

8. a)

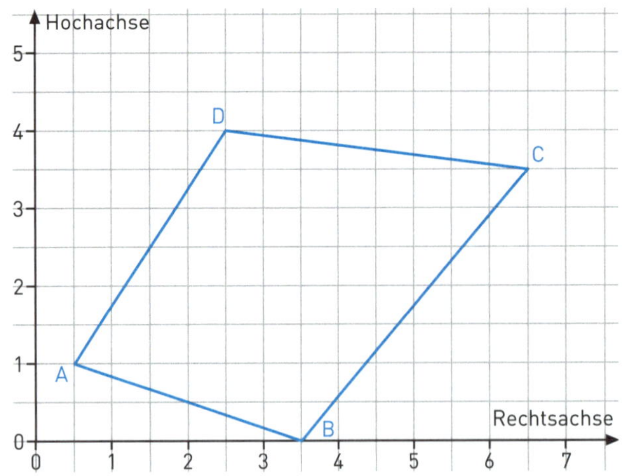

(2 Punkte)

b) |AB| = 3,2 cm; |BC| = 4,6 cm; |CD| = 4 cm; |AD| = 3,6 cm (2 Punkte)

c) α = 75° (1 Punkt)

Zum Nacharbeiten							
Aufgabe	1, 2	3	4	5	6	7	8
Schulbuch, Seite	98, 99	105	107	112, 113, 125, 126	113, 116	112, 113	51 – 53

Klassenarbeit 3.2

Seite 48/49

1. a) 0,2 **b)** 4,52 **c)** 23,1 (je 1 Punkt)

2.

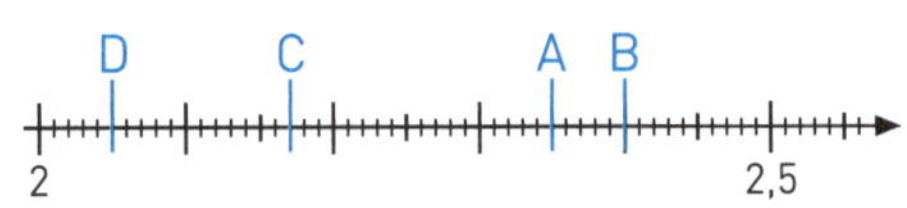

(je 1 Punkt)

3. 1,185 < 1,25 < 1,3 < 1,419 < 1,42 (4 Punkte)

4. a)

1	2,	8	1	·	0,	4
		0	0	0	0	
			9	1	2	4
			9,	1	2	4

b)

2	3,	2	3	·	1,	7
		2	3	2	3	
		1	6	2	6	1
		3	9,	4	9	1

c)

2	6,	5	2	:	5,	2	=	
2	6	5	2	:	5	2	=	5, 1
2	6	0						
	5	2						
	5	2						
		0						

d)

2	5,	7	4	:	1,	1	=			
2	5	7,	4	:	1	1	=	2	3,	4
2	2									
	3	7								
	3	3								
		4	4							
		4	4							
			0							

(je 2 Punkte)

5. a) 128,25 : 27 = 4,75
Jede Schülerin und jeder Schüler muss für den Eintritt 4,75 € bezahlen. (2 Punkte für Ansatz und Rechnung, 1 Punkt für Antwortsatz)

b) 27 · 1,8 = 48,6
Die Eisdiele nimmt insgesamt 48,60 € ein.
(2 Punkte für Ansatz und Rechnung, 1 Punkt für Antwortsatz)

6. Die Aussage ist falsch. Wenn man bei einem Dezimalbruch das Komma um eine Stelle nach links verschiebt, so wird die Zahl durch 10 dividiert. Beispiel: 12,56 : 10 = 1,256
(1 Punkt für falsch, 2 Punkte für Begründung)

7. Beispiele: 0,1 : 0,5 = 0,2 < 1; 0,5 : 0,1 = 5
(Es gibt auch andere Beispiele.)
Diese beiden Beispiele zeigen, dass Lisas Behauptung nicht immer stimmt.
(je 1 Punkt für Beispiel, 1 Punkt für stimmt nicht)

8. a) Anteil der Schön-Wetter-Tage:

Lara	Nina	Steven
$\frac{3}{4}$	$\frac{5}{7}$	$\frac{7}{10}$

(je 1 Punkt)

b) Wir erweitern die Brüche auf den Hauptnenner 140:
$\frac{3}{4} = \frac{105}{140}$; $\frac{5}{7} = \frac{100}{140}$; $\frac{7}{10} = \frac{98}{140}$ (je 1 Punkt)
Also $\frac{7}{10} < \frac{5}{7} < \frac{3}{4}$. (1 Punkt)

Zum Nacharbeiten							
Aufgabe	1	2, 3	4a, 4b, 5b	4c, 4d, 7	5a	6	8
Schulbuch, Seite	97, 98	104, 105	118, 119	128, 129	125, 126	116	17

Klassenarbeit 3.3

Seite 50/51

1. a) 23 % **b)** 30 % **c)** 7 % **d)** 85 %
(je 1 Punkt)

2. a) 43,21 **b)** 34,528 **c)** 7 652,53 **d)** 0,3245
(je 1 Punkt)

3. a) 7,031 **b)** 19,85 **c)** 1,2189 (je 2 Punkte)

4.

```
a) 8 : 25 = 0,32
   0
   80      b) 3 : 8 = 0,375
   75         0
    50        30        c) 5 : 6 = 0,833 3̄
    50        24           0
     0         60          50
               56          48
                40          20
                40          18
                 0           20
```

(je 2 Punkte)

5. a) (10,01 + 8,22) · 0,56 = 18,23 · 0,56 = 10,2088
b) 86,3 · (1,67 – 0,8) = 86,3 · 0,87 = 75,081 (je 2 Punkte)

6. a) 34,7 cm **b)** 45,934 km **c)** 12,345 m^2 **d)** 34 160 cm^2
(je 1 Punkt)

7. Beim Verschieben des Kommas um eine Stelle nach links wird der Faktor durch 10 dividiert.
Bei einer Verschiebung des Kommas um zwei Stellen nach rechts wird der Faktor 100-mal so groß.
Insgesamt bleibt eine Vergrößerung des Ergebnisses um den Faktor 10 übrig. (3 Punkte)

8. 2 · 17,50 € + 3 · 8,75 € = 61,25 €
Der Eintritt kostet also 61,25 € für die ganze Familie.
(3 Punkte)

9. 27,3 m^2 : 4,2 m = 6,5 m
Das Zimmer ist 6,5 m lang.
(1 Punkt für Ansatz, 2 Punkte für Rechnung mit richtigem Komma, 1 Punkt für Antwortsatz)

Zum Nacharbeiten								
Aufgabe	1	2, 6	3	4	5	7	8	9
Schulbuch, Seite	10, 97, 98	97, 98	112, 113	140, 141	113, 118, 119	116, 118, 119	113, 119	93, 128, 129

4. Berechnungen an Vielecken

Zum Aufwärmen: Verstehen und Üben

Flächeninhalt eines Dreiecks

Seite 52

1. (1)

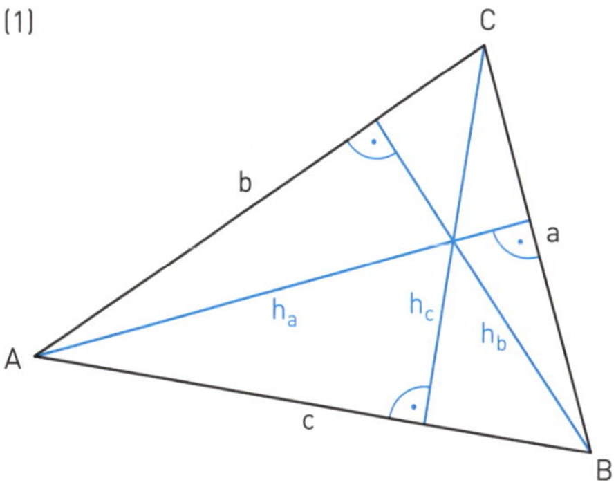

(2)

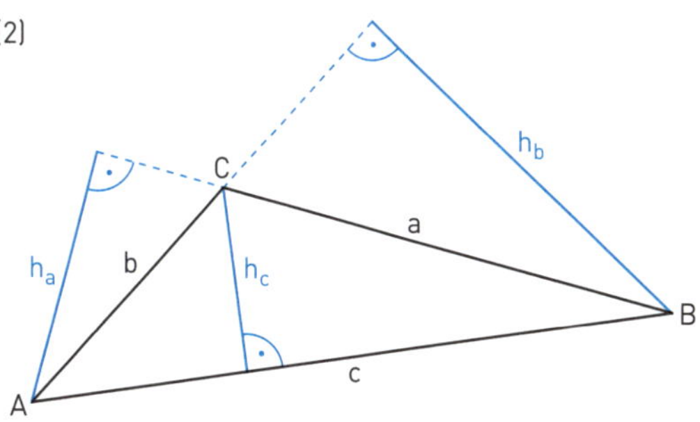

(3)

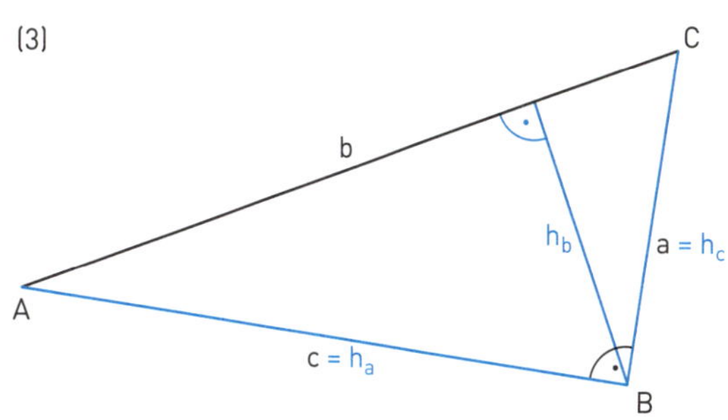

Seite 53

2. **a)** $A = \frac{g \cdot h}{2} = \frac{7\,cm \cdot 4\,cm}{2} = 14\,cm^2$

b) $A = \frac{5\,cm \cdot 2\,cm}{2} = 5\,cm^2$

c) $A = \frac{4{,}7\,cm \cdot 3{,}7\,cm}{2} = 8{,}695\,cm^2$

d) $A = \frac{6{,}2\,cm \cdot 2{,}5\,cm}{2} = 7{,}75\,cm^2$

3. Bei den Dreiecken (1), (2), (3) und (5) ist die Grundseite jeweils 3 Kästchen lang, die Höhe beträgt 4 Kästchen. Bei Dreieck (4) ist die Grundseite 4 Kästchen lang, die Höhe beträgt 3 Kästchen. Daher haben alle Dreiecke den gleichen Flächeninhalt. Er beträgt
$A = \frac{(3 \cdot 0{,}7\,cm) \cdot (4 \cdot 0{,}7\,cm)}{2} = \frac{2{,}1\,cm \cdot 2{,}8\,cm}{2} = 2{,}94\,cm^2$.

4.

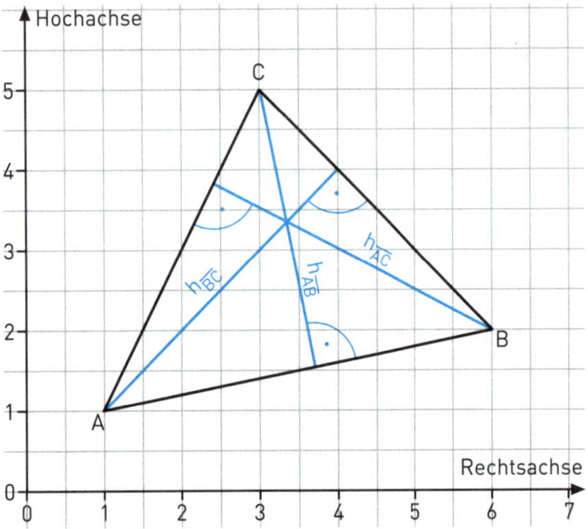

Seite	Länge der Seite	zugehörige Höhe	Flächeninhalt
$\overline{AB}$	ca. 5,1 cm	ca. 3,5 cm	ca. 8,9 cm²
$\overline{AC}$	ca. 4,5 cm	ca. 4,0 cm	ca. 9,0 cm²
$\overline{BC}$	ca. 4,3 cm	ca. 4,2 cm	ca. 9,0 cm²

Die Flächeninhalte sind bis auf Ungenauigkeiten beim Messen und Runden gleich.

Seite 54

5.

	a)	b)	c)	d)
Länge der Seite g	9 m	4,7 cm	30 m	5,4 km
Höhe h	5,5 m	38 mm	150 m	0,8 km
Flächeninhalt A	24,75 m²	893 mm²	2250 m²	2,16 km²

6. $A = \frac{g \cdot h}{2} = \frac{6\,m \cdot 4\,m}{2} = 12\,m^2$

Der Flächeninhalt des Dachfensters beträgt 12 m².

Flächeninhalt eines Parallelogramms

7. **a)** $A = g \cdot h = 10\,cm \cdot 4{,}6\,cm = 46\,cm^2$
b) $A = 5{,}7\,cm \cdot 2{,}7\,cm = 15{,}39\,cm^2$
c) $A = 4{,}3\,cm \cdot 4{,}7\,cm = 20{,}21\,cm^2$

Seite 55

8. Die Grundseite ist bei allen Parallelogrammen 4 Kästchen lang, die Höhe beträgt bei allen 6 Kästchen. Daher haben alle Parallelogramme den gleichen Flächeninhalt.
Er beträgt $A = (4 \cdot 0{,}5\,cm) \cdot (6 \cdot 0{,}5\,cm) = 2\,cm \cdot 3\,cm = 6\,cm^2$

9.

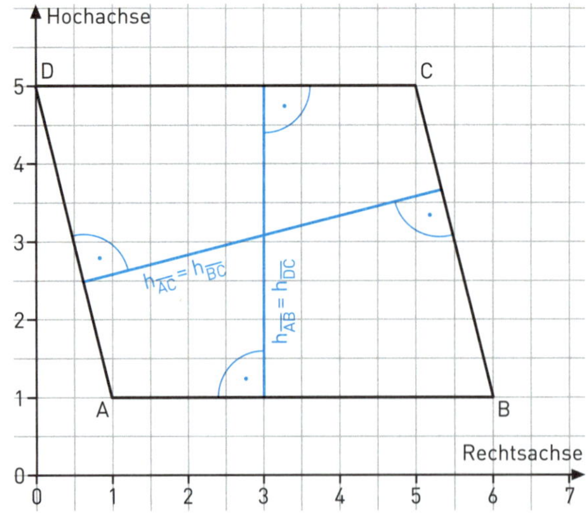

Seite	Länge der Seite	zugehörige Höhe	Flächeninhalt
$\overline{AB}$	5 cm	4 cm	20 cm²
$\overline{BC}$	ca. 4,1 cm	ca. 4,9 cm	ca. 20,1 cm²
$\overline{CD}$	5 cm	4 cm	20 cm²
$\overline{DA}$	ca. 4,1 cm	ca. 4,9 cm	ca. 20,1 cm²

Der Flächeninhalt ist immer gleich groß. Die Unterschiede beruhen auf Messungenauigkeiten.
Die Werte in der 3. Zeile sind mit denen der 1. und die der 4. Zeile mit denen der 2. übereinstimmend, da im Parallelogramm die Seitenlängen gegenüberliegender Seiten gleich groß sind und deren Höhen identisch sind.

10.

	a)	b)	c)	d)
Länge der Seite g	6,9 km	7,1 dm	37 mm	6,2 m
zugehörige Höhe h	8,5 km	24 cm	43 mm	0,75 m
Flächeninhalt A	58,65 km²	1704 cm²	1591 mm²	4,65 m²

Seite 56

11. Der Kiesweg hat die Form eines Parallelogramms mit $A = 3\,m \cdot 7\,m = 21\,m^2$.
Die Kosten für die Erneuerung betragen hier $21 \cdot 7{,}50\,€ = 157{,}50\,€$.
Die beiden Rasendreiecke lassen sich zu einem Quadrat zusammenlegen mit $A = 7\,m \cdot 7\,m = 49\,m^2$.
Das Saatgut kostet dann $49 \cdot 0{,}50\,€ = 24{,}50\,€$.
Die Gesamtkosten für die Parkerneuerung betragen hier also $157{,}50\,€ + 24{,}50\,€ = 182\,€$.

Flächeninhalt eines Trapezes

12. **a)** $A = \frac{(a + c) \cdot h}{2} = \frac{(6\,cm + 3\,cm) \cdot 3\,cm}{2} = 13{,}5\,cm^2$

b) $A = \frac{(7\,cm + 3\,cm) \cdot 5\,cm}{2} = 25\,cm^2$

c) $A = \frac{(7{,}3\,cm + 3\,cm) \cdot 3{,}7\,cm}{2} = 19{,}055\,cm^2$

Seite 57

13.

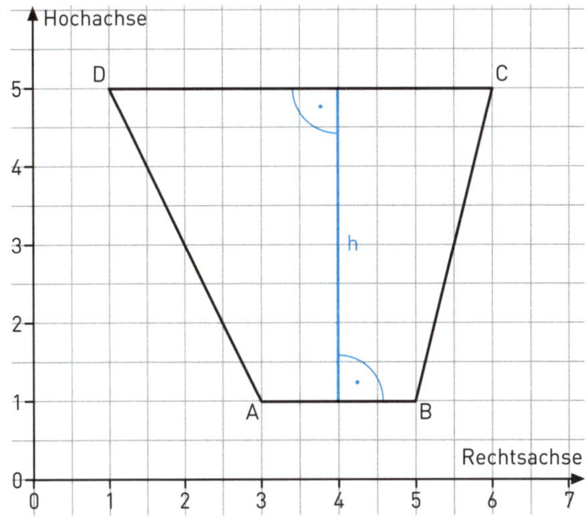

Die eine Grundseite $\overline{AB}$ verläuft parallel zur Grundseite $\overline{CD}$. $\overline{AB}$ hat die Länge 2 cm, $\overline{CD}$ die Länge 5 cm. Die Höhe beträgt 4 cm. Damit ergibt sich als Flächeninhalt für das Trapez:

$A = \frac{(|AB| + |CD|) \cdot h}{2} = \frac{(2\,cm + 5\,cm) \cdot 4\,cm}{2} = 14\,cm^2$

14.

	a)	b)	c)	d)
Länge einer Seite a	6 cm	3,5 m	2,7 cm	11,9 km
Länge der parallelen Seite c	8 cm	9,5 m	38 mm	28,1 km
zugehörige Höhe h	4 cm	10 m	0,9 cm	3,6 km
Flächeninhalt A	28 cm²	65 m²	2,925 cm² = 2925 mm²	72 km²

15. a) Dachfläche $A = \frac{(a + c) \cdot h}{2} = \frac{(11\,m + 8\,m) \cdot 5\,m}{2} = 47{,}5\,m^2$

b) Wegen der Höhe von 1,60 m passen maximal drei Solarmodule auf der Schräge übereinander. In der obersten Reihe können maximal 8 nebeneinander platziert werden; da das Dach nach unten hin breiter wird, passen in die mittlere Reihe etwa 9 Module, in die unterste Reihe höchstens 10 Module nebeneinander. Es passen also maximal 27 Solarmodule aufs Dach.

Flächeninhalt beliebiger Vielecke

Seite 58

16.

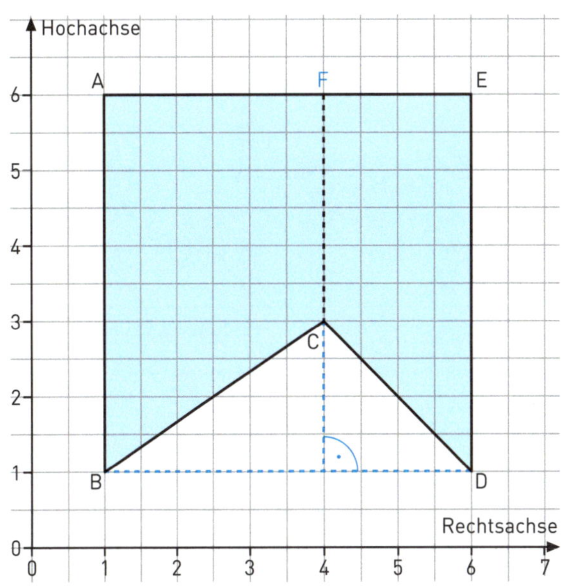

Der Flächeninhalt des Fünfecks beträgt 20 cm².

Lösungsidee 1: Ergänzen zum Quadrat

Man berechnet den Flächeninhalt des Quadrats ABDE und zieht davon den Flächeninhalt des Dreiecks ab:

$A_1 = 5\,cm \cdot 5\,cm = 25\,cm^2$

$A_2 = \frac{5\,cm \cdot 2\,cm}{2} = 5\,cm^2$

$A = A_1 - A_2 = 20\,cm^2$

Lösungsidee 2: Zerlegen in zwei Trapeze (mit neuem Eckpunkt F und $\overline{CF}$ parallel zu $\overline{AB}$ und $\overline{DE}$) und Addieren der beiden Flächeninhalte:

$A_1 = \frac{(5\,cm + 3\,cm) \cdot 3\,cm}{2} = 12\,cm^2$

$A_2 = \frac{(5\,cm + 3\,cm) \cdot 2\,cm}{2} = 8\,cm^2$

$A = A_1 + A_2 = 20\,cm^2$

Weitere Wege, z. B. ein Reckteck und 2 Dreiecke, sind möglich.

17. Z. B. 1. Zwei Dreiecke; 2. Ein Rechteck und zwei Dreiecke; 3. Ein Parallelogramm und ein Dreieck

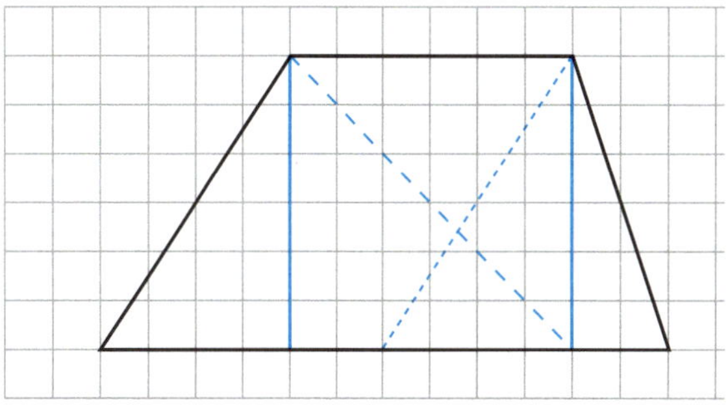

Klassenarbeit 4.1

Seite 59/60

1. a) (3 Punkte)

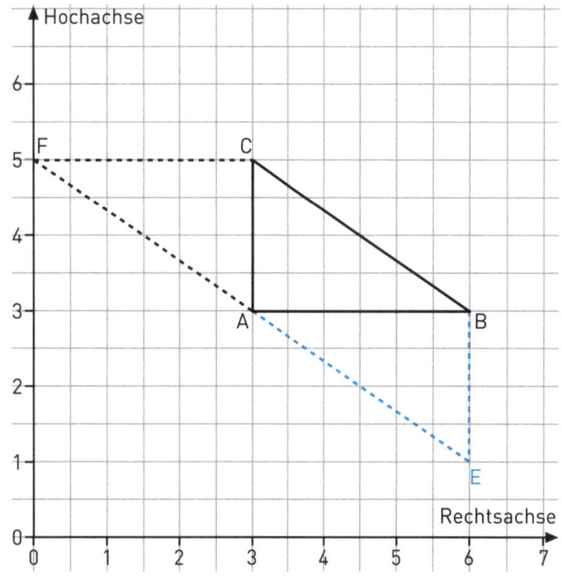

b) A = 3 cm² (2 Punkte)

c) Mit E (6 | 1) entsteht das Parallelogramm AEBC und mit F (0 | 5) das Parallelogramm ABCF. (je 1 Punkt)
(Mit Punkt D (6 | 5) erhält man das Reckteck ABDC, das natürlich auch ein Parallelogramm ist).

2. a) $A = g \cdot h$ (1 Punkt)
Die Formel lässt sich z. B. zurückführen auf den Flächeninhalt eines Rechtecks (man könnte es entlang der Höhe in zwei Teile schneiden und diese zum Rechteck zusammenfügen). Andere Vorgehensweisen sind möglich. (2 Punkte)

b) Lösungsidee: z. B. Zerlegung in zwei Trapeze; das untere hat den Flächeninhalt $A_1 = \frac{(3\,cm + 5\,cm) \cdot 2\,cm}{2} = 8\,cm^2$, das obere $A_2 = \frac{(3\,cm + 5\,cm) \cdot 3\,cm}{2} = 12\,cm^2$; also hat die Gesamtfigur einen Flächeninhalt von $20\,cm^2$. Es gibt weitere Wege, z. B. 1 Rechteck und 2 Dreiecke.
(2 Punkte für Idee (Zerlegung/Ergänzung mit Skizze), 3 Punkte für Berechnung der Teilflächen, 1 Punkt fürs Ergebnis)

3. a) Der Weg ist eine Trapezfläche mit $A = \frac{(2\,m + 4\,m) \cdot 4\,m}{2} = 12\,m^2$. (3 Punkte)
Die linke Rasenfläche ist ein Dreieck mit $A = \frac{1\,m \cdot 4\,m}{2} = 2\,m^2$; die rechte Rasenfläche ist ein Parallelogramm mit $A = 2\,m \cdot 4\,m = 8\,m^2$.
Die Gesamtrasenfläche ist also $10\,m^2$ groß. (4 Punkte)
Die Rasenflächen kosten 60 €.
Die Kosten für den Weg betragen 96 €.
Damit kostet die gesamte Neugestaltung 156 €. (3 Punkte)

b) Hierzu müssen Umfang von Dreieck und Parallelogramm bestimmt werden: $U_D = 4\,m + 1\,m + 4{,}1\,m = 9{,}1\,m$ und $U_P = 2 \cdot (2\,m + 4{,}1\,m) = 12{,}2\,m$. (je 1,5 Punkte)
Insgesamt werden also etwa 21,3 m Zaun benötigt. (1 Punkt)

4. a) $240\,dm^2$; $1730\,mm^2$; $60\,a$ ($= 6\,000\,m^2$); $12\,340\,a$ ($= 1\,234\,000\,m^2$) (je 0,5 Punkte)

b) $320\,000\,cm^2$; $21\,cm^2$; $30\,000\,dm^2$; $123\,000\,000\,m^2$ (je 0,5 Punkte)

c) $2000\,a < 20{,}2\,ha < 0{,}22\,km^2 < 220\,ha$ (3 Punkte)

Zum Nacharbeiten					
Aufgabe	1a, 1b	1c, 2a	2b	3	4
Schulbuch, Seite	150, 151	153, 154	159, 160	157, 158	97, 98

Klassenarbeit 4.2

Seite 61/62

1.

	a)	b)	c)
Länge der Seite g	7 cm	16 m	4 cm
Höhe h	4 cm	3 m	3,2 cm
Flächeninhalt A	$14\,cm^2$	$24\,m^2$	$640\,mm^2$

(je 1 Punkt)

2. a) Parallelogramm: $A = g \cdot h = 10\,m \cdot 4\,m = 40\,m^2$ (2 Punkte)

b) Trapez: $A = \frac{(7\,m + 3\,m) \cdot 3{,}3\,m}{2} = 16{,}5\,m^2$ (3 Punkte)

3. $A = \frac{e \cdot f}{2}$ (1 Punkt)
Im Drachenviereck stehen die Diagonalen e und f senkrecht aufeinander. Das Rechteck mit den Seitenlängen e und f hat einen genau doppelt so großen Flächeninhalt wie das Drachenviereck. Argumentation über die 4 Dreiecke ist auch möglich. (2 Punkte)

4. Es gibt verschiedene Lösungswege, z. B.:
1. Ergänzen: Von der großen Rechtecksfläche werden die Flächen von 4 Dreiecken abgezogen, sodass die X-Fläche übrig bleibt.
Rechteck: $A = 24\,cm \cdot 18\,cm = 432\,cm^2$
Dreiecke oben/unten: $A = \frac{(18\,cm - 2 \cdot 4\,cm) \cdot 8{,}5\,cm}{2} = 42{,}5\,cm^2$
Dreiecke rechts/links:
$A = \frac{24\,cm \cdot \left(\frac{18\,cm}{2} - 2\,cm\right)}{2} = \frac{24\,cm \cdot 7\,cm}{2} = 84\,cm^2$
Gesamt $A_{Stütze} = 432\,cm^2 - 2 \cdot 42{,}5\,cm^2 - 2 \cdot 84\,cm^2 = 179\,cm^2$
2. Zerlegen: Die Figur wird in 2 Parallelogramme aufgeteilt, wobei die Fläche in der Mitte, wo die beiden Parallelogramme sich überschneiden (Raute), abgezogen werden muss.
Parallelogramme: $A = 4\,cm \cdot 24\,cm = 96\,cm^2$
Raute: z. B. Zerlegung in 2 Dreiecke:
$A_{Raute} = 2 \cdot \frac{4\,cm \cdot \frac{7\,cm}{2}}{2} = 2 \cdot \frac{4\,cm \cdot 3{,}5\,cm}{2} = 14\,cm^2$
Gesamt $A_{Stütze} = 2 \cdot 96\,cm^2 - 14\,cm^2 = 178\,cm^2$
Der Unterschied von $1\,cm^2$ in beiden Ansätzen ergibt sich dadurch, dass die Abmessungen auf glatte Werte gerundet wurden. (2 Punkte für Stregegie (Zerlegen/Ergänzen), 5 Punkte für Berechnung der Teilflächen, 1 Punkt für Endergebnis)

5. Es gibt verschiedene Herangehensweisen, z. B.:
In die Höhe von 22,5 m passen höchstens 80 Rauten übereinander. (2 Punkte)
In die Breite von 15 m passen maximal 83 Rauten nebeneinander. (2 Punkte)
Damit ergeben sich insgesamt höchstens 6 640 kleine Rauten. (2 Punkte)
Das Gesamtgewicht beträgt 37,848 t. (2 Punkte)

6.

	Auf Ganze	Auf Zehntel	Auf Hundertstel	Auf Tausendstel
2,6087	3	2,6	2,61	2,609
0,3146	0	0,3	0,31	0,315
13,495	13	13,5	13,50	13,495

(0,5 Punkte für jeden Wert)

Zum Nacharbeiten					
Aufgabe	1, 3, 5	2a	2b	4	6
Schulbuch, Seite	150,151	153,154	157,158	159, 160	107

Klassenarbeit 4.3

Seite 63/64

1.

	a)	b)	c)
Länge einer Seite a	5 cm	4,5 m	6,2 cm
Länge der parallelen Seite c	9 cm	7,5 m	3,8 cm
zugehörige Höhe h	3 cm	12 m	9 cm
Flächeninhalt A	$21\,cm^2$	$72\,m^2$	$45\,m^2$

(a) 1 Punkt, b) und c) je 2 Punte)

2. a) Parallelogramm: Die Höhe h beträgt 6 cm.

b) Dreieck: Die Höhe h beträgt 12 cm. (je 1 Punkt)

3. a) (3 Punkte)

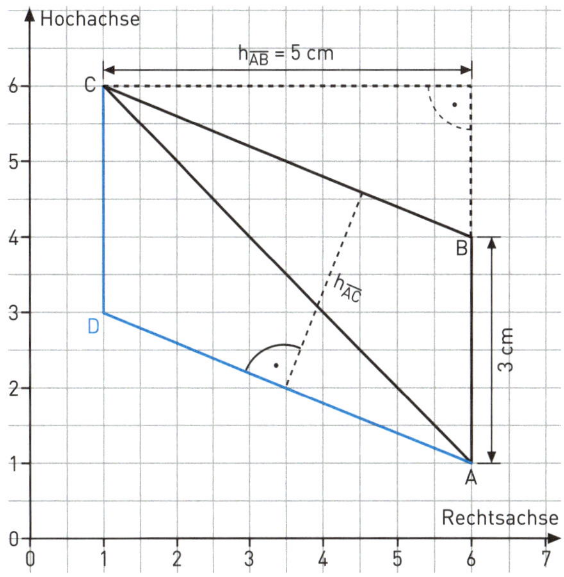

b) $A = \frac{1}{2} \cdot 3\,\text{cm} \cdot 5\,\text{cm} = 7{,}5\,\text{cm}^2$ (2 Punkte)

c) D (1 | 3) (1 Punkt)

d) $h_{\overline{AB}} = h_{\overline{CD}} = 5\,\text{cm}$; $h_{\overline{AD}} = h_{\overline{BC}} = 2{,}8\,\text{cm}$ (2 Punkte)

4. 1. Zerlegung des Vielecks in Dreiecke und Vierecke, deren Flächeninhalt man bestimmen kann.
2. Ergänzung zu einem Dreieck/Viereck, von dem man den Flächeninhalt leicht bestimmen kann. (je 1 Punkt)

5. a) Badezimmer: $2\,\text{m} \cdot 3\,\text{m} = 6\,\text{m}^2$ (1 Punkt)
Kinderzimmer: z. B. Zerlegung in oberes Trapez und unteres Rechteck;
Trapez: $\frac{(4\,\text{m} + 3\,\text{m})}{2} \cdot 3\,\text{m} = 10{,}5\,\text{m}^2$,
Rechteck: $4\,\text{m} \cdot 3\,\text{m} = 12\,\text{m}^2$, also zusammen
$12\,\text{m}^2 + 10{,}5\,\text{m}^2 = 22{,}5\,\text{m}^2$ (5 Punkte)
Die Fläche des Kinderzimmers beträgt $22{,}5\,\text{m}^2$, die Fläche des Bads beträgt $6\,\text{m}^2$.

b) Das rechteckige Teppichstück ist $4\,\text{m} \cdot 6\,\text{m} = 24\,\text{m}^2$ groß. Da das Zimmer nur $22{,}5\,\text{m}^2$ groß ist, ist das abgeschnittene Dreieck $1{,}5\,\text{m}^2$ groß. (2 Punkte)

c) Der Balkon ist ebenfalls trapezförmig, also
$\frac{(2\,\text{m} + 1\,\text{m})}{2} \cdot 3\,\text{m} = 4{,}5\,\text{m}^2$. (2 Punkte)
Der gesamte Platz von Katrin beträgt also
$22{,}5\,\text{m}^2 + 4{,}5\,\text{m}^2 + 6\,\text{m}^2 = 33\,\text{m}^2$ (1 Punkt)

6. a) (1) $\frac{26}{10} = 2{,}6$ (3) $\frac{9}{5} = 1{,}8$
(2) $\frac{347}{10\,000} = 0{,}0347$ (4) $\frac{11}{4} = 2{,}75$ (je 1 Punkt)

b) (1) $0{,}23 = \frac{23}{100}$ (3) $61{,}79 = \frac{6\,179}{100}$
(2) $4{,}85 = \frac{485}{100} = \frac{97}{20}$ (4) $3{,}\overline{6} = 3 + \frac{2}{3} = \frac{11}{3}$ (je 1 Punkt)

Zum Nacharbeiten					
Aufgabe	1	2a, 3c, 3d	2b, 3a, 3b	4, 5	6
Schulbuch, Seite	157, 158	153, 154	150, 151	159, 160	102–103

5. Multiplizieren und Dividieren von Brüchen

Zum Aufwärmen: Verstehen und Üben

Multiplizieren und Dividieren von Brüchen

Seite 65

1. a) $\frac{5}{6} \cdot \frac{7}{4} = \frac{35}{24}$

b) $\frac{3}{10} \cdot \frac{5}{9} = \frac{\cancel{3}^{1} \cdot \cancel{5}^{1}}{\cancel{10}_{2} \cdot \cancel{9}_{3}} = \frac{1}{6}$

c) $\frac{12}{25} \cdot \frac{15}{16} = \frac{\cancel{12}^{3} \cdot \cancel{15}^{3}}{\cancel{25}_{5} \cdot \cancel{16}_{4}} = \frac{9}{20}$

d) $\frac{10}{13} \cdot \frac{39}{50} = \frac{\cancel{10}^{1} \cdot \cancel{39}^{3}}{\cancel{13}_{1} \cdot \cancel{50}_{5}} = \frac{3}{5}$

2. a) $\frac{2}{3} : \frac{3}{4} = \frac{2}{3} \cdot \frac{4}{3} = \frac{8}{9}$

b) $\frac{6}{11} : \frac{3}{22} = \frac{6}{11} \cdot \frac{22}{3} = \frac{\cancel{6}^{2} \cdot \cancel{22}^{2}}{\cancel{11}_{1} \cdot \cancel{3}_{1}} = \frac{4}{1} = 4$

c) $\frac{36}{49} : \frac{12}{35} = \frac{36}{49} \cdot \frac{35}{12} = \frac{\cancel{36}^{3} \cdot \cancel{35}^{5}}{\cancel{49}_{7} \cdot \cancel{12}_{1}} = \frac{15}{7} = 2\frac{1}{7}$

d) $49 : \frac{7}{8} = \frac{\cancel{49}^{7}}{1} \cdot \frac{8}{\cancel{7}_{1}} = \frac{56}{1} = 56$

Seite 66

3. a) $3\frac{1}{3} \cdot \frac{3}{5} = \frac{10}{3} \cdot \frac{3}{5} = \frac{10 \cdot 3}{3 \cdot 5} = \frac{2}{1} = 2$

b) $1\frac{5}{6} : \frac{4}{9} = \frac{11}{6} \cdot \frac{9}{4} = \frac{11 \cdot 9}{6 \cdot 4} = \frac{11 \cdot 3}{2 \cdot 4} = \frac{33}{8} = 4\frac{1}{8}$

c) $2\frac{3}{4} \cdot 1\frac{1}{3} = \frac{11}{4} \cdot \frac{4}{3} = \frac{11 \cdot 4}{4 \cdot 3} = \frac{11}{3} = 3\frac{2}{3}$

d) $1\frac{3}{4} : 2\frac{1}{6} = \frac{7}{4} : \frac{13}{6} = \frac{7}{4} \cdot \frac{6}{13} = \frac{7 \cdot 6}{4 \cdot 13} = \frac{7 \cdot 3}{2 \cdot 13} = \frac{21}{26}$

4. Anteil von Mama, Anton und Kim zusammen:
$\frac{3}{4} \cdot \frac{2}{3} = \frac{2}{4} = \frac{1}{2}$
Jeder der drei erhält also $\frac{1}{2} : 3 = \frac{1}{2} \cdot \frac{1}{3} = \frac{1}{6}$.
Anteil von Papa: $\frac{2}{3} - \frac{1}{2} = \frac{1}{6}$
Jedes Familienmitglied erhält also $\frac{1}{6}$ der Torte.

5. a) $\frac{1}{3} \cdot 7{,}5 = \frac{1}{3} \cdot \frac{15}{2} = \frac{5}{2}$
$\frac{3}{4} \cdot 0{,}3 = 0{,}75 \cdot 0{,}3 = 0{,}225$
oder $\frac{3}{4} \cdot \frac{3}{10} = \frac{9}{40}$
$\frac{3}{7} \cdot 3{,}5 = \frac{3}{7} \cdot \frac{7}{2} = \frac{3}{2} = 1{,}5$

b) $0{,}5 \cdot \frac{5}{6} = \frac{1}{2} \cdot \frac{5}{6} = \frac{5}{12}$
$5 : 1{,}5 = 5 : \frac{3}{2} = 5 \cdot \frac{2}{3} = \frac{10}{3}$
$0{,}25 : \frac{7}{12} = \frac{1}{4} : \frac{7}{12} = \frac{1}{4} \cdot \frac{12}{7} = \frac{3}{7}$

6. a) $\frac{2}{3} \cdot 1\frac{1}{5}\,\text{t} = \frac{2}{3} \cdot \frac{6}{5}\,\text{t} = \frac{4}{5}\,\text{t}$; $\frac{4}{5}\,\text{t} = 800\,\text{kg}$
Der Winzer erhält 800 ℓ Saft.

b) $1\frac{1}{5}\,\text{t} : 1{,}5 = \frac{6}{5}\,\text{t} : \frac{3}{2} = \frac{6}{5}\,\text{t} \cdot \frac{2}{3} = \frac{4}{5}\,\text{t}$
Der Winzer hat 800 kg grüne Trauben geerntet.

Seite 67

7. a) $\frac{5}{9} \cdot 171\,\text{km} = 95\,\text{km}$
z. B.: Der Zug muss noch $\frac{5}{9}$ der Strecke von 171 km zurücklegen. Wie viel km muss er noch fahren?
Antwort: Der Zug muss noch 95 km fahren.

b) $8\frac{2}{5}\,\ell : 0{,}7\,\ell = 12$
z. B.: $8\frac{2}{5}\,\ell$ Saft werden in 0,7-ℓ-Flaschen umgefüllt. Wie viele Flaschen ergibt das?
Antwort: Es ergibt 12 Flaschen.

c) $\frac{3}{4}\cdot 7{,}5\,\text{kg} = \frac{3}{4}\cdot\frac{15}{2}\,\text{kg} = \frac{45}{8}\,\text{kg} = 5\frac{5}{8}\,\text{kg}$

z. B.: $\frac{3}{4}$ des 7,5 kg schweren Beutels mit Kartoffeln sind aufgebraucht. Wie viel kg sind das?

Antwort: $5\frac{5}{8}$ kg sind aufgebraucht.

(Alternative Rechengeschichten sind möglich.)

8. a) $\frac{\frac{7}{12}}{\frac{35}{24}} = \frac{7}{12}:\frac{35}{24} = \frac{7}{12}\cdot\frac{24}{35} = \frac{\cancel{7}^{1}\cdot\cancel{24}^{2}}{\cancel{12}_{1}\cdot\cancel{35}_{5}} = \frac{2}{5}$

b) $\frac{\frac{9}{10}}{\frac{18}{25}} = \frac{9}{10}:\frac{18}{25} = \frac{9}{10}\cdot\frac{25}{18} = \frac{\cancel{9}^{1}\cdot\cancel{25}^{5}}{\cancel{10}_{2}\cdot\cancel{18}_{2}} = \frac{5}{4} = 1\frac{1}{4}$

c) $\frac{4\frac{1}{5}}{1\frac{13}{15}} = 4\frac{1}{5}:1\frac{13}{15} = \frac{21}{5}:\frac{28}{15} = \frac{21}{5}\cdot\frac{15}{28} = \frac{\cancel{21}^{3}\cdot\cancel{15}^{3}}{\cancel{5}_{1}\cdot\cancel{28}_{4}} = \frac{9}{4} = 2\frac{1}{4}$

9. (1) ist wahr, (2) und (3) sind falsch

Gegenbeispiele: zu (2): z. B. $\frac{\frac{2}{3}}{\frac{3}{2}} = \frac{2}{3}\cdot\frac{2}{3} = \frac{4}{9} \neq 1$

zu (3): z. B. $\frac{\frac{4}{3}}{\frac{2}{3}} = \frac{4}{3}\cdot\frac{3}{2} = \frac{12}{6} = 2$

Seite 68

10. (1) Die Aussage ist richtig, da der Faktor zwei gekürzt werden kann, z. B.:

$\frac{3}{4}\cdot\frac{5}{2} = \frac{3\cdot 2}{4}\cdot\frac{5}{2\cdot 2} = \frac{3\cdot\cancel{2}^{1}\cdot 5}{4\cdot 2\cdot\cancel{2}_{1}} = \frac{15}{8}$

(2) Die Aussage ist falsch. Gegenbeispiel:

$\frac{3}{4}+\frac{1}{4} = 1$ aber $\frac{3\cdot 2}{4}+\frac{1}{4\cdot 2} = \frac{6}{4}+\frac{1}{8} = \frac{13}{8}$

(3) Die Aussage trifft zu, da der Nenner des Nennerbruchs bei der Umwandlung in eine Multiplikation als Zähler des zweiten Faktors auftritt:

$\frac{\frac{1}{2}}{\frac{2}{3}} = \frac{1}{2}:\frac{2}{3} = \frac{1}{2}\cdot\frac{3}{2} = \frac{3}{4}$; $\frac{\frac{1\cdot 2}{2}}{\frac{2}{3\cdot 2}} = \frac{2}{2}:\frac{2}{6} = \frac{2}{2}\cdot\frac{6}{2} = \frac{12}{4} = 3 = 4\cdot\frac{3}{4}$

Berechnen von Termen

11. a) $3\frac{1}{4}:\left(\frac{7}{2}-\frac{3}{8}\right) = \frac{13}{4}:\frac{25}{8} = \frac{13}{4}\cdot\frac{8}{25} = \frac{26}{25}$

b) $\left(\frac{15}{16}+\frac{25}{4}\right):\frac{5}{4} = \frac{115}{16}:\frac{5}{4} = \frac{115}{16}\cdot\frac{4}{5} = \frac{23}{4}$

c) $\frac{28}{64}:\frac{35}{16}+\frac{6}{15}\cdot\frac{3}{4} = \frac{28}{64}\cdot\frac{16}{35}+\frac{6}{15}\cdot\frac{3}{4} = \frac{1}{5}+\frac{3}{10} = \frac{5}{10} = \frac{1}{2}$

d) $\frac{9}{5}\cdot\left(\frac{2}{3}\right)^3-\frac{1}{5} = \frac{9}{5}\cdot\frac{8}{27}-\frac{1}{5} = \frac{8}{15}-\frac{1}{5} = \frac{5}{15} = \frac{1}{3}$

e) $\left(0{,}7-\frac{21}{40}:\frac{7}{8}\right)\cdot\left(\frac{5}{4}\right)^2 = \left(\frac{7}{10}-\frac{3}{5}\right)\cdot\frac{25}{16} = \frac{1}{10}\cdot\frac{25}{16} = \frac{5}{32}$

Seite 69

12. Lena missachtet die Regel Punkt- vor Strichrechnung sowie das Rechnen von links nach rechts:

$\frac{7}{8}\cdot\frac{5}{6}-\frac{1}{6} = \frac{35}{48}-\frac{1}{6} = \frac{35}{48}-\frac{8}{48} = \frac{27}{48} = \frac{9}{16}$

Lisa missachtet, dass sie von links nach rechts rechnen sollte:

$\frac{1}{3}:\frac{1}{4}:\frac{1}{5} = \frac{1}{3}\cdot\frac{4}{1}:\frac{1}{5} = \frac{4}{3}:\frac{1}{5} = \frac{4}{3}\cdot\frac{5}{1} = \frac{20}{3}$

Lotte hat richtig gerechnet.

13. Für die Jungen ergibt sich der Term:

$\left(1\frac{1}{2}\ell+1\frac{1}{4}\ell+\frac{3}{4}\ell+\frac{5}{8}\ell\right)\cdot\frac{\cancel{4}^{2}}{\cancel{6}_{3}} = \frac{33}{8}\ell\cdot\frac{2}{3} = \frac{\cancel{33}^{11}\cdot\cancel{2}^{1}}{\cancel{8}_{4}\cdot\cancel{3}_{1}}\ell = \frac{11}{4}\ell = 2\frac{3}{4}\ell$

Der Mädchenanteil kann analog berechnet oder durch Subtraktion des Jungenanteils vom Gesamtvolumen berechnet werden:

$4\frac{1}{8}\ell-\frac{11}{4}\ell = \frac{33}{8}\ell-\frac{22}{8}\ell = \frac{11}{8}\ell = 1\frac{3}{8}\ell$

Auch die einfache Überlegung, dass die Mädchen die Hälfte des Jungenanteils erhalten, funktioniert.

Rechengesetze bei der Bruchrechnung: Kommutativ-, Assoziativ- und Distributivgesetze

Seite 70

14. a) $\frac{2}{3}+\left(\frac{1}{3}+\frac{4}{5}\right) = \left(\frac{2}{3}+\frac{1}{3}\right)+\frac{4}{5} = 1+\frac{4}{5} = \frac{9}{5}$ (Assoziativgesetz)

b) $\frac{7}{9}\cdot\left(\frac{3}{14}\cdot\frac{6}{5}\right) = \left(\frac{7}{9}\cdot\frac{3}{14}\right)\cdot\frac{6}{5} = \frac{\cancel{7}^{1}\cdot\cancel{3}^{1}}{\cancel{9}_{3}\cdot\cancel{14}_{2}}\cdot\frac{6}{5} = \frac{1}{6}\cdot\frac{6}{5} = \frac{1\cdot\cancel{6}^{1}}{\cancel{6}_{1}\cdot 5} = \frac{1}{5}$

(Assoziativgesetz)

c) $\frac{4}{5}+\frac{3}{7}+\frac{6}{5}+\frac{4}{7} = \frac{4}{5}+\frac{6}{5}+\frac{3}{7}+\frac{4}{7} = \frac{4+6}{5}+\frac{7}{7} = 2+1 = 3$

(Kommutativgesetz)

d) $\frac{5}{8}\cdot\frac{7}{9}\cdot\frac{16}{15}\cdot\frac{27}{14} = \frac{5}{8}\cdot\frac{16}{15}\cdot\frac{7}{9}\cdot\frac{27}{14} = \frac{\cancel{5}^{1}\cdot\cancel{16}^{2}\cdot\cancel{7}^{1}\cdot\cancel{27}^{3}}{\cancel{8}_{1}\cdot\cancel{15}_{3}\cdot\cancel{9}_{1}\cdot\cancel{14}_{2}} = \frac{6}{6} = 1$

(Kommutativgesetz)

15. a) $\frac{6}{7}\cdot\frac{5}{4}-\frac{6}{7}\cdot\frac{1}{4} = \frac{6}{7}\cdot\left(\frac{5}{4}-\frac{1}{4}\right) = \frac{6}{7}$

b) $\frac{2}{3}\cdot\left(\frac{9}{10}+\frac{3}{4}\right) = \frac{2}{3}\cdot\frac{9}{10}+\frac{2}{3}\cdot\frac{3}{4} = \frac{\cancel{2}^{1}\cdot\cancel{9}^{3}}{\cancel{3}_{1}\cdot\cancel{10}_{5}}+\frac{\cancel{2}^{1}\cdot\cancel{3}^{1}}{\cancel{3}_{1}\cdot\cancel{4}_{2}} = \frac{3}{5}+\frac{1}{2} = \frac{6}{10}+\frac{5}{10} = \frac{11}{10}$

c) $\frac{1}{10}:\frac{9}{10}+\frac{4}{5}:\frac{9}{10} = \left(\frac{1}{10}+\frac{4}{5}\right):\frac{9}{10} = \left(\frac{1}{10}+\frac{8}{10}\right):\frac{9}{10} = \frac{9}{10}:\frac{9}{10} = 1$

d) $\left(\frac{22}{15}-\frac{44}{45}\right):\frac{11}{5} = \frac{22}{15}:\frac{11}{5}-\frac{44}{45}:\frac{11}{5} = \frac{22}{15}\cdot\frac{5}{11}-\frac{44}{45}\cdot\frac{5}{11}$

$= \frac{\cancel{22}^{2}\cdot\cancel{5}^{1}}{\cancel{15}_{3}\cdot\cancel{11}_{1}}-\frac{\cancel{44}^{4}\cdot\cancel{5}^{1}}{\cancel{45}_{9}\cdot\cancel{11}_{1}} = \frac{2}{3}-\frac{4}{9} = \frac{6}{9}-\frac{4}{9} = \frac{2}{9}$

Bei **a)** und **c)** wurde das Distributivgesetz von rechts nach links gelesen angewandt, bei **b)** und **d)** das Distributivgesetz von links nach rechts gelesen.

Seite 71

16. 1. Möglichkeit:

$\left(\frac{5}{4}m+\frac{15}{4}m\right)\cdot\frac{12}{5}m = \frac{20}{4}m\cdot\frac{12}{5}m = 5m\cdot\frac{12}{5}m = 12m^2$

2. Möglichkeit:

$\frac{5}{4}m\cdot\frac{12}{5}m+\frac{15}{4}m\cdot\frac{12}{5}m = \frac{\cancel{5}^{1}\cdot\cancel{12}^{3}}{\cancel{4}_{1}\cdot\cancel{5}_{1}}m^2+\frac{\cancel{15}^{3}\cdot\cancel{12}^{3}}{\cancel{4}_{1}\cdot\cancel{5}_{1}}m^2 = 3m^2+9m^2$

$= 12m^2$

Vergleich der Zahlbereiche

17. a) $A = \frac{1}{3}$; $B = \frac{7}{9}$; $C = \frac{9}{9} = 1$; $D = \frac{13}{9}$

b) $A = \frac{1}{70}$; $B = \frac{4}{70} = \frac{2}{35}$; $C = \frac{10}{70} = \frac{1}{7}$; $D = \frac{13}{70}$

Klassenarbeit 5.1

Seite 72/73

1. a) $\frac{2}{5}\cdot\frac{4}{3} = \frac{2\cdot 4}{5\cdot 3} = \frac{8}{15}$ (1 Punkt)

b) $\frac{6}{11}:\frac{5}{7} = \frac{6}{11}\cdot\frac{7}{5} = \frac{42}{55}$ (1,5 Punkte)

c) $0{,}8\cdot\frac{5}{16} = \frac{4}{5}\cdot\frac{5}{16} = \frac{\cancel{4}^{1}\cdot\cancel{5}^{1}}{\cancel{5}_{1}\cdot\cancel{16}_{4}} = \frac{1}{4}$ (1,5 Punkte)

d) $3\frac{1}{2}:1\frac{1}{7} = \frac{7}{2}:\frac{8}{7} = \frac{7}{2}\cdot\frac{7}{8} = \frac{49}{16}$ (2 Punkte)

e) $\left(\frac{4}{9}-\frac{1}{3}\right):\left(\frac{25}{9}\cdot\frac{1}{10}\right) = \left(\frac{4}{9}-\frac{3}{9}\right):\left(\frac{\cancel{25}^{5}\cdot 1}{9\cdot\cancel{10}_{2}}\right) = \frac{1}{9}:\frac{5}{18} = \frac{1}{9}\cdot\frac{18}{5} = \frac{1\cdot\cancel{18}^{2}}{\cancel{9}_{1}\cdot 5} = \frac{2}{5}$

(2 Punkte)

f) $\left(\frac{2}{3}\right)^3-\left(\frac{1}{6}\right)^2 = \left(\frac{2\cdot 2\cdot 2}{3\cdot 3\cdot 3}\right)-\left(\frac{1\cdot 1}{6\cdot 6}\right) = \frac{8}{27}-\frac{1}{36} = \frac{32}{108}-\frac{3}{108} = \frac{29}{108}$

(2 Punkte)

2. a) Da ein Liter einem Kilogramm entsprechen soll, müssen die Massen addiert werden:

$\left(1 + 3 \cdot 1\frac{1}{2} + \frac{3}{4} + \frac{1}{2} + 0{,}4\right)\,\text{kg}$

Die Addition kann unter Verwendung von Dezimalbrüchen oder Brüchen erfolgen:

$(1 + 3 \cdot 1{,}5 + 0{,}75 + 0{,}5 + 0{,}4)\,\text{kg} = 7{,}15\,\text{kg}$

oder

$\left(1 + 3 \cdot \frac{3}{2} + \frac{3}{4} + \frac{1}{2} + \frac{2}{5}\right)\text{kg} = \left(\frac{20}{20} + \frac{90}{20} + \frac{15}{20} + \frac{10}{20} + \frac{8}{20}\right)\text{kg} = \frac{143}{20}\,\text{kg}$

Also wiegt der Einkauf 7,15 kg bzw. $7\frac{3}{20}$ kg, d. h. ungefähr 7 kg.

(je 1 Punkt für Ansatz, Umwandlung der Brüche, Rechnung, Antwortsatz)

b) Das Ergebnis aus Aufgabenteil a) müsste durch drei dividiert werden:

$\frac{143}{20}\,\text{kg} : 3 = \frac{143}{20}\,\text{kg} : \frac{3}{1} = \frac{143}{20}\,\text{kg} \cdot \frac{1}{3} = \frac{143}{60}\,\text{kg} = 2\frac{23}{60}\,\text{kg}$

Also müsste jeder etwas über zwei Kilogramm tragen.

(je 1 Punkt für Ansatz, Umwandlung der Brüche, Rechnung, Antwortsatz)

c) Um die Einkäufe gerecht aufzuteilen, müsste praktisch alles in Sechzigstel geteilt werden. Das ist bei einem Einkauf allerdings nicht möglich, da man z. B. die Getränke nicht so aufteilen kann. (1 Punkt)

3. a) Beispiele:

Aus der Rechnung $\frac{4}{7} \cdot \frac{1}{2} = \frac{2}{7}$ würde nach Viertelung und Halbierung: $\frac{1}{7} \cdot \frac{1}{1} = \frac{1}{7}$.

Aus der Rechnung $\frac{8}{5} \cdot \frac{3}{4} = \frac{6}{5}$ würde nach Viertelung und Halbierung: $\frac{2}{5} \cdot \frac{3}{2} = \frac{3}{5}$. (1,5 Punkte)

Allgemein kann man folgern, dass bei solchem Vorgehen das entstehende Produkt nur noch halb so groß ist wie das vorherige. (1 Punkt)

b) Beispiele:

$\frac{3}{5} : \frac{1}{6} = \frac{3}{5} \cdot \frac{6}{1} = \frac{18}{5}$; $\frac{7}{10} : \frac{1}{7} = \frac{7}{10} \cdot \frac{7}{1} = \frac{49}{10}$; $\frac{2}{3} : \frac{1}{10} = \frac{2}{3} \cdot \frac{10}{1} = \frac{20}{3}$

(1,5 Punkte)

Zusammenfassend sieht man, dass die Division durch einen Stammbruch durch die Multiplikation mit dem Nenner des Stammbruches ersetzt werden kann. Deswegen gilt, dass der Quotient n-mal so groß wie der Dividend ist, wenn n der Nenner des Stammbruches ist.

(1 Punkt)

4. a) Es muss berechnet werden, wie viele von den dreißig Stimmen auf die Kandidaten entfallen sind.
Hierzu müssen die Anteile jeweils mit der Gesamtanzahl multipliziert werden.

Anna: $\frac{3}{10} \cdot 30 = \frac{3 \cdot \overset{3}{\cancel{30}}}{\underset{1}{\cancel{10}}} = 9$

Ben: $0{,}1 \cdot 30 = 3$

Chris: $\frac{1}{6} \cdot 30 = \frac{1}{6} \cdot \frac{30}{1} = \frac{1 \cdot \overset{5}{\cancel{30}}}{\underset{1}{\cancel{6}} \cdot 1} = 5$

Dana: $30 - 9 - 3 - 5 = 13$

Also bekam Anna neun, Ben drei, Chris fünf und Dana dreizehn Stimmen. Dana hat die Wahl gewonnen.

(je Ergebnis 1 Punkt, 1 Punkt für Antwortsatz)

b) Zu lösen ist die Aufgabe: $\frac{3}{10} \cdot \square = \frac{1}{2}$ für Anna.
Um den unbekannten Faktor berechnen zu können, muss die Umkehroperation (Division) ausgeführt werden, bei der das Produkt durch den bekannten Faktor dividiert wird.

$\frac{1}{2} : \frac{3}{10} = \frac{1}{\underset{1}{\cancel{2}}} \cdot \frac{\overset{5}{\cancel{10}}}{3} = \frac{5}{3}$ (1 Punkt)

Danas Anteil kann so berechnet werden:

$1 - 0{,}3 - 0{,}1 - \frac{1}{6} = 0{,}6 - \frac{1}{6} = \frac{6}{10} - \frac{1}{6} = \frac{3}{5} - \frac{1}{6} = \frac{18}{30} - \frac{5}{30} = \frac{13}{30}$

Also muss für Dana die Aufgabe $\frac{13}{30} \cdot \square = \frac{1}{2}$ gelöst werden:

$\frac{1}{2} : \frac{13}{30} = \frac{1}{2} \cdot \frac{30}{13} = \frac{1 \cdot \overset{15}{\cancel{30}}}{\underset{1}{\cancel{2}} \cdot 13} = \frac{15}{13}$ (1 Punkt)

Somit müsste sich Annas Stimmanteil um den Faktor $\frac{5}{3}$ und Danas um den Faktor $\frac{15}{13}$ erhöhen.

(1 Punkt für Antwortsatz)

Zum Nacharbeiten				
Aufgabe	1	2	3	4
Schulbuch, Seite	171, 176, 177, 186	184	171, 195	9, 184

Klassenarbeit 5.2

Seite 74/75

1. a) $\left(\frac{2}{5} + \frac{3}{4}\right) + \frac{3}{5} = \frac{2}{5} + \frac{3}{4} + \frac{3}{5} = \frac{2}{5} + \frac{3}{5} + \frac{3}{4} = 1 + \frac{3}{4} = 1\frac{3}{4}$

Die Klammern dürfen aufgrund des Assoziativgesetzes vertauscht oder auch weggelassen werden.
Die Summanden dürfen aufgrund des Kommutativgesetzes vertauscht werden. (2 Punkte)

b) 1. Möglichkeit: Verwendung des Distributivgesetzes

$\frac{4}{7} \cdot \left(\frac{35}{16} + \frac{21}{20}\right) = \frac{4}{7} \cdot \frac{35}{16} + \frac{4}{7} \cdot \frac{21}{20} = \frac{\overset{1}{\cancel{4}} \cdot \overset{5}{\cancel{35}}}{\underset{1}{\cancel{7}} \cdot \underset{4}{\cancel{16}}} + \frac{\overset{1}{\cancel{4}} \cdot \overset{3}{\cancel{21}}}{\underset{1}{\cancel{7}} \cdot \underset{5}{\cancel{20}}} = \frac{5}{4} + \frac{3}{5} = \frac{25}{20} + \frac{12}{20}$
$= \frac{37}{20}$

2. Möglichkeit: Bestimmen des Hauptnenners: 80

$\frac{4}{7} \cdot \left(\frac{35}{16} + \frac{21}{20}\right) = \frac{4}{7} \cdot \left(\frac{175}{80} + \frac{84}{80}\right) = \frac{4}{7} \cdot \left(\frac{259}{80}\right) = \frac{\overset{1}{\cancel{4}} \cdot \overset{37}{\cancel{259}}}{\underset{1}{\cancel{7}} \cdot \underset{20}{\cancel{80}}} = \frac{37}{20}$

Diese Berechnung erscheint kürzer, wird aber einige Nebenrechnungen notwendig machen. (2 Punkte)

c) $\left(\frac{7}{10} - \frac{21}{40} : \frac{7}{8}\right) \cdot \left(\frac{5}{4}\right)^2 = \left(\frac{7}{10} - \frac{21}{40} \cdot \frac{8}{7}\right) \cdot \left(\frac{5}{4}\right)^2 = \left(\frac{7}{10} - \frac{\overset{3}{\cancel{21}} \cdot \overset{1}{\cancel{8}}}{\underset{5}{\cancel{40}} \cdot \underset{1}{\cancel{7}}}\right) \cdot \left(\frac{5}{4}\right)^2$

$= \left(\frac{7}{10} - \frac{3}{5}\right) \cdot \left(\frac{5}{4}\right)^2 = \left(\frac{7}{10} - \frac{6}{10}\right) \cdot \left(\frac{5}{4} \cdot \frac{5}{4}\right) = \frac{1}{10} \cdot \frac{25}{16} = \frac{1 \cdot \overset{5}{\cancel{25}}}{\underset{2}{\cancel{10}} \cdot 16} = \frac{5}{32}$

Die Vorrangregeln gelten auch innerhalb der Klammern, weswegen zuerst die Division und dann die Subtraktion (Punkt- vor Strichrechnung) ausgeführt werden muss.

(3 Punkte)

d) $\frac{\frac{5}{18} : \left(\frac{2}{9} + \frac{1}{6}\right)}{2\frac{1}{2} - 1\frac{1}{7}} = \frac{\frac{5}{18} : \left(\frac{4}{18} + \frac{3}{18}\right)}{\frac{2 \cdot 2 + 1}{2} - \frac{7 \cdot 1 + 1}{7}} = \frac{\frac{5}{18} : \frac{7}{18}}{\frac{5}{2} - \frac{8}{7}} = \frac{\frac{5}{\underset{1}{\cancel{18}}} \cdot \frac{\overset{1}{\cancel{18}}}{7}}{\frac{35}{14} - \frac{16}{14}} = \frac{\frac{5}{7}}{\frac{19}{14}}$

$= \frac{5}{7} : \frac{19}{14} = \frac{5}{\underset{1}{\cancel{7}}} \cdot \frac{\overset{2}{\cancel{14}}}{19} = \frac{10}{19}$ (3 Punkte)

2. a) Um zwei Brüche subtrahieren zu können, muss man sie zuerst gleichnamig machen und dann die Zähler subtrahieren. (je 1 Punkt)

b) Dividiert man eine Zahl durch einen Bruch, der größer als eins ist, so ist der Quotient kleiner als der Dividend.

(1 Punkt)

c) Sind bei der Multiplikation zweier Brüche beide Faktoren größer als eins, so ist das Produkt größer als eins und größer als jeder der beiden Faktoren. (2 Punkte)

d) Subtrahiert man von einem gekürzten Bruch einen anderen gekürzten Bruch mit gleichem Zähler, dessen Nenner genau um eins größer ist als der des ersten Bruchs, so erhält man als Differenz einen Bruch, dessen Zähler genauso groß ist wie bei Minuend und Subtrahend und dessen Nenner das Produkt der beiden Nenner ist.
(2 Punke, wenn nur 1 Beispiel: 1 Punkt)

3. a) $\frac{3}{5} \cdot \frac{5}{12} = \frac{1}{4}$

Die Sahara nimmt $\frac{1}{4}$ des afrikanischen Kontinents ein.
(2 Punkte)

b) $\frac{1}{5}$ des Waldgebietes sind ein Vogelschutzgebiet, $\frac{4}{5}$ können aufgeteilt werden.

$3{,}5\,\text{km} \cdot 1{,}5\,\text{km} = 5{,}25\,\text{km}^2$

$\frac{4}{5} \cdot 5{,}25\,\text{km}^2 = \frac{4}{5} \cdot \frac{21}{4}\,\text{km}^2 = \frac{21}{5}\,\text{km}^2$

$\frac{21}{5}\,\text{km}^2 : 7 = \frac{3}{5}\,\text{km}^2$

Jeder Jäger bekommt $\frac{3}{5}\,\text{km}^2$ des Waldgebietes.
(4 Punkte)

4. Mehrere Wege sind für die Lösung der Aufgabe denkbar:

(1) $\frac{3}{8} + \frac{2}{5} + \frac{1}{10} = \frac{15}{40} + \frac{16}{40} + \frac{4}{40} = \frac{35}{40} = \frac{7}{8}$

$\frac{7}{8} \cdot 280\,€ = \frac{7 \cdot 280\,€}{8} = \frac{7 \cdot \overset{35\,€}{\cancel{280\,€}}}{\underset{1}{\cancel{8}}} = 245\,€$

Somit fehlen 35 Euro. Sollte Sarah noch drei Monate sparen können, dann wird sie sich das Trampolin leisten können, falls sie das gesamte Geld spart.
(3 · 12 = 36, Taschengeld wird in der Regel nur pro ganzem Monat bezahlt)

Variante (2):

$\frac{3}{8} \cdot 280\,€ = \frac{3 \cdot 280\,€}{8} = \frac{3 \cdot \overset{35\,€}{\cancel{280\,€}}}{\underset{1}{\cancel{8}}} = 105\,€,$

$\frac{2}{5} \cdot 280\,€ = \frac{2 \cdot 280\,€}{5} = \frac{2 \cdot \overset{56\,€}{\cancel{280\,€}}}{\underset{1}{\cancel{5}}} = 112\,€$

und $\frac{1}{10} \cdot 280\,€ = \frac{1 \cdot \overset{28\,€}{\cancel{280\,€}}}{\underset{1}{\cancel{10}}} = 28\,€$

$105\,€ + 112\,€ + 28\,€ = 245\,€$

Der Rest der Aufgabe wird wie bei (1) bearbeitet.
(1 Punkt für Ansatz/Skizze, 4 Punkte für Rechnungen, 2 Punkte für Beurteilung)

5. Aus den Angaben ergeben sich folgende Beziehungen für die Währungen:

1 Grote = $\frac{1}{32}$ Mark und

1 Schware = $\frac{1}{5}$ Grote = 0,2 Groten

Daraus folgt, dass 1 Mark = 32 · 5 Schwaren = 160 Schwaren wert ist und damit 1 Schware = $\frac{1}{160}$ Mark

a) Die Akzise betrug somit $\frac{3}{160}$ des Warenwertes in Mark.
(2 Punkte)

b) 20 Groten sind $\frac{20}{32}$ Mark = $\frac{5}{8}$ Mark.

Somit beträgt die Akzise:

$3\frac{5}{8} \cdot \frac{3}{160} = \frac{29}{8} \cdot \frac{3}{160} = \frac{87}{8 \cdot 160}$

Im letzten Schritt wurde im Nenner nicht ausmultipliziert, da die Anzahl an Einhundertsechzigsteln den Schwaren entspricht. Also müsste man ungefähr elf Schwaren bezahlen, da 87 : 8 ≈ 11.

Anderer Lösungsweg:

Wert der Lieferung:

3 · 160 Schwaren + 5 · 20 Schwaren = 580 Schwaren

Akzise:

$\frac{3}{160} \cdot 580$ Schwaren = 10,875 Schwaren ≈ 11 Schwaren

(je 1 Punkt für Umrechnung in gemeinsame Einheit, Anteil bestimmen, sinnvolles Runden, Antwortsatz)

Zum Nacharbeiten					
Aufgabe	1	2	3	4	5
Schulbuch, Seite	186, 190, 192	10, 171, 177	171, 176, 184	9, 177, 194, 195	177

Klassenarbeit 5.3

Seite 76/77

1. a) ⊙

$\frac{1}{27}$ (*3)

$\frac{1}{6}$ (*1) | $\frac{2}{9}$ (*2)

$\frac{4}{9}$ | $\frac{3}{8}$ | $\frac{16}{27}$

(*1): $\frac{4}{9} \cdot \frac{3}{8} = \frac{\overset{1}{\cancel{4}} \cdot \overset{1}{\cancel{3}}}{\underset{3}{\cancel{9}} \cdot \underset{2}{\cancel{8}}} = \frac{1}{6}$

(*2): $\frac{3}{8} \cdot \frac{16}{27} = \frac{\overset{1}{\cancel{3}} \cdot \overset{2}{\cancel{16}}}{\underset{1}{\cancel{8}} \cdot \underset{9}{\cancel{27}}} = \frac{2}{9}$

(*3): $\frac{1}{\underset{3}{\cancel{6}}} \cdot \frac{\overset{1}{\cancel{2}}}{9} = \frac{1}{27}$ (je 1 Punkt)

b) ⊙ (:)

$\frac{3}{10}$ (*3)

$\frac{3}{4}$ (*1) | $\frac{5}{2}$ (*2)

$\frac{5}{8}$ | $\frac{5}{6}$ | $\frac{1}{3}$

(*1): $\frac{5}{8} : \frac{5}{6} = \frac{\overset{1}{\cancel{5}}}{\underset{4}{\cancel{8}}} \cdot \frac{\overset{3}{\cancel{6}}}{\underset{1}{\cancel{5}}} = \frac{3}{4}$

(*2): $\frac{5}{6} : \frac{1}{3} = \frac{5}{\underset{2}{\cancel{6}}} \cdot \frac{\overset{1}{\cancel{3}}}{1} = \frac{5}{2}$

(*3): $\frac{3}{4} : \frac{5}{2} = \frac{3}{\underset{2}{\cancel{4}}} \cdot \frac{\overset{1}{\cancel{2}}}{5} = \frac{3}{10}$

(je 1 Punkt)

2. a) Beispiele: $\frac{1}{2} \cdot \frac{1}{3} = \frac{1}{6}$ aber $\frac{1}{4} \cdot \frac{1}{3} = \frac{1}{12}$ bzw. $\frac{1}{2} \cdot \frac{1}{6} = \frac{1}{12}$

Also ist das entstehende Produkt nur halb so groß wie das vorige, da ein Nenner verdoppelt wurde und somit das Ergebnis halbiert wird.

b) Beispiele: $\frac{1}{4} + \frac{1}{2} = \frac{1}{4} + \frac{2}{4} = \frac{3}{4}$ aber $\frac{2}{4} + \frac{2}{2} = \frac{2}{4} + \frac{4}{4} = \frac{6}{4} = \frac{3}{2}$

Also wäre die entstehende Summe doppelt so groß wie die bisherige Summe, da beide Summanden verdoppelt werden. Ausgeschlossen wird hier, dass beide Zähler null sind.

c) Beispiele: $\frac{3}{4} : \frac{1}{2} = \frac{3}{4} \cdot \frac{2}{1} = \frac{3}{2}$ aber $\frac{3}{4} : \frac{1}{4} = \frac{3}{4} \cdot \frac{4}{1} = \frac{3}{1} = 3$

Der Wert des Quotienten verdoppelt sich, da der Nenner des Divisors nach der Umwandlung in eine Multiplikation der Faktor im Zähler des Bruches ist.
(je 1 Punkt für Beispiel, 2 Punkte für Aussage)

3. (1) $\left(\frac{4}{9} - \frac{5}{18}\right) \cdot \left(\frac{7}{4} + \frac{1}{2}\right) = \left(\frac{8}{18} - \frac{5}{18}\right) \cdot \left(\frac{7}{4} + \frac{2}{4}\right) = \left(\frac{\overset{1}{\cancel{3}}}{\underset{6}{\cancel{18}}}\right) \cdot \left(\frac{9}{4}\right) = \frac{1 \cdot \overset{3}{\cancel{9}}}{\underset{2}{\cancel{6}} \cdot 4} = \frac{3}{8}$

(2) $\frac{4}{7} : \frac{4}{21} - \frac{1}{\frac{1}{3}} = \frac{4}{7} \cdot \frac{21}{4} - 1 : \frac{1}{3} = \frac{\overset{1}{\cancel{4}} \cdot \overset{3}{\cancel{21}}}{\underset{1}{\cancel{7}} \cdot \underset{1}{\cancel{4}}} - 1 \cdot \frac{3}{1} = 3 - 3 = 0$

(je 1 Punkt für Term, 1 Punkt für Berechnung)

4. a) $\frac{4}{9}\text{m} \cdot \frac{3}{2}\text{m} \cdot \frac{1}{3}\text{m} = \frac{2}{9}\text{m}^3$ (1 Punkte)

b) $4 \cdot \frac{4}{9}\text{m} + 4 \cdot \frac{3}{2}\text{m} + 4 \cdot \frac{1}{3}\text{m} = \frac{16}{9}\text{m} + \frac{12}{2}\text{m} + \frac{4}{3}\text{m} = \frac{82}{9}\text{m} = 9\frac{1}{9}\text{m}$
(3 Punkte)

c) $2 \cdot \frac{4}{9}\text{m} \cdot \frac{3}{2}\text{m} + 2 \cdot \frac{4}{9}\text{m} \cdot \frac{1}{3}\text{m} + 2 \cdot \frac{3}{2}\text{m} \cdot \frac{1}{3}\text{m} = \frac{24}{18}\text{m}^2 + \frac{8}{27}\text{m}^2 + \frac{6}{6}\text{m}^2$

$= \frac{71}{27}\text{m}^2 = 2\frac{17}{27}\text{m}^2$ (3 Punkte)

5. a) $\frac{3}{5} \cdot \frac{7}{8} \cdot \frac{5}{3} \cdot \frac{8}{7} = \frac{3}{5} \cdot \frac{5}{3} \cdot \frac{7}{8} \cdot \frac{8}{7} = 1$ (2 Punkte)

b) $\frac{1}{7} \cdot \frac{2}{3} + \frac{6}{7} \cdot \frac{2}{3} = \frac{2}{3} \cdot \left(\frac{1}{7} + \frac{6}{7}\right) = \frac{2}{3}$ (2 Punkte)

6. a) $\frac{3}{4}\cdot 21\,000\,€ = \frac{3\cdot \cancel{21\,000}^{5250}}{\cancel{4}_{1}}\,€ = 15\,750\,€$ (1 Punkt)

b) $\frac{5}{12}\cdot 21\,000\,€ = \frac{5\cdot \cancel{21\,000}^{7000}}{\cancel{12}_{4}}\,€ = \frac{5\cdot \cancel{7000}^{1750}}{\cancel{4}_{1}}\,€ = 8\,750\,€$ (1 Punkt)

c) Das Auto hat $\frac{17}{24}$ seines ursprünglichen Wertes verloren. $\frac{17}{24}\cdot 21\,000\,€ = 14\,875\,€$. Dies entspricht 14875 €. (2 Punkte)

Zum Nacharbeiten						
Aufgabe	1	2	3	4	5	6
Schulbuch, Seite	171, 176	9, 10, 171, 194, 195	9, 171, 177, 186, 187	93, 94	190 – 192	9, 171

6. Statistische Daten

Zum Aufwärmen: Verstehen und Üben

Absolute Häufigkeit und ihre Darstellung

Seite 78

1. a) Die Gesamtkosten der Leuchtdioden sind: 59,20 €.
Rechnung:
Gesamtkosten = $180\cdot 0{,}19\,€ + 20\cdot 1{,}25\,€$
$= 34{,}20\,€ + 25\,€$
$= 59{,}20\,€$

b)

Leuchtdiode	Rot	Grün	Gelb	RGB
Anzahl	65	60	55	20

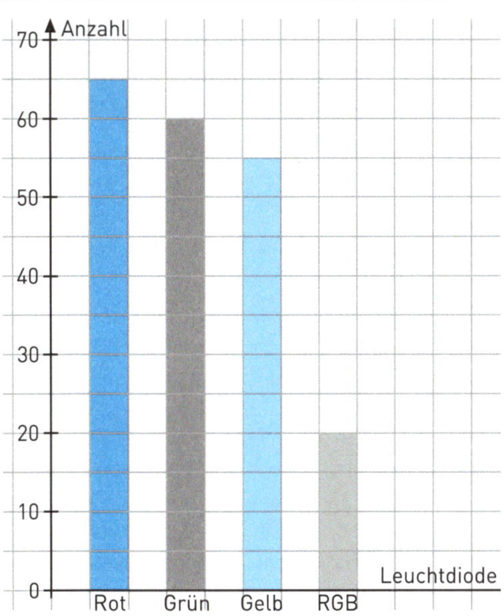

Relative Häufigkeit und ihre Darstellung

Seite 79

2. a) und **b)**

Verein	Borussia Mönchengladbach	1. FC Köln	BVB	FC Bayern	S04	Sonstige
Abs. Häufigkeit	50	10	25	50	10	5
Rel. Häufigkeit als Bruch	$\frac{1}{3}$	$\frac{1}{15}$	$\frac{1}{6}$	$\frac{1}{3}$	$\frac{1}{15}$	$\frac{1}{30}$
Rel. Häufigkeit in Prozent (gerundet)	33,3	6,7	16,7	33,3	6,7	3,3
Mittelpunkts-winkel	120°	24°	60°	120°	24°	12°

Bei der Berechnung der relativen Häufigkeit in Prozent wurde auf eine Stelle nach dem Komma gerundet.
Die Summe der relativen Häufigkeiten ist:
33,3 % + 6,7 % + 16,7 % + 33,3 % + 6,7 % + 3,3 % = 100 %
Für die Berechnung der Mittelpunktswinkel wird die folgende Rechenregel benötigt:
Mittelpunktswinkel = Relative Häufigkeit · 360°
Beispiel: Borussia Mönchengladbach:
Mittelpunktswinkel = $\frac{1}{3}\cdot 360° = 120°$

Lieblingsverein

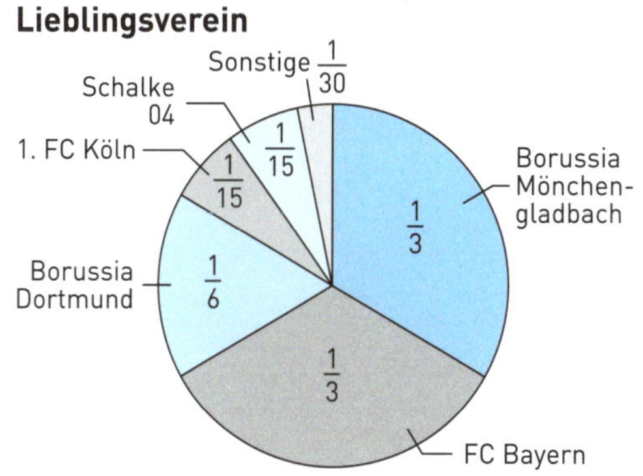

Seite 80

3. a)

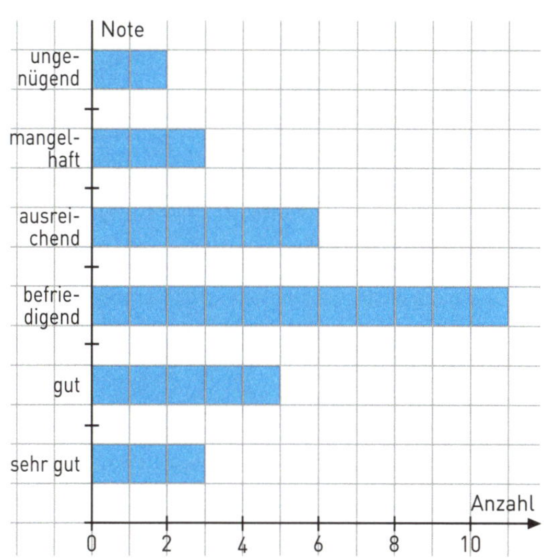

b) und **c)** (Werte gerundet)

	Sehr gut	Gut	Befriedigend	Ausreichend	Mangelhaft	Ungenügend
Abs. Häufigkeit	3	5	11	6	3	2
Rel. Häufigkeit als Bruch	$\frac{1}{10}$	$\frac{1}{6}$	$\frac{11}{30}$	$\frac{1}{5}$	$\frac{1}{10}$	$\frac{1}{15}$
Mittelpunktswinkel	$360° \cdot \frac{1}{10} = 36°$	$360° \cdot \frac{1}{6} = 60°$	$360° \cdot \frac{11}{30} = 132°$	$360° \cdot \frac{1}{5} = 72°$	$360° \cdot \frac{1}{10} = 36°$	$360° \cdot \frac{1}{15} = 24°$

Kontrolle: Die Summe der Mittelpunktswinkel ergibt 360°.

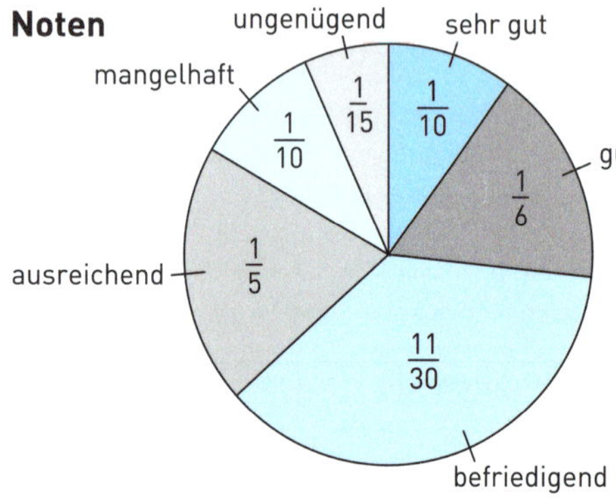

Statistische Erhebung – Stichprobe

Seite 81

4. **a)** 850 Autofahrer
b) 2000 Frauen

5.

Beispiel	Stichprobe oder Untersuchung der vollständigen Grundgesamtheit?	Grundgesamtheit
(1)	Stichprobe	15 000 Haushalte
(2)	Stichprobe	Alle Jugendlichen zwischen 18 und 24
(3)	Untersuchung der vollständigen Grundgesamtheit	Warenbestand der Firma
(4)	Untersuchung der vollständigen Grundgesamtheit	Eltern aller Kinder ab vollendetem 6. Lebensmonat

6. Häufige Gründe sind eine sehr große Grundgesamtheit und der höhere Zeitaufwand für die Untersuchung der ganzen Grundgesamtheit. Weitere Gründe sind möglich.

Erhebungen mit Mehrfachnennungen

Seite 82

7. **a)** Jannik meint, dass man für 50 % die Hälfte der Kreisfläche färben müsste. Es ist aber deutlich erkennbar, dass bei dem Diagramm der Sektor „Katze" kleiner als die Hälfte ist. Der zugehörige Mittelpunktswinkel ist kleiner als 180°.

b) Addiert man die Prozente, so erhält man eine Summe, deren Wert größer als 100 % ist. Grund dafür sind die Mehrfachnennungen bei den Tieren. Solche Ergebnisse lassen sich nicht in einem Kreisdiagramm darstellen.

c) Ein Säulendiagramm ist eine Möglichkeit, diese Daten richtig darzustellen.

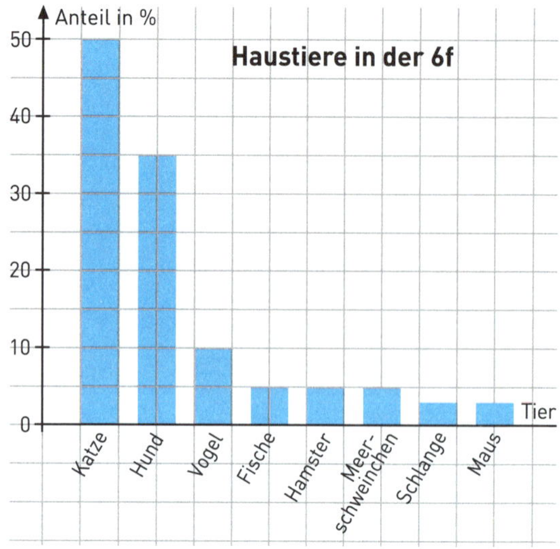

Seite 83

8. Gesamtzahl der Schüler in der Klasse: $21 + 7 + 3 = 31$
$\frac{21}{31} \approx 68\,\%$; $\frac{7}{31} \approx 23\,\%$; $\frac{3}{31} \approx 10\,\%$; $68\,\% + 23\,\% + 10\,\% = 101\,\%$;
Finns Ergebnis entsteht durch Rundungen – in diesem Beispiel wird bei allen drei Zahlen aufgerundet, so dass dieser Fehler auftritt.

9. **a)** Ja, es gab Mehrfachnennungen, weil $22 + 35 + 41 + 52 = 150$ Antworten gegeben wurden; das sind mehr als die Anzahl der befragten Schüler (60).
b) Relative Häufigkeiten: Lesen $\frac{22}{60} \approx 36{,}7\,\%$; Smartphone $\frac{35}{60} \approx 58{,}3\,\%$; Computer $\frac{41}{60} \approx 68{,}3\,\%$; TV $\frac{52}{60} \approx 86{,}7\,\%$

Bildliche Darstellung von Daten und ihre Wirkung auf einen Betrachter

Seite 84

10. Der Flächeninhalt des Piktogramms „Vor 10 Jahren" beträgt $3\,\text{cm} \cdot 1{,}5\,\text{cm} = 4{,}5\,\text{cm}^2$; beim Piktogramm „Heute" beträgt der Flächeninhalt $4{,}5\,\text{cm} \cdot 2{,}25\,\text{cm} = 10{,}125\,\text{cm}^2$.
Der Flächeninhalt des rechten Piktogramms ist damit 2,25-mal größer als der des linken, laut Artikel dürften es aber eigentlich nur 50 % sein. Dadurch entsteht ein drastischerer Eindruck des Zuwachses, was sicherlich im Sinne der Ernährungswissenschaftler ist.

11. Laut Artikel hat sich die Besucherzahl verdoppelt. In der Grafik ist das rechte Museumsgebäude aber doppelt so lang, doppelt so breit und doppelt so hoch wie das linke, enthält also das Achtfache des ursprünglichen Volumens. Dadurch entsteht der Eindruck, dass die Besucherzahl noch viel stärker angestiegen ist als in Wirklichkeit, was im Interesse der Museumsleitung sein könnte.

Seite 85

12. Der Schülerzuwachs sieht bei dem zweiten Diagramm stärker und deutlicher aus. Das liegt an der größeren Einteilung auf der Hochachse und daran, dass nicht bei null, sondern bei 140 begonnen wurde. Der Sockelbetrag wurde weggelassen.
Das linke Diagramm ist daher dem Schulleiter, das rechte dem Sprecher der Elternvertreter zuzuordnen.

Arithmetisches Mittel (Mittelwert)

13. Der mittlere Preis für das Gerät beträgt:

$$\frac{684\,€ + 687{,}24\,€ + 686\,€ + 689{,}99\,€ + 689{,}99\,€ + 699\,€ + 719\,€ + 725{,}99\,€ + 686\,€}{9}$$

$\approx 696{,}36\,€$

Median (Zentralwert)

Seite 86

14. a) geordnete Liste: 8 €, 10 €, 12 €, 15 €, 15 €, 15 €, 18 €, 20 €, 20 €, 25 €, 35 €
Der Median ist 15 €.
Arithmetisches Mittel:
$\frac{8\,€ + 10\,€ + 12\,€ + 3 \cdot 15\,€ + 18\,€ + 2 \cdot 20\,€ + 25\,€ + 35\,€}{11} \approx 17{,}55\,€$
Das arithmetische Mittel des Taschengeldes ist mit 17,55 € größer als der Median mit 15 €. Das liegt daran, dass der Median vom Wert 35 € unbeeinflusst bleibt, während das arithmetische Mittel angehoben wird.

b) Durch die 850 € steigt der Median nur leicht an auf den nächsten Wert, 18 €. Dagegen ergibt sich für das arithmetische Mittel etwa 86,92 €. Der Wert liegt deutlich über dem Taschengeld aller D-Jugendlichen. Das arithmetische Mittel wird durch den „Ausreißer" des Trainers also stark verändert und verfälscht damit das Ergebnis, während das beim Median nicht zu beobachten ist.

15. geordnete Liste: sl, sl, sl, l, l, l, l, l, g, g, g, g, g, u, u
Der Median ist l („lecker").

Klassenarbeit 6.1

Seite 87/88

1. a) Anzahl der Schüler: 3 + 12 + 10 + 5 = 30 (1 Punkt)

Note	Relative Häufigkeit	Mittelpunktswinkel
sehr gut	$\frac{3}{30} = \frac{1}{10} = 0{,}10$	36°
gut	$\frac{12}{30} = \frac{2}{5} = 0{,}40$	144°
befriedigend	$\frac{10}{30} = \frac{1}{3} \approx 0{,}33$	120°
ausreichend	$\frac{5}{30} = \frac{1}{6} \approx 0{,}17$	60°

(1 Punkt)

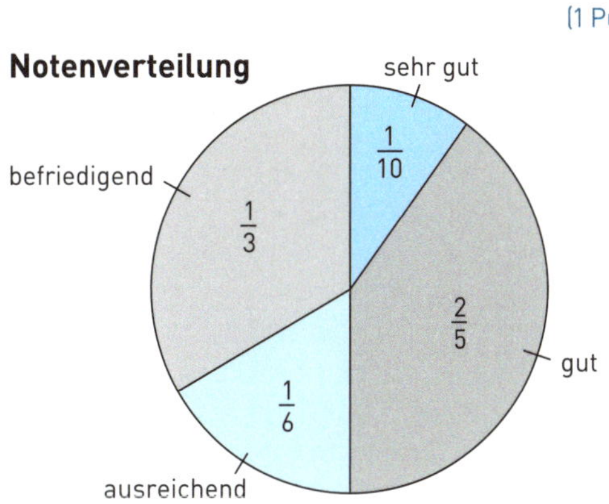

(4 Punkte)

b) Der Anteil mit einer besseren Note als „befriedigend" ergibt sich aus der Summe der Anteile „gut" = 0,40 und „sehr gut" = 0,1.
Somit beträgt der gesuchte Anteil 0,40 + 0,10 = 0,50.
(2 Punkte)

2. a) 1994: 66 %, 2004: 61 %, 2014: 49 % (1 Punkt)

b) Eine passende Überschrift wäre etwa „Leselust bei Jugendlichen bricht dramatisch ein". Es gibt weitere Möglichkeiten. (1 Punkt)
Durch das Weglassen des Sockelbetrags (0 % – 40 %) entsteht der Eindruck, dass der Anteil der Leser auf etwa ein Drittel geschrumpft ist, dabei beträgt der tatsächliche Rückgang mit 17 % „nur" etwa ein Viertel des ursprünglichen Wertes. (2 Punkte)

3. a)

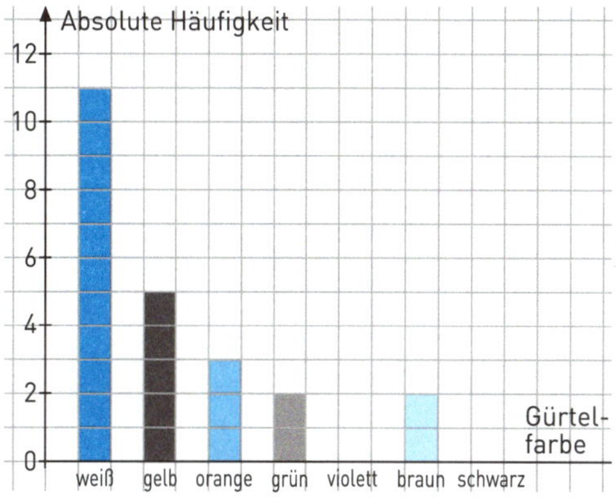

(5 Punkte)

b) Median: gelber Gürtel (2 Punkte)

4. a) Mittelwert der Fahrzeiten (in min):
$\frac{16 + 12 + 11 + 14 + 12}{5} = \frac{65}{5} = 13$ (2 Punkte)

b) Die Fahrzeit am Samstag ist kürzer als jeder einzelne Wert an einem Schultag und insgesamt drei Minuten kürzer als der Mittelwert aus der Schulwoche. Das Einrechnen ist wahrscheinlich nicht sinnvoll, weil samstags andere Voraussetzungen bestehen: Es fahren z.B. keine Schulkinder im Bus, es ist kein Berufsverkehr...
(2 Punkte)

5. a)

vollständig gekürzter Bruch	Dezimalbruch	Prozentschreibweise
$\frac{1}{4}$	0,25	25 %
$\frac{3}{10}$	0,3	30 %
$\frac{3}{5}$	0,6	60 %

(je 0,5 Punkte)

b) (1) $\frac{1}{3}$ von 18 kg = $\frac{1}{3} \cdot 18$ kg = 6 kg
(2) 0,5 von 9 kg = 0,5 · 9 kg = 4,5 kg
(3) 75 % von 12 kg = $\frac{3}{4} \cdot 12$ kg = 9 kg (je 1 Punkt)

Zum Nacharbeiten					
Aufgabe	1	2	3	4	5
Schulbuch, Seite	58, 203, 205	212 – 214	203, 223, 224	220	10, 99, 103

Klassenarbeit 6.2

Seite 89/90

1. a) und **b)** Insgesamt sind es 420 Mitglieder.

Altersgruppe	Bis 18 Jahre	19 bis 29 Jahre	30 bis 40 Jahre	Ab 41 Jahren
Absolute Häufigkeit	170	120	40	90
Relative Häufigkeit	$\frac{170}{420} = \frac{17}{42}$	$\frac{120}{420} = \frac{2}{7}$	$\frac{40}{420} = \frac{2}{21}$	$\frac{90}{420} = \frac{3}{14}$
Mittelpunkts-winkel (Werte gerundet)	146°	103°	34°	77°

(jeder Wert 1 Punkt)

Altersverteilung

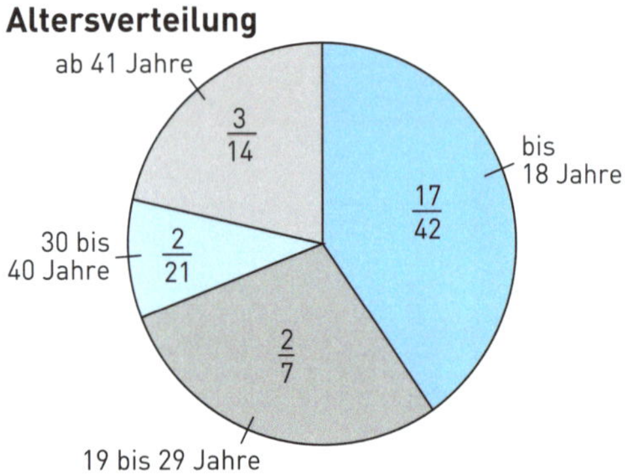

(2 Punkte)

2. a) 55 % von 2000 sind etwa 1100 Studenten. (2 Punkte)

b) Der Sektor mit den 55 % ist z. B. deutlich kleiner als ein Halbkreis. Offenbar konnte man bei der Umfrage auch mehrere Antworten geben, sodass die Prozentsumme aller Antworten über 100 % liegt (bei 148 %) – in diesem Fall ist ein Kreisdiagramm *nicht* sinnvoll. (3 Punkte)

3. a) **Notenverteilung Englischarbeit**

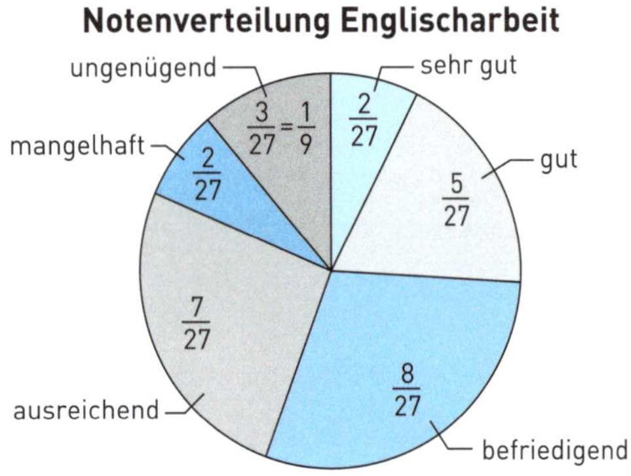

(8 Punkte für Zeichnung mit Berechnungen)

b) Der Median ist eine „3". (1 Punkt)
Das arithmetische Mittel beträgt
$\frac{2 \cdot 1 + 5 \cdot 2 + 8 \cdot 3 + 7 \cdot 4 + 2 \cdot 5 + 3 \cdot 6}{27} = \frac{92}{27} \approx 3{,}41.$ (2 Punkte)

c) Beide haben Recht. Daher ist die Angabe eines arithmetischen Mittels als „Durchschnittsnote" mathematisch problematisch und die Angabe des Medians eigentlich geeigneter. (2 Punkte)

d) Die Summe der Werte muss $2{,}8 \cdot 25 = 70$ ergeben.
Eine mögliche Verteilung ist:

1	2	3	4	5	6
0	5	6	5	2	2

(2 Punkte)

Kontrolle: Summe $= 2 \cdot 5 + 3 \cdot 6 + 4 \cdot 5 + 5 \cdot 2 + 6 \cdot 2 = 70$
(2 Punkte für Rechenweg oder Kontrolle)

Zum Nacharbeiten			
Aufgabe	1	2	3
Schulbuch, Seite	58, 203, 205	206	58, 203, 205, 220, 224

Klassenarbeit 6.3

Seite 91/92

1. (1) Diese Aussage ist wahr, da die Sektoren, die die Anteile der Noten sehr gut und gut darstellen, mehr als ein Zehntel des Kreises ausmachen.
(2) Diese Aussage ist wahr, da der zur Note befriedigend gehörende Kreissektor kleiner ist als die Hälfte des Kreises.
(3) Diese Aussage ist falsch, da der zur Note ausreichend gehörende Kreissektor kleiner als ein Drittel des Kreises ist. (je 1 Punkt für wahr/falsch, 1 Punkt für Begründung)

2. Das Diagramm wird sowohl in der Länge als auch in der Breite vergrößert; z. B. eine Verdoppelung der Zahl entspricht somit einer Vervierfachung der Fläche – daher ist die Darstellung des Anstiegs zu groß und nicht angemessen. (2 Punkte)
Man könnte es einfach in einem Säulendiagramm darstellen. Will man ein Piktogramm benutzen, so muss man die Fläche um den entsprechenden Faktor verändern, um keine zu starke Wirkung zu erzielen. Dies kann man z. B. erreichen, indem man die Breite der Solarpaneele beibehält und nur ihre Höhe verändert. Das 2. Paneel müsste dann bei gleicher Breite etwas mehr als doppelt so lang sein wie das erste. (2 Punkte)

3. (1) und (5) sind richtig; (2), (3) und (4) sind falsch. (je 1 Punkt)

4. a) Toni erzielt mit 36 m im 2. Versuch den weitesten Wurf der drei Mädchen. (1 Punkt)

b) Julia: $\frac{32 + 26 + 27 + 31 + 30}{5} = \frac{146}{5} = 29{,}2;$
Toni: $\frac{28 + 36 + 22 + 0 + 29}{5} = \frac{115}{5} = 23;$
Claudia: $\frac{25 + 27 + 28 + 34 + 33}{5} = \frac{147}{5} = 29{,}4$
(alle Angaben in Metern) (je 2 Punkte)

c) Julia: 30 m; Toni: 28 m; Claudia: 28 m (je 2 Punkte)

d) arithmetisches Mittel: $\frac{115}{4} = 28{,}75;$
Median: $\frac{28 + 29}{2} = 28{,}5$ (2 Punkte)

5. $\frac{3}{8}$ der Befragten entspricht 36 Schülern. Also entspricht $\frac{1}{8}$ der Befragten 12 Schülern. Die Stichprobe bestand also aus $8 \cdot 12 = 96$ Schülern. (2 Punkte)

Zum Nacharbeiten					
Aufgabe	1	2	3	4	5
Schulbuch, Seite	203	212–214	205, 206, 220, 224	220, 224	205, 206

7. Ganze Zahlen

Zum Aufwärmen: Verstehen und Üben

Einführung der ganzen Zahlen

Seite 93

1. a) A = −11; B = −6 ; C = −3; D = +11
b) A = −60; B = −30; C = +50; D = +70
c) A = −250; B = −150; C = +50; D = +250

2. a) +1 **b)** 0 **c)** +3 **d)** −8

Seite 94

3. a) −3; −2; −1; 0; 1; 2
b) −8; −7; −6; −5; −4
c) −201; −200; −199; −198; −197; −196

Koordinatensystem

4. Im zweiten Quadranten sind die Werte der 1. Koordinate (x-Koordinate) negativ und die Werte der 2. Koordinate (y-Koordinate) positiv.
Im dritten Quadranten sind die Werte der 1. Koordinate (x-Koordinate) negativ und die Werte der 2. Koordinate (y-Koordinate) negativ.
Im vierten Quadranten sind die Werte der 1. Koordinate (x-Koordinate) positiv und die Werte der 2. Koordinate (y-Koordinate) negativ.

5.

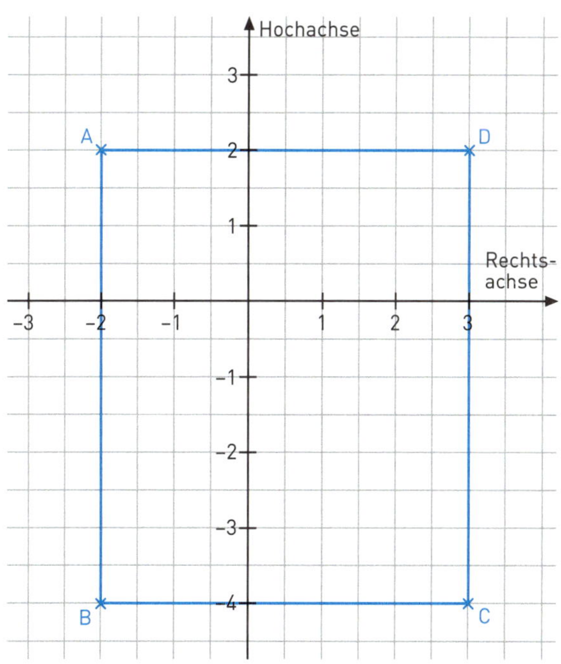

Es handelt sich um ein Rechteck.

Seite 95

6.

Punkt	Quadrant
A(−5 | 3)	2.
B(−5 | −2)	3.
C(3 | −1)	4.
D(3 | 3)	1.
E(−1 | 5)	2.
F(0 | 2)	–
G(−2 | −1)	3.

7. a)

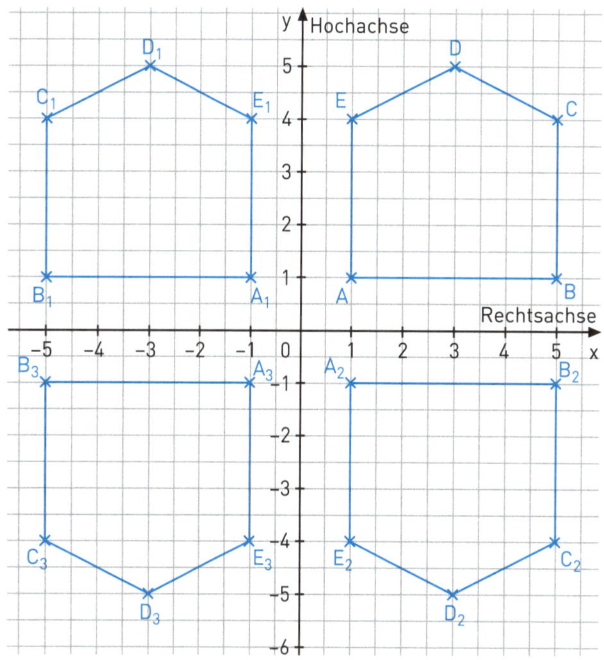

b) $A_1(-1|1)$, $B_1(-5|1)$, $C_1(-5|4)$, $D_1(-3|5)$, $E_1(-1|4)$.
Alle x-Koordinaten haben nun ein negatives Vorzeichen.
c) Das Fünfeck $A_2B_2C_2D_2E_2$ ist achsensymmetrisch zum Fünfeck ABCDE bezüglich der Rechtsachse.
Oder: Das Fünfeck $A_2B_2C_2D_2E_2$ ergibt sich aus dem Fünfeck ABCDE durch Spiegelung an der Rechtsachse.
d) Das Fünfeck $A_3B_3C_3D_3E_3$ ist punktsymmetrisch zum Fünfeck ABCDE bezüglich des Ursprungs.
Oder: Das Fünfeck $A_3B_3C_3D_3E_3$ ergibt sich aus dem Fünfeck ABCDE durch Spiegelung am Ursprung.

Vergleichen und Ordnen

Seite 96

8. a) +4 > −4
0 > −1
b) −3 < 0
−3 > −5
c) −20 < 14
−650 < −560
d) −200 > −2000
70 > −80

9. +4 °C; 0 °C; −7 °C; +2 °C; −13 °C; +13 °C; −6 °C
−13 °C < −7 °C < −6 °C < 0 °C < +2 °C < +4 °C < +13 °C

10. a) −5 < −2 < +1 < +7
b) −54 < −45 < +45 < +54
c) −30 < −25 < −15 < −10 < 0

Seite 97

11. a) +12 > +8 > +5 > +3 > −1 > −9 > −12 > −18
b) +460 > +420 > +280 > +80 > −110 > −170 > −190 > −210

Beschreiben von Zustandsänderungen

12. a) Morgens früh betrug die Temperatur −7 °C; um 15:00 Uhr betrug sie −4 °C. Sie ist um 3 °C gestiegen.
Änderung: +3 °C
b) Gegen Mittag betrug die Temperatur −9 °C; am Abend betrug sie −22 °C. Sie ist um 13 °C gefallen.
Änderung: −13 °C
c) Um 15:00 Uhr betrug die Temperatur +16 °C; nachts betrug sie 0 °C. Sie ist um 16 °C gefallen.
Änderung: −16 °C
d) Nachts betrug die Temperatur −9 °C; einige Stunden später betrug sie +3 °C. Sie ist um 12 °C gestiegen.
Änderung: +12 °C

Seite 98

13.

	alter Zustand	neuer Zustand	Zustandsänderung
a)	−100 €	+200 €	+300 €
b)	−4 °C	+3 °C	+7 °C
c)	7. Obergeschoss	2. Untergeschoss	−9 Etagen
d)	−83 m	−75 m	+8 m

14.

Stockwerk beim Start	Stockwerke abwärts	Stockwerke aufwärts	Stockwerk beim Stopp
4	1	3	6
−2	2	6	2
8	12	2	−2
1	4	1	−2
8	7	4	5
3	4	9	8

15. a) +250 ; z. B.: Der Kontostand betrug −600 €. Nach einer Gutschrift von 850 € beträgt er 250 €.

b) 0; z. B.: Das Thermometer zeigte 0 °C. Die Temperatur ist um 8 °C gefallen und beträgt nun −8 °C.

c) −7; z.B.: Der Aufzug befand sich im 5. Obergeschoss. Er ist 7 Stockwerke abwärts gefahren und befindet sich nun im 2. Untergeschoss.

Addition ganzer Zahlen

Seite 99

16. a) (−6) + (+11) = +5

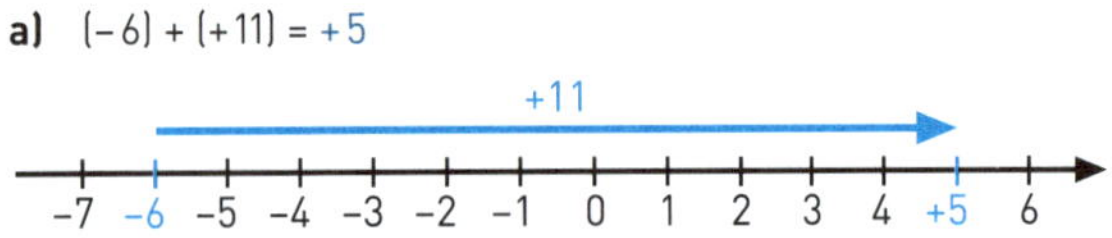

b) (−8) + (+5) = −3

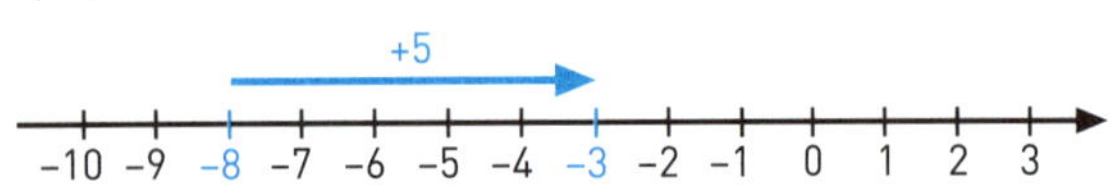

c) (−2) + (−7) = −9

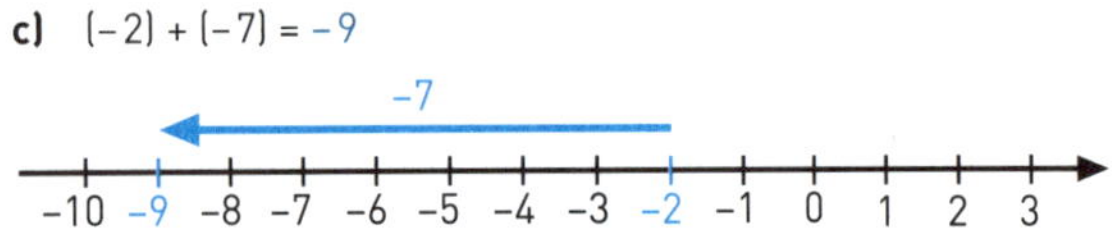

Seite 100

17. a) (−6) + (+11) = +5

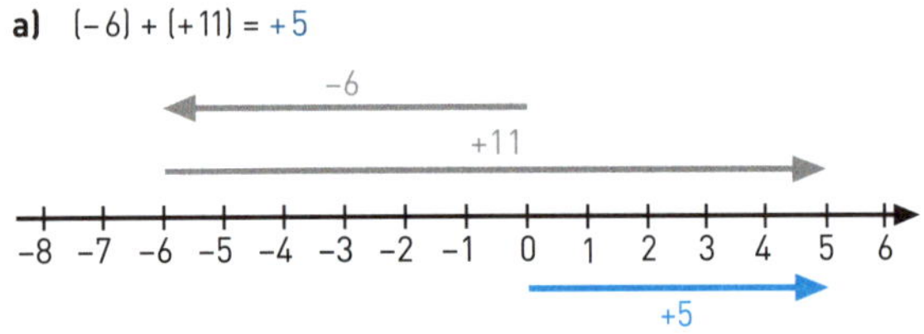

b) (−8) + (+5) = −3

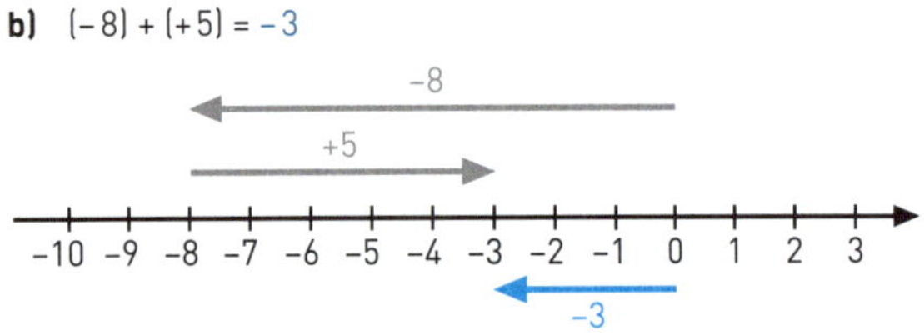

c) (−2) + (−7) = −9

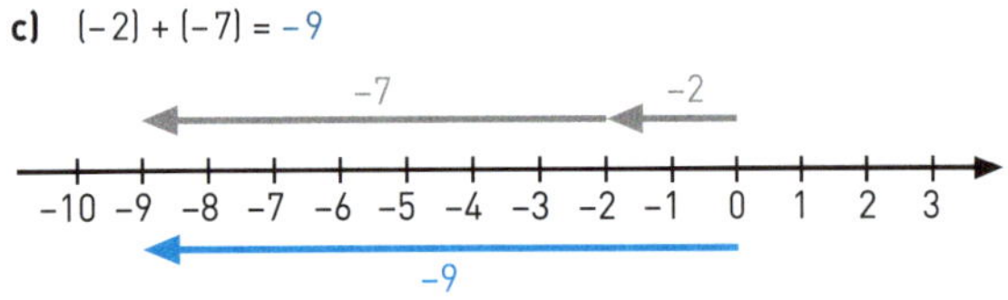

18. a) (+40)
(+6)
(−6)
(−40)

b) (−25)
(−19)
(−9)
(−88)

c) (+11)
(+9)
0
(−55)

19. a) (−35) + (+60) + (−20) = (+5)
Insgesamt ist der Pegel um 5 cm gestiegen.

b) Man kann den Pegel am Ende nicht angeben, da man den Pegel vom Anfang nicht kennt.

Seite 101

20 a) (−2) + (+8) = (+6)
(−18) + (−7) = (−25)
(+21) + (−9) = (+12)

b) (−6) + (−13) = (−19)
(+31) + (−28) = (+3)
(−15) + (+5) = (−10)

c) (−60) + (−3) = (−63)
(−7) + (+11) = (+4)
(+8) + (−24) = (−16)

21. a)

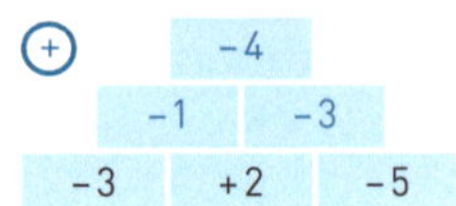

c)

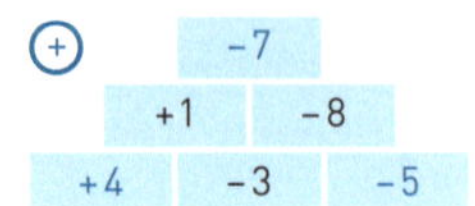

b)

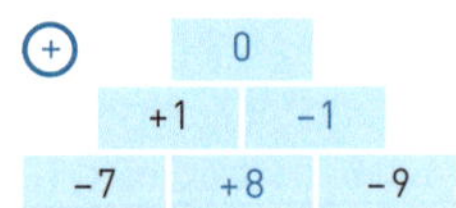

d)

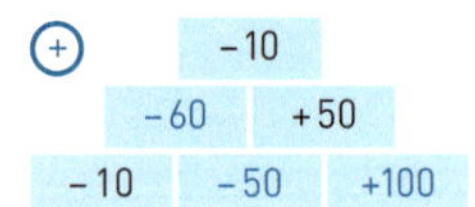

Multiplikation ganzer Zahlen

Seite 102

22. a) (+3) · (+4) = +12

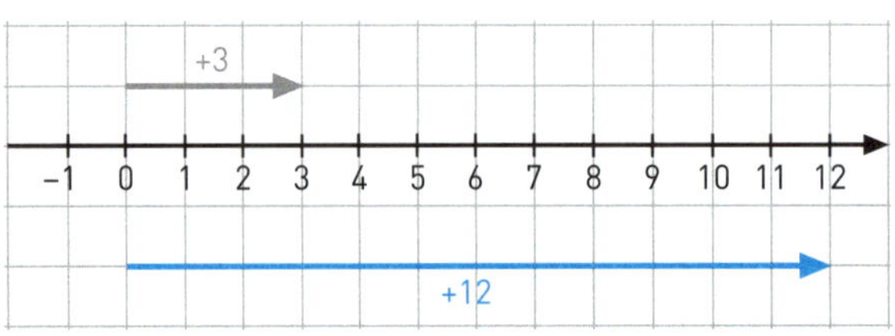

b) (−3) · (+4) = −12

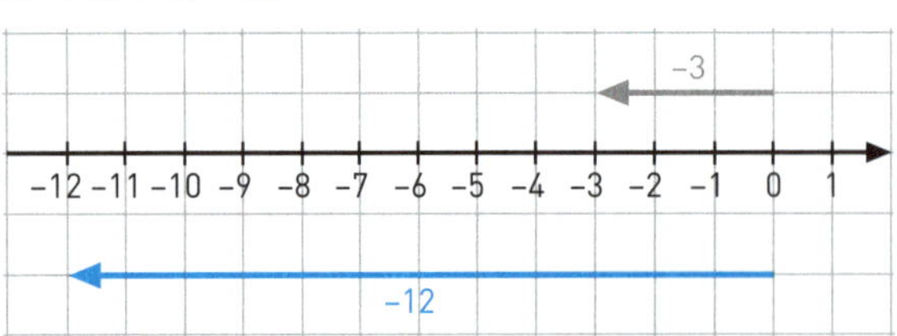

c) (+3) · (−4) = −12

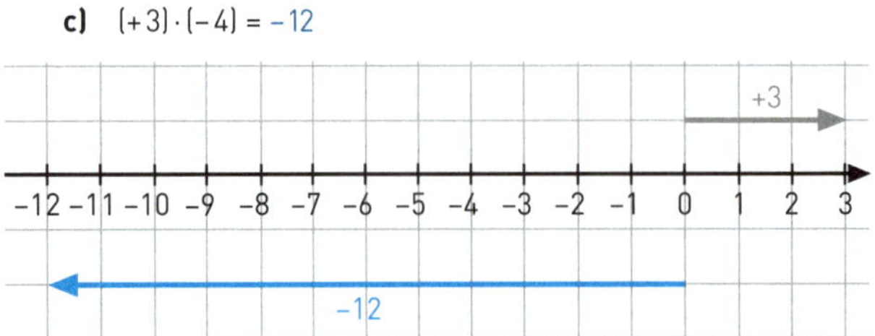

d) (−3) · (−4) = +12

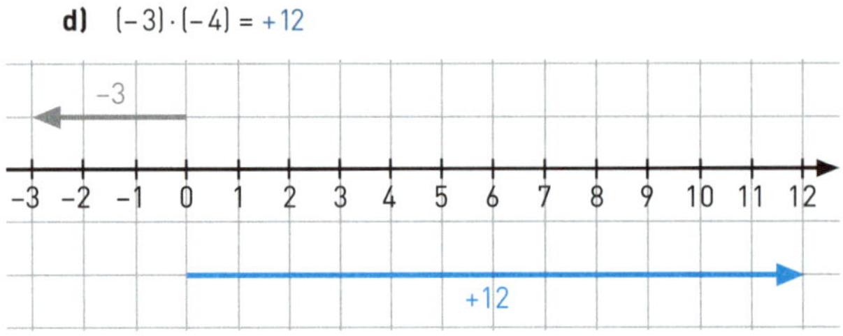

23. a) (+35)
(−35)
(+35)
(−35)

b) (+120)
(−132)
(+56)
(−56)

c) (−1)
(−11)
(−15)
(+8)

24. a)

+12
−6 −2
−3 +2 −1

b)

+54
−9 −6
+3 −3 +2

c)

−8
−4 +2
+2 −2 −1

d)

+32
+8 +4
−2 −4 −1

Klassenarbeit 7.1

Seite 103/104

1. a) −13 < −11 < −5 < −1 < 0 < 7 < 11 (3 Punkte)

b)

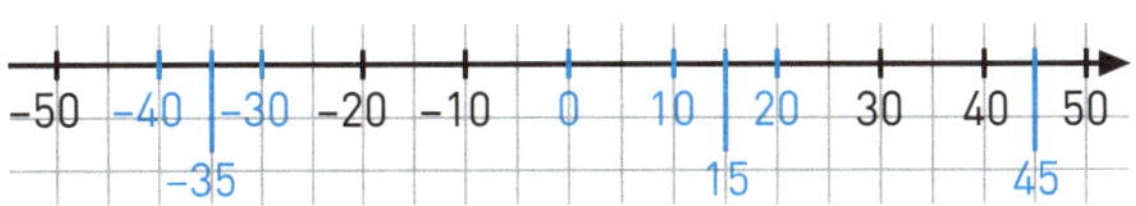

(4 Punkte)

2. a) 4 **b)** −16 **c)** −11 (je 1 Punkt)

3. a) (1) −10 (2) −4 (3) +4 (4) +10 (je 0,5 Punkte)
b) (2) (1 Punkt)
c) (1) Marvin befindet sich im 3. Untergeschoss. Er fährt mit dem Fahrstuhl 7 Stockwerke abwärts.
(3) Marvin befindet sich im 3. Untergeschoss. Er fährt mit dem Fahrstuhl 7 Stockwerke aufwärts.
(4) Marvin befindet sich im 3. Stock. Er fährt mit dem Fahrstuhl 7 Stockwerke aufwärts. (je 1 Punkt)
(Denkbar sind auch Formulierungen mit steigenden oder fallenden Temperaturen, usw.)

4. a) (−10 °C) + (+5 °C) = (−5 °C)
b) (−4 °C) + (+10 °C) = (+6 °C)
c) (−5 °C) + (+7 °C) = (+2 °C)
d) (+5 °C) + (−8 °C) = (−3 °C) (je 1 Punkt)

5. a)

−200
−20 +10
+4 −5 −2

b)

+192
+8 +24
−2 −4 −6

(je 0,5 Punkte)

6. a) und **b)**

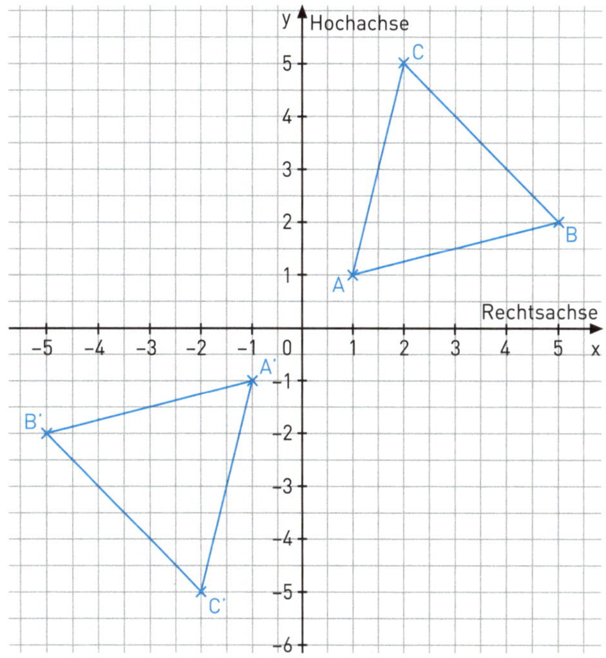

((1 Punkt für a), 3 Punkte für b))

c) Das Dreieck A′B′C′ mit den Punkten A′(−1 | −1), B′(−5 | −2), C′(−2 | −5) befindet sich im 3. Quadranten. (je 1 Punkt)

d) Das Dreieck ABC muss an der Rechtsachse gespiegelt werden. (1 Punkt)

Zum Nacharbeiten					
Aufgabe	1, 2	3	4	5	6
Schulbuch, Seite	232, 236, 237	239, 243, 244	239	253	62, 78, 79, 234

Klassenarbeit 7.2

Seite 105/106

1. siehe unten (je 0,5 Punkte)

2. a) +4 > 0
0 > −1
b) +2 > −3
−5 < −1
c) −30 > −40
−9 < −6
d) −100 < +10
−70 > −80
(je 0,5 Punkte)

3. a) (−32) + (−18) = (−50)
(−21) + (+16) = (−5)
b) (−3) · (+17) = (−51)
(−7) · (−9) = (+63)
c) (+6) · (−12) = (−72)
(+6) + (−12) = (−6)
(je 0,5 Punkte)

4.

Aussage	richtig oder falsch?	Gegenbeispiel
a)	falsch	z. B. (−3) + (+5) = (+2)
b)	richtig	
c)	falsch	z. B. (+5) + (−2) = (+3)
d)	richtig	

(richtig/falsch je 0,5 Punkte, Gegenbeispiel je 1 Punkt)

Grafik zu Aufgabe **1.**

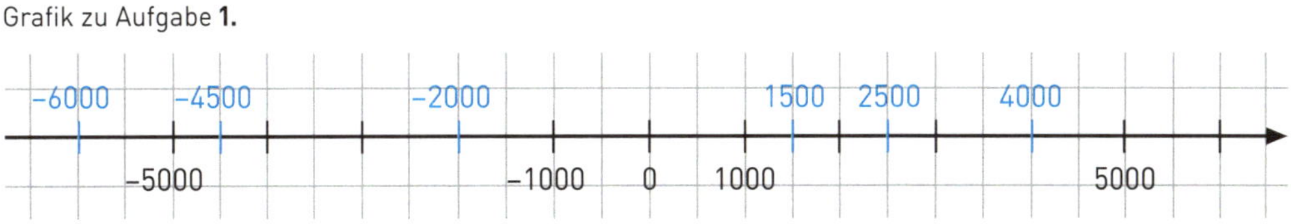

5. □ + (−85) = −26   □ = 59 (1 Punkt)
Der Kontostand betrug vorher 59 €. (1 Punkt)

6. Anstieg: 3 · (+10 cm) + 4 · (+3 cm) = +42 cm
Abfall: 8 · (−4 cm) = −32 cm
Gesamtänderung: (+42 cm) + (−32 cm) = +10 cm (2 Punkte)
Insgesamt ist der Wasserstand in dem Zeitraum um 10 cm angestiegen. (2 Punkte)

7. a) und **b)**

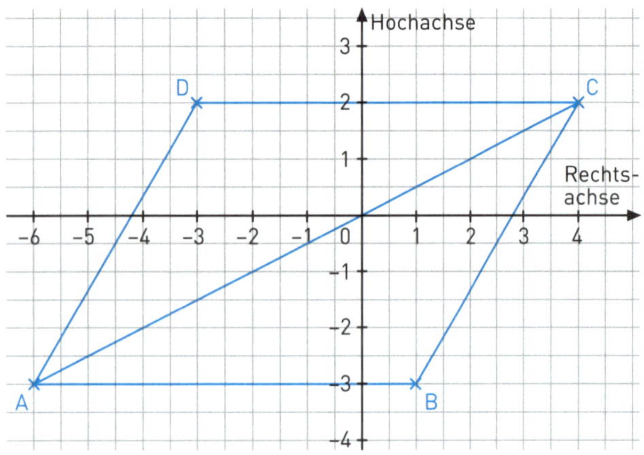

b) D (−3 | 2) (1 Punkt für a), 2 Punkte für b))
c) Dreieck: A = (7 cm · 5 cm) : 2 = 17,5 cm² (2 Punkte)
Parallelogramm: A = 7 cm · 5 cm = 35 cm² (1 Punkt)

Zum Nacharbeiten						
Aufgabe	1	2	3	4	5, 6	7
Schulbuch, Seite	232, 233	236, 237	243, 244, 253	232, 243, 244, 253	239, 240, 244, 253	150, 151, 153, 154, 234

Klassenarbeit 7.3

Seite 107/108

1. a) A = −200; B = −120; C = 0; D = 140 (je 0,5 Punkte)
b)

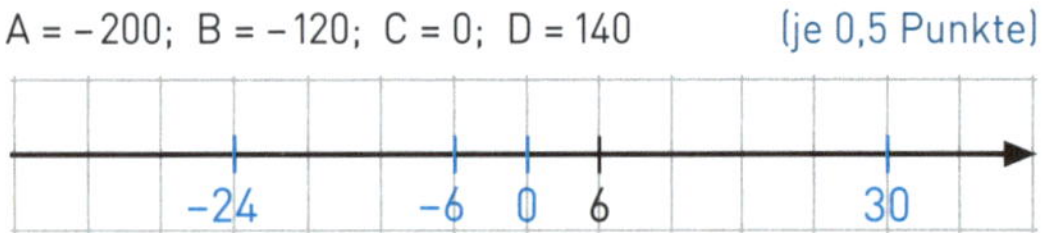

oder

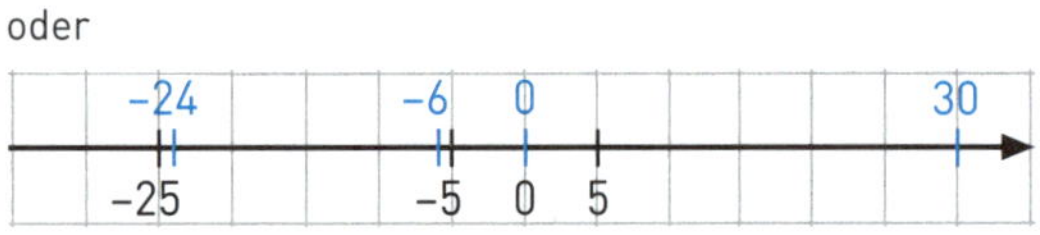

(4 Punkte)

2. a) −32 < −16 < −4 < 12 < 24 < 32 (3 Punkte)
b) −2 (1 Punkt)

3. a) −16 **b)** 0 **c)** −36 **d)** +32
(je 1 Punkt)

4. Wahr sind die Aussagen (1), (4), (5) und (6).
(wahr/falsch je 0,5 Punkte)

5. a) (−33) + (+1) > −34
(+43) + (−1) > −44
b) (+3) · (−9) = (+9) · (−3)
(−5) · (+8) < (−4) · (+8)
c) (−123) > (−123) + (−1)
(−123) < (−123) · (−1)
(je 0,5 Punkte)

6. a) siehe unten (3 Punkte)
b) Der Höhenunterschied ist zwischen dem K2 und dem Tongagraben am größten. (1 Punkt)
c) 8611 m − 3798 m = 4813 m
Der Höhenunterschied zwischen dem Großglockner und dem K2 beträgt 4813 m. (1 Punkt)
d) 10 542 m + 3798 m = 14 340 m
Der Höhenunterschied zwischen dem Großglockner und dem Kurilengraben beträgt 14 340 m. (1 Punkt)

7. a) (−7) + (+7) = 0
b) (−14) + (−16) = (−30)
c) (+14) + (−11) = (+3)
d) (+12) + (−16) = (−4)
(je 1 Punkt)

Zum Nacharbeiten							
Aufgabe	1	2	3	4	5	6	7
Schulbuch, Seite	232	236, 237	243, 244, 253	232, 237, 244, 253	236, 237, 244, 253	236, 237, 244	243, 244

Grafik zu Aufgabe **6. a)**

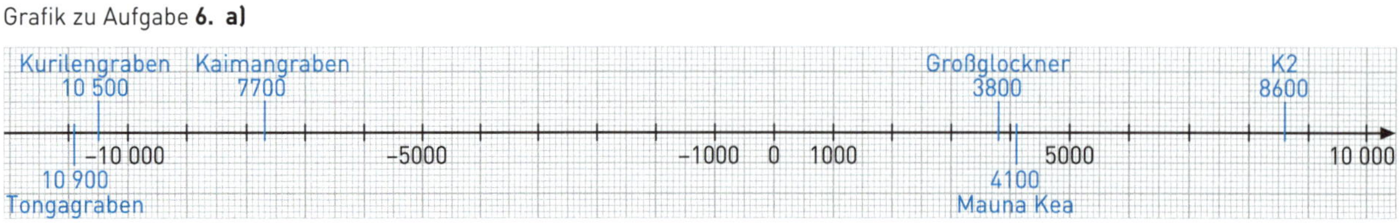

Stichwortverzeichnis